ÉLÉMENTS
D'ARITHMÉTIQUE

A L'USAGE
DES PETITS FRÈRES DE MARIE

CONTENANT LES OPÉRATIONS SUR LES NOMBRES ENTIERS
LES FRACTIONS, LES PROPRIÉTÉS DES NOMBRES

LE SYSTÈME MÉTRIQUE

La formation des puissances et l'extraction des racines

Les proportions, les progressions, les logarithmes
et des applications aux intérêts, annuités,
fonds publics, changes, etc.

Les problèmes résolus par équation, le calcul des nombres
complexes et les principes pour mesurer les surfaces
et les solides,

PAR

P. A. L. F. I. M. et J. B. M. I. M. I.

DEUXIÈME ÉDITION.

LYON
LIBRAIRIE JACQUES LECOFFRE
Ancienne maison PERISSE frères, de Lyon
VICTOR LECOFFRE, SUCCESSEUR
Rue Bellecour, 2.

1879

ÉLÉMENTS
D'ARITHMÉTIQUE

Tout exemplaire non revêtu de notre signature sera réputé contrefait.

AUTRES OUVRAGES DES PETITS-FRÈRES DE MARIE
CHEZ LES MÊMES LIBRAIRES.

Recueil de Problèmes. 1 vol. in-12.	1 fr. 50 c.
— le même avec les solutions. 1 vol. in-12.	3 fr.
Exercices de calcul. 1 vol. in-18.	40 c.
— le même avec les réponses. 1 vol. in-18.	1 fr.
Nouveaux Principes de lecture. in-18.	25 c.
Tableaux de lecture correspondants.	3 fr.
Nouvelle Grammaire Française Élémentaire, suivie d'un Traité d'Analyse grammaticale, et d'une table abrégée des Homonymes français. 1 vol. in-12, cart.	1 fr. 25 c.
Exercices orthographiques gradués, en rapport avec la Grammaire, suivis d'un Cours d'Analyses grammaticales et d'un petit Dictionnaire orthographique. 1 vol. in-12, cart.	1 fr. 50 c.
Corrigé des Exercices, Modèles d'Analyses grammaticales et Cours de Dictées correspondantes. 1 vol. in-12.	3 fr.
Principes de Plain-Chant à l'usage des écoles.	1 fr. 25 c.
Principes de Musique et de Chant à l'usage des écoles, grand in-18.	1 fr. 50 c.
Recueil d'airs à 1, 2 ou 3 voix égales, adaptés aux Cantiques à l'usage des Petits-Frères de Marie, suivi de quelques motets pour les Saluts du Saint-Sacrement. 1 vol. in-18.	1 fr. 75 c.
Les Cantiques seuls. 1 vol. in-18, rel. propre.	1 fr. 25 c.
Les deux ouvrages réunis. 1 vol. in-18, rel. propre.	2 fr. 75 c.
Guide des Écoles. 1 vol. in-12.	2 fr. 50 c.

Lyon. — Impr. Catholique, rue de Condé, 30. — J.-E. ALBERT.

ÉLÉMENTS
D'ARITHMÉTIQUE

A L'USAGE

DES PETITS-FRÈRES DE MARIE

CONTENANT LES OPÉRATIONS SUR LES NOMBRES ENTIERS
ET LES FRACTIONS, LES PROPRIÉTÉS DES NOMBRES;

LE SYSTÈME MÉTRIQUE

La formation des puissances et l'extraction des racines;

Les proportions, les progressions, les logarithmes
et des applications aux intérêts, annuités,
fonds publics, changes, etc.;

Divers problèmes résolus par équation, le calcul des nombres
complexes et les principes pour mesurer les surfaces
et les solides.

PAR

P. A. L. F. L.-M. et J.-B. M. F. M.-J.

DEUXIÈME ÉDITION.

LYON
LIBRAIRIE JACQUES LECOFFRE

Ancienne maison PERISSE frères, de Lyon

VICTOR LECOFFRE, SUCCESSEUR

Rue Bellecour, 2.

1879.

AVERTISSEMENT.

Cet ouvrage renferme toutes les questions ordinaires des Éléments d'Arithmétique.

Les deux premiers Chapitres sont l'exposé de la numération et des quatre opérations fondamentales appliquées aux nombres entiers.

Le Chapitre III donne quelques développements sur les signes employés en Arithmétique, et sur les quantités négatives, les égalités, les équations, les principes relatifs aux quatre règles et aux propriétés des nombres. C'est tout à la fois le complément de ce qui précède et la préparation de ce qui suit.

La théorie des fractions ordinaires et des fractions décimales forme un quatrième Chapitre, terminé par la *Règle* dite *de l'unité* et par diverses applications.

Il nous a semblé que rapprocher ainsi les fractions décimales des fractions ordinaires, au lieu de les mêler avec les nombres entiers, c'était simplifier l'étude des quatre règles et donner occasion de revenir sans ennui sur les premiers principes. Cette disposition permet, en outre, de saisir les rapports des deux espèces de fractions, et fait mieux ressortir les avantages du calcul décimal et du système métrique, auquel nous donnons, dans le Chapitre V, tous les développements que mérite son importance.

Après le système métrique viennent la formation des puissances et l'extraction des racines carrées et cubiques, suivies d'un aperçu pour déterminer les racines d'un degré supérieur.

Ces divers Chapitres forment la Première Partie de cet ouvrage, et renferment les règles ordinaires du calcul.

La Seconde Partie commence par la théorie des rapports et des proportions, et par celle des progressions et des logarithmes, qui se lient naturellement aux proportions. Viennent ensuite les applications de ces théories aux quantités proportionnelles, aux intérêts simples ou composés, aux annuités, aux rentes, etc.; puis, une série de problèmes résolus par équation, le calcul des nombres complexes, des tableaux comparatifs des mesures et des monnaies étrangères, des tables de mortalité, la manière d'abréger certaines opérations, et, enfin, quelques principes pour la mesure des surfaces et des solides.

L'ouvrage est complété par un Recueil de trois à quatre mille problèmes sur des questions usuelles relatives au commerce, à l'industrie, etc. Ce Recueil peut, à volonté, former un livre à part ou être réuni à l'Arithmétique.

Tel est le plan qui nous a paru le plus rationnel et le plus commode. Il nous a permis de grouper en un même lieu tout ce qui se rattache au même sujet, et d'éviter ainsi les répétitions, les morcellements et le désagrément des renvois.

Pour chaque opération, nous donnons ordinairement la définition, la règle pratique et la démonstration. Nous avons tâché de bien développer la partie théorique, attendu qu'elle sert beaucoup à former le jugement, qu'elle est la base de toutes les opérations, et qu'une fois bien comprise, elle en rappelle facilement les détails et en fait découvrir les applications. Il est donc important de l'étudier avec attention et avec méthode, s'efforçant d'acquérir une idée exacte des choses, et ne passant à une nouvelle règle qu'après avoir bien compris la précédente.

Néanmoins, pour les Élèves qui n'auraient que peu de temps ou peu de dispositions, on pourra se borner au gros caractère et à ce qu'il y a de plus essentiel dans la Première Partie. Plus tard, ils pourront revenir sur les points omis, et, s'ils ont à cœur de perfectionner leurs connaissances, ils seront heureux de trouver dans ce Livre le moyen de le faire et de s'occuper utilement dans les heures de loisir.

ÉLÉMENTS D'ARITHMÉTIQUE

PREMIÈRE PARTIE

PRÉLIMINAIRES.

1. On appelle *grandeur* ou *quantité* tout ce qui peut être augmenté ou diminué, comme la longueur, la surface, le poids, le temps, etc.

2. On distingue la grandeur *continue*, qui ne présente aucune partie distincte, telles que les longueurs, les surfaces ; et la grandeur *discontinue*, qui est une réunion d'objets semblables, comme un sac de pommes.

3. Pour se faire une idée exacte d'une grandeur ou quantité, il faut la *mesurer*, c.-à-d., la comparer à son unité.

4. *L'Unité* est une quantité connue à laquelle on compare les quantités de même espèce que l'on veut mesurer ou compter.

5. Le résultat qu'on obtient en comparant une grandeur à son unité, s'appelle *nombre*. Le nombre exprime combien il y a d'unités ou de parties d'unité dans une quantité.

Quand on dit, par exemple, qu'un mur a *vingt-cinq mètres de longueur*, la longueur du mur est *la quantité* qui a été mesurée ; le mètre est *l'unité* à laquelle cette quantité a été comparée ; et *vingt-cinq*, qui est le résultat de cette comparaison, est *le nombre*. Il exprime combien il y a de mètres ou d'unités dans la longueur du mur.

De même, quand on dit : *vingt-cinq pommes, trente arbres*,

l'unité est une pomme, un arbre, parce que *c'est l'une des choses que l'on veut compter ;* et les mots *vingt, trente,* sont des nombres, parce qu'ils expriment combien l'on a de pommes, d'arbres, ou d'unités.

6. L'unité est arbitraire pour les grandeurs continues ; mais dans les grandeurs discontinues, l'unité est donnée par la nature même de la grandeur.

7. En mesurant une grandeur, ou en la comparant à son unité, il peut arriver : 1° que cette grandeur contienne exactement une ou plusieurs fois l'unité ; 2° qu'elle contienne l'unité une ou plusieurs fois plus une partie ; 3° enfin, qu'elle soit plus petite que l'unité. De là, trois espèces de nombres : le nombre *entier,* le nombre *fractionnaire* et la *fraction.*

8. *Le nombre entier* est celui qui contient l'unité une ou plusieurs fois exactement, comme *douze personnes, quatre mètres.*

9. *Le nombre fractionnaire* est celui qui contient une ou plusieurs unités et une ou plusieurs parties d'unité, comme *deux mètres et demi, cinq litres trois quarts.*

10. *La fraction* est une ou plusieurs parties de l'unité divisée en parties égales, comme *un tiers de pomme, trois quarts d'heure.* Toute quantité plus petite que l'unité est une fraction.

11. Le nombre qui est suivi du nom de son unité, s'appelle encore *nombre concret ;* ainsi, *douze mètres, six francs,* sont des nombres concrets.

12. Le nombre dont l'unité n'est pas désignée, est un *nombre abstrait ;* ainsi, *quatre, vingt, cinq fois, quinze unités,* sont des nombres abstraits.

13. L'ARITHMÉTIQUE EST LA SCIENCE DES NOMBRES. Elle apprend à les former et à les exprimer ; elle en fait connaître les propriétés ; et elle explique, en les démontrant, les règles du *calcul.*

Donnons d'abord la manière de former les nombres et de les exprimer.

CHAPITRE I.

DE LA NUMÉRATION.

14. La manière la plus simple de former les nombres est d'ajouter, successivement, l'unité à elle-même, ce qui donne, chaque fois, un nouveau nombre.

15. Comme on peut toujours ajouter l'unité à un nombre, quelque grand qu'il soit, et former ainsi un nouveau nombre encore plus grand, il s'ensuit qu'il y a une infinité de nombres. Si donc il avait fallu trouver des mots et des signes différents, pour exprimer chacun de ces nombres, il eût été impossible de retenir tant de mots et tant de signes. Or, l'ensemble des moyens employés pour exprimer facilement tous les nombres, constitue ce qu'on appelle la *numération*.

16. *La numération* est l'art d'exprimer les nombres, soit par la parole, soit par l'écriture, au moyen d'un système limité de mots et de signes, combinés entre eux d'une manière convenable.

17. Il y a deux sortes de numérations : la *numération parlée* et la *numération écrite*.

NUMÉRATION PARLÉE.

18. *La numération parlée* est l'art d'énoncer les nombres, au moyen d'une petite quantité de mots appelés *noms de nombres*.

19. Tout l'artifice de la numération parlée consiste à grouper les nombres par séries d'unités appelées ORDRES, à réunir les ordres par CLASSES, et à les nommer, de la manière suivante, avec le moins de mots possible.

ORDRES ET CLASSE DES UNITÉS SIMPLES.

20. Le premier nombre, ou l'unité seule, s'appelle UN. L'unité ajoutée à elle-même donne le nombre appelé *deux*;

deux plus un donne le nombre *trois* ; et, à mesure qu'on augmente d'une unité, on a les nombres *quatre*, *cinq*, *six*, *sept*, *huit*, *neuf*. Ces neuf premiers nombres sont appelés UNITÉS SIMPLES ou *unités du premier ordre*.

21. *Neuf* plus *un* donne DIX, et la réunion de dix unités s'appelle DIZAINE. C'est *l'unité du second ordre*.

22. On compte par dizaines comme on a compté par unités simples, et l'on dit :

Une dizaine, ou *dix* ; deux dizaines, ou *vingt* ; trois dizaines, ou *trente* ; quarante, cinquante, soixante, soixante-et-dix, quatre-vingts, quatre-vingt-dix.

Quelquefois, on remplace les trois derniers noms par les mots *septante*, *huitante*, *nonante*, qui sont plus conformes à l'analogie et plus faciles à comprendre.

23. A la suite de chaque nombre de dizaines, il y a neuf nombres, que l'on nomme, en répétant, successivement, d'une dizaine à l'autre, les noms des neuf premiers nombres.

Ainsi, l'on a, de *dix à vingt* : dix-un, dix-deux, dix-trois, dix-quatre, dix-cinq, dix-six, *dix-sept, dix-huit, dix-neuf* ; mais l'usage a remplacé les six premiers mots par les noms irréguliers : onze, douze, treize, quatorze, quinze, seize.

Pour toute la suite, on dit régulièrement :

Vingt-et-un, vingt-deux, vingt-trois...... ...vingt-neuf.
Trente-et-un, trente-deux, ... trente-neuf.
. . . .
Quatre-vingt-onze, quatre-vingt-douze ,...... quatre-ngt-dix-neuf.

24. *Quatre-vingt-dix-neuf* plus *un* forme une collection de *dix dizaines*, qu'on appelle CENTAINE ou CENT. C'est *l'unité du troisième ordre*.

25. On compte par centaines comme on a compté par dizaines et par unités simples, et l'on dit :

Une centaine, deux centaines,...... neuf centaines ; ou plus simplement : cent, deux cents,...... neuf cents.

26. Après chaque nombre de centaines, il y a quatre-vingt-dix-neuf nombres, que l'on nomme, en répétant, successivement, d'une centaine à l'autre, les noms des quatre-vingt-dix-neuf premiers nombres. Ainsi l'on dit :

NUMÉRATION PARLÉE. 5

Cent un, cent deux,..... cent quatre-vingt-dix-neuf.
Deux cent un, deux cent deux,..... deux cent quatre-vingt-dix-neuf.
. . . .
Neuf cent un, neuf cent deux,..... neuf cent quatre-vingt-dix-neuf.

27. Les trois ordres ci-dessus, *unités simples, dizaines d'unités simples, centaines d'unités simples,* forment la *première classe des nombres*, appelée CLASSE DES UNITÉS SIMPLES.

ORDRES ET CLASSE DES MILLE.

28. *Neuf cent quatre-vingt-dix-neuf* plus *un* donne une collection de *dix centaines,* qu'on appelle MILLE. C'est *l'unité du quatrième ordre.*

29. On est convenu de compter les mille par unités, dizaines, centaines, comme on a compté les unités simples par unités, dizaines, centaines. On dit donc :
Un mille, deux mille, trois mille,..... neuf mille.
Dix mille, vingt mille, trente mille,..... quatre-vingt-dix-neuf mille.
Cent mille, deux cent mille,..... neuf cent quatre-vingt-dix-neuf mille.

30. Après chaque nombre de mille, il y a neuf cent quatre-vingt-dix-neuf nombres, qu'on énonce, en répétant, successivement, d'un mille à l'autre, les noms de tous les nombres inférieurs à mille, ou, les neuf cent quatre-vingt-dix-neuf premiers nombres. Ainsi l'on dit :
Mille un, mille deux,..... mille neuf cent quatre-vingt-dix-neuf.
Dix mille un,..... dix mille cent,.....dix mille neuf cent quatre-vingt-dix-neuf.
Cent mille un,..... cent mille cent,..... cent mille neuf cent quatre-vingt-dix-neuf.
On arrive ainsi au nombre *neuf cent quatre-vingt-dix-neuf mille neuf cent quatre-vingt-dix-neuf unités.*

31. Les dizaines de mille forment, d'ailleurs, *l'unité du cinquième ordre;* les centaines de mille, *l'unité du sixième ordre :* et ces trois ordres, *unités de mille, dizaines de*

mille, centaines de mille, forment la *seconde classe des nombres*, appelée CLASSE DES MILLE.

ORDRES ET CLASSES DES MILLIONS ET AU-DESSUS.

32. Le nombre *neuf cent quatre-vingt-dix-neuf mille neuf cent quatre-vingt-dix-neuf* plus *un* donne une collection *de dix centaines de mille* ou de *mille mille*, appelée MILLION. C'est *l'unité du septième ordre*, et l'unité principale de la *troisième classe des nombres*, appelée CLASSE DES MILLIONS, renfermant aussi trois ordres : *unités de millions, dizaines de millions, centaines de millions*.

De même, une collection de *mille millions* s'appelle BILLION ou MILLIARD, et forme l'unité principale de la *quatrième classe des nombres*, appelée CLASSE DES BILLIONS.

Mille billions donne un TRILLION, *unité principale de la cinquième classe des nombres*; et ainsi de suite pour les classes plus élevées encore, des QUATRILLIONS, des QUINTILLIONS, des SEXTILLIONS, ETC.

33. On compte, d'ailleurs, par millions, billions, trillions, etc., comme on a compté par mille, c'est-à-dire, qu'à partir de *mille*, on fait précéder chaque unité principale, des neuf cent quatre-vingt-dix-neuf premiers nombres, et qu'on la fait suivre de tous les nombres qui lui sont inférieurs. Ainsi, l'on dit : *neuf cent quatre-vingt-dix-neuf* BILLIONS *neuf cent quatre-vingt-dix-neuf* MILLIONS *neuf cent quatre-vingt-dix-neuf* MILLE *neuf cent quatre-vingt-dix-neuf* UNITÉS.

Remarque.

34. On voit par ce qui précède : 1° que la combinaison des noms des neuf premiers nombres avec les mots *dix, cent, mille, million, billion,* etc, permet de nommer tous les nombres nécessaires à nos besoins ; 2° que *dix unités d'un ordre quelconque forment toujours une unité de l'ordre immédiatement supérieur*; et que *mille unités d'une classe forment aussi une unité de la classe immédiatement supérieure*; 3° Que les divers ordres se groupent de trois en trois, pour former des *classes d'unités princi-*

cipales : il y a les unités, dizaines et centaines *d'unités simples* ; les unités, dizaines et centaines de *mille* ; les unités, dizaines et centaines de *millions*, etc.

NUMÉRATION ÉCRITE.

35. *La numération écrite* est l'art de représenter les nombres, au moyen d'une petite quantité de caractères appelés *chiffres*.

36. Les neuf premiers chiffres représentent les neuf premiers nombres et en prennent le nom :

1, 2, 3, 4, 5, 6, 7, 8, 9.
un, deux, trois, quatre, cinq, six, sept, huit, neuf.

37. Pour représenter les autres nombres, on est convenu d'écrire ces mêmes chiffres à la suite les uns des autres, et de leur donner une valeur relative de dix en dix fois plus forte, à mesure qu'ils reculent d'un rang vers la gauche.

Ainsi, dans tout nombre entier écrit, le 1er chiffre, à droite, représente les unités simples ; le 2e, à gauche, les dizaines ; le 3e, les centaines ; le 4e, les mille ; le 5e, les dizaines de mille ; le 6e, les centaines de mille ; le 7e, les millions, etc.

D'où il suit qu'un chiffre quelconque occupe toujours le rang de l'ordre qu'il représente, et qu'il faut au moins deux chiffres pour représenter les dizaines ; trois, pour les centaines ; quatre, pour les mille ; cinq, pour les dizaines de mille ; six, pour les centaines de mille ; sept, pour les millions, etc.

Sur ce principe, pour écrire le nombre *quatre cent trente-cinq*, par exemple, qui se compose de *quatre centaines, trois dizaines* et *cinq unités*, on écrira : 435 ; en plaçant le 5 au premier rang, à droite, pour représenter 5 unités ; le 3 au 2e rang, à gauche, pour représenter 3 dizaines ; et le 4 au 3e rang, pour représenter 4 centaines.

On écrira de même :

Vingt-huit.	28
Trois cent cinquante deux.	352
Mille huit cent soixante-quatre.	1864
Vingt-trois mille neuf cent vingt-sept.	23927
Six cent onze mille huit cent quarante-et-un. . .	611841
Neuf millions cent dix-sept mille cinq cent douze.	9117512

33. Si le nombre à écrire manque de quelque ordre d'unité, on a recours, pour en tenir la place, à un dizième caractère, 0, appelé *zéro*.

Ainsi, *dix, vingt, trente*, s'écrivent : 10, 20, 30, avec un zéro, pour tenir la place des unités qui manquent.

Six cents, huit cents, s'écrivent : 600, 800, avec deux zéros, pour remplacer les dizaines et les unités.

Mille, deux mille, neuf mille, s'écrivent : 1000, 2000, 9000, avec trois zéros, pour remplacer les centaines, les dizaines et les unités.

En général, quel que soit l'ordre d'unité qui manque dans un nombre, on le remplace par zéro.

Ainsi l'on écrit :

Quarante mille cent	40100
Cent un mille cent un.	101101
Vingt mille trois	20003
Trois mille dix.	3010
Cinq cent mille six cents.	500600
Sept millions huit mille neuf ..	7008009

39. On voit que le zéro n'a par lui-même aucune valeur ; c'est un *chiffre d'ordre*, qui sert uniquement à remplacer les ordres d'unités qui manquent dans l'énoncé d'un nombre.

Les autres chiffres, appelés *chiffres significatifs*, ont deux valeurs : une valeur *absolue* ou *nominale*, celle qu'ils ont par eux-mêmes, pris isolément ; et une valeur *relative* ou de *position*, celle que leur donne la place qu'ils occupent. Ainsi, dans 47, la valeur absolue de 4 est quatre unités, et sa valeur relative est quatre dizaines ou *quarante*.

40. Il est visible aussi qu'à l'aide des conventions ci-dessus et des dix caractères, 1, 2, 3, 4, 5, 6, 7, 8, 9, 0, on pourra représenter tous les nombres possibles : car les chiffres peuvent occuper tous les rangs, et par conséquent représenter soit tous les ordres d'unités, soit toutes les unités de chaque ordre, dont le nombre ne peut jamais dépasser neuf. (*Voir le n° 34 2°*).

41. Le système de numération exposé ci-dessus a reçu le nom de *système décimal*, parce *qu'il faut toujours dix unités d'un ordre quelconque pour faire l'unité de l'or-*

dre immédiatement supérieur; et, réciproquement, *l'unité d'un ordre quelconque vaut toujours dix unités de l'ordre immédiatement inférieur.* Par suite, il faut dix chiffres pour représenter tous les nombres, et le nombre DIX s'appelle la *base* du système.

Si, au lieu de prendre *dix* pour base, on eût pris *trois, quatre, sept, douze,* on aurait eu le système *ternaire, quaternaire, septénaire, duodécimal.* La préférence donnée au système décimal vient sans doute de l'habitude qu'on a de compter sur les doigts.

MOYEN FACILE DE LIRE ET D'ÉCRIRE LES NOMBRES ENTIERS.

42. Les différents ordres se réunissant trois par trois, pour former des classes d'unités principales, il suffit de savoir lire ou écrire les nombres de trois chiffres, pour être en état de lire ou d'écrire les nombres les plus considérables, au moyen des deux règles suivantes.

43. Pour lire facilement un nombre écrit en chiffres, on le partage en tranches de trois chiffres, en allant de droite à gauche, sauf à n'avoir qu'un chiffre ou deux dans la tranche la plus élevée ; puis, commençant par la gauche, on lit chaque tranche comme si elle était seule, et l'on donne à chacune le nom qui lui convient.

Ainsi, le nombre 60050800002, partagé en quatre tranches : 60. 050. 800. 002, se lira : *soixante billions cinquante millions huit cent mille deux unités.*

44. Réciproquement, pour représenter facilement un nombre dicté, il faut écrire, en allant de gauche à droite, d'abord la tranche des plus hautes unités ; puis, à la suite et par ordre de grandeur, chacune des autres tranches, énoncée ou non, ayant soin de remplacer par des zéros les ordres d'unités et même les classes qui manquent. Il est bon de séparer chaque tranche par un point. D'après cette règle, on écrira :

7 *millions* 23 *mille* 60 *unités*.....	7.023.060
5 *billions* 8 *millions cinquante*....	5.008.000.050
1 *billion* 1 *million* 1 *mille* 1 *unité*..	1.001.001.001
56 *trillions* 20 *mille* 9 *cents*.....	56.000.000.020.900
1 *trillion* 2 *billions* 3 *millions* 4 *mille*.	1.002.003.004.000

1.

45. Résumé ou tableau comparatif de la numération parlée et de la numération écrite.

CLASSES OU TRANCHES DES																	
Quatrillions.			Trillions.			Billions.			Millions.			Mille.			Unités simpl.		
18	17	16	15	14	13	12	11	10	9	8	7	6	5	4	3	2	1
Centaines de quatrillions.	Dizaines de quatrillions.	Unités de quatrillions.	Centaines de trillions.	Dizaines de trillions.	Unités de trillions.	Centaines de billions.	Dizaines de billions.	Unités de billions.	Centaines de millions.	Dizaines de millions.	Unités de millions.	Centaines de mille.	Dizaines de mille.	Unités de mille.	Centaines d'unités simples.	Dizaines d'unités simples.	Unités d'unités simples.
		1	1	1	1	1	1	1	1	1	1	1	1	1	1	1	1
		2	2	2	2	2	2	2	2	2	2	2	2	2	2	2	2
		3	3	3	3	3	3	3	3	3	3	3	3	3	3	3	3
		4	4	4	4	4	4	4	4	4	4	4	4	4	4	4	4
		5	5	5	5	5	5	5	5	5	5	5	5	5	5	5	5
		6	6	6	6	6	6	6	6	6	6	6	6	6	6	6	6
		7	7	7	7	7	7	7	7	7	7	7	7	7	7	7	7
		8	8	8	8	8	8	8	8	8	8	8	8	8	8	8	8
		9	9	9	9	9	9	9	9	9	9	9	9	9	9	9	9
		0	0	0	0	0	0	0	0	0	0	0	0	0	0	0	0

On forme ce tableau, verticalement, en ajoutant, successivement, à elle-même l'unité constitutive de chaque ordre.

Le zéro placé sous chaque colonne est la limite de l'ordre. Il indique qu'arrivé, par exemple, à 10 unités simples, on doit écrire 0 unités au-dessous de 9; et retenir 1 dizaine qu'on place en tête de la colonne des dizaines, pour former le second ordre. Il en est de même pour tous les autres ordres.

A la simple inspection du tableau, on voit :

1° Que les nombres parlés se divisent en *classes*, chacune de trois ordres ; et que les nombres écrits se partagent, de même, en *tranches*, chacune de trois chiffres, représentant ces ordres.

2° Que le nombre le plus élevé, pour chaque ordre, est 9 ; et, pour chaque classe, 999 : 10 unités d'un ordre quelconque faisant l'unité de l'ordre immédiatement supérieur ; et 1000 unités d'une classe faisant l'unité de la classe immédiatement supérieure.

3° Que la série de chaque ordre est représentée par les neuf premiers chiffres, mais avec une valeur relative de dix en dix fois plus grande.

4° Que le tableau pouvant être prolongé indéfiniment, il n'y a pas d'ordres ni de classes, et, conséquemment, pas de nombres, qu'on ne puisse représenter avec les dix caractères adoptés, le caractère, 0, servant toujours à remplacer les ordres et les classes qui manquent.

CHIFFRES ROMAINS.

On représente quelquefois les nombres au moyen des sept lettres suivantes :

I.   V.   X.   L.   C.   D.   M.

qu'on appelle *chiffres romains*, et qui valent, respectivement :

1.   5.   10.   50.   100.   500.   1000.

Pour lire ou écrire les autres nombres, il faut savoir :

1° Que, depuis 1 jusqu'à 1000, tout chiffre placé à la droite d'un autre s'ajoute à cet autre, s'il lui est égal ou inférieur ; à moins qu'il ne soit suivi d'un autre chiffre plus fort, auquel cas on le retranche de ce dernier.

2° Que les 999 premiers nombres représentent les mille, les millions, les billions, etc., suivant qu'ils sont surmontés de un, de deux, ou de trois traits, etc.

3° Que chaque nombre d'unités de mille, de millions, de billions, etc., peut être suivi de tous les nombres inférieurs.

D'après ces conventions, les neuf premiers nombres s'écriront :

I. II. III. IV. V. VI. VII. VIII. IX.

et les nombres ci-dessous, écrits en *chiffres arabes*, s'écriront, respectivement, comme on le voit en regard :

10	11	19	X	XI	XIX
20	22	29	XX	XXII	XXIX
30	33	39	XXX	XXXIII	XXXIX
40	44	49	XL	XLIV	XLIX
50	55	59	L	LV	LIX
60	66	69	LX	LXVI	LXIX
70	77	79	LXX	LXXVII	LXXIX
80	88	89	LXXX	LXXXVIII	LXXXIX
90	94	99	XC	XCIV	XCIX ou IC
100	101	199	C	CI	CXCIX ou CIC
200	202	299	CC	CCII	CCXCIX ou CCIC
300	304	399	CCC	CCCIV	CCCIC
400	410	499	CD	CDX	CDIC
500	520	599	D	DXX	DIC
600	650	699	DC	DCL	DCIC
700	780	799	DCC	DCCLXXX	DCCIC
800	841	899	DCCC	DCCCXLI	DCCCIC
900	901	999	CM	CMI	CMIC ou IM
1000	1001	1999	M ou $\overline{\text{I}}$	MI	MCMXCIX ou MCMIC
2000	4000	5000	MM ou $\overline{\text{II}}$	$\overline{\text{IV}}$	$\overline{\text{V}}$
1	2	4 millions	$\overline{\overline{\text{M}}}$ ou $\overline{\overline{\text{I}}}$	$\overline{\overline{\text{MM}}}$ ou $\overline{\overline{\text{II}}}$	$\overline{\overline{\text{IV}}}$
346 724		914 697	$\overline{\overline{\text{CCCXLVI}}}$ DCCXXIV		$\overline{\overline{\text{CMXIV}}}$ DCCXCVII
	23 938 489 756			$\overline{\overline{\overline{\text{XXIII}}}}\,\overline{\overline{\text{CMXXXVIII}}}$ $\overline{\text{CDLXXXIX}}$ DCCLVI	
	10 000 040 002			$\overline{\overline{\overline{\text{X}}}}\,\overline{\overline{\text{XL}}}$ II	

CHAPITRE II.

DES OPÉRATIONS FONDAMENTALES DE L'ARITHMÉTIQUE.

46. Le but de l'Arithmétique est d'opérer sur les nombres, et l'on appelle *opérations arithmétiques* les divers changements qu'on fait subir aux nombres pour les composer et les décomposer.

47. Il y a quatre opérations fondamentales : *l'addition, la soustraction, la multiplication*, et *la division*.

On les appelle *fondamentales*, parce qu'elles sont la base de toutes les autres.

L'addition et la multiplication servent à *composer* les nombres ; la soustraction et la division servent à les *décomposer*.

48. Dans une opération, il y a sept choses à considérer :

1° La *définition*, qui fait connaître le but qu'on se propose dans l'opération.

2° La *règle*, qui donne le procédé à suivre pour arriver au but proposé.

3° *L'exemple*, qui est l'application de la règle à des nombres déterminés.

4° Le *résultat*, qui est le nombre obtenu par l'opération.

5° La *démonstration*, qui fait voir que la règle est conforme à la définition, et qu'elle doit conduire au but proposé.

6° La *preuve*, qui est une seconde opération que l'on fait pour s'assurer de l'exactitude de la première.

7° *L'usage*, qui indique dans quels cas l'opération doit être employée.

49. Les opérations de l'arithmétique donnent lieu à deux genres principaux de questions sur les nombres : *les principes* et *les problèmes*.

OPÉRATIONS FONDAMENTALES.

50. Les *principes* sont des propositions qui ont pour objet de *constater* ou de *démontrer* l'existence de certaines propriétés, dont jouissent des nombres connus et donnés.

51. Lorsque ces propositions sont évidentes par elles-mêmes, on les appelle *axiomes*; telles sont les suivantes :

1° *Le tout est plus grand qu'une de ses parties.*

2° *Un tout est égal à la somme de ses parties.*

3° *Si d'un tout l'on ôte une de ses parties, le reste sera l'autre partie.*

4° *Deux choses égales à une troisième sont égales entre elles.*

5° *La différence ou l'égalité de deux nombres ne change pas, soit qu'on les augmente ou qu'on les diminue tous les deux de la même quantité.*

6° *Lorsque toutes les parties d'un tout deviennent un certain nombre de fois plus grandes ou plus petites, le tout devient lui-même ce nombre de fois plus grand ou plus petit.*

52. Si la vérité de la proposition ne devient évidente qu'à l'aide d'un raisonnement ou d'une démonstration, elle prend le nom de *théorème*.

53. On appelle *corollaire* ou *conséquence* une vérité qui découle d'un ou de plusieurs autres principes déjà démontrés.

54. Un *problème* est une question à résoudre. Les problèmes de l'arithmétique ont pour but de trouver certains nombres inconnus, au moyen des relations qu'ils ont avec d'autres nombres connus.

Quand on demande, par exemple, quel nombre il faut ajouter à 9 pour avoir 12, on énonce un problème.

55. Les nombres connus s'appellent les *données du problème*; et les relations qui existent entre les nombres donnés et les nombres inconnus, forment les *conditions du problème*.

Dans l'exemple ci-dessus, 9 et 12 sont les données du problème, et la relation du nombre cherché, comme l'une des parties de 12, ou comme différence de 9 à 12, est la condition du problème; parce que le nombre cherché plus 9 doit donner 12, ou être l'excès de 12 sur 9.

56. *Résoudre un problème*, c'est trouver les nombres inconnus qui satisfont aux conditions de ce problème. Pour cela, il faut toujours deux choses : la *solution* et le *calcul*.

57. *La solution* est l'expression du raisonnement qui indique les opérations à faire pour remplir les conditions du problème.

58. *Le calcul* est l'exécution des opérations indiquées par la solution. C'est la partie pratique de l'arithmétique, ou l'art de composer et de décomposer les nombres par divers procédés qui les rendent plus grands ou plus petits.

59. Dans la démonstration des théorèmes et la solution des problèmes, on fait usage de plusieurs *signes* qui servent à abréger les opérations et à rendre les raisonnements plus concis. Voici les principaux :

Le signe de l'égalité, $=$, qui se lit *égale* : 7 et $3 = 10$
Le signe de l'addition, $+$, qui se prononce *plus* : $7 + 3 = 10$
Le signe de la soustraction, $-$, qui se prononce *moins* : $\qquad 10 - 3 = 7$
Le signe de la multiplication, $\times$, qui se lit *multiplié par* : $\qquad 7 \times 3 = 21$
Le signe de la division, $:$, qui se lit *divisé par* : $21 : 3 = 7$
La division est encore indiquée de cette manière : $\qquad \frac{21}{3}$ ou $21/3 = 7$

Il y a d'autres signes que nous ferons connaître plus tard.

§ I.

De l'Addition.

60. DÉFINITION. L'addition est une opération par laquelle on réunit plusieurs nombres, exprimant des unités de même nature, pour en faire un seul qu'on appelle *somme* ou *total*.

Par *unités de même nature*, on entend celles qui sont considérées sous le même point de vue, sous la même dénomination. Ainsi, on peut additionner des francs avec des francs, des pommes avec des pommes, des dizaines avec des dizaines; mais on n'additionnerait pas des francs avec des litres, des arbres avec des pierres, des dizaines avec des centaines (1).

61. *Les additions élémentaires*, ou additions de deux nombres d'un seul chiffre, n'offrent aucune difficulté. On les fait, au moyen des doigts, en ajoutant, successivement, toutes les unités du second chiffre au premier. Ainsi, pour ajouter 3 à 5, on dit : 5 et 1 font 6, 6 et 1 font 7, 7 et 1 font 8 : donc 5 et 3 font 8.

En répétant souvent ces sortes d'opérations, on apprend à additionner directement deux chiffres quelconques, comme : 5 et 4 font 9 ; 6 et 7 font 13 ; 8 et 9 font 17 ; 9 et 6 font 15 ; 7 et 5 font 12, etc. Or, l'addition la plus compliquée est ramenée à une addition élémentaire, au moyen de la règle suivante.

62. RÈGLE GÉNÉRALE. Pour faire une addition, on écrit les nombres donnés les uns sous les autres, de manière que les unités de même ordre soient dans la même colonne verticale, c'est-à-dire, les unités sous les unités, les dizaines sous les dizaines, etc., et l'on souligne le dernier nombre.

On additionne ensuite tous les chiffres de la première colonne à droite. Si la somme ne surpasse pas 9, on l'écrit au-dessous : si elle surpasse 9, on écrit seulement les unités, et on retient les dizaines pour les joindre à la colonne des dizaines.

On opère de même sur toutes les autres colonnes ; mais, à la dernière colonne à gauche, on écrit le total sans faire de retenue.

63. EXEMPLE. Soit à additionner les nombres 37, 258, et 964.

Opération : 37
 258
 964
 ―――
 1259

―――――――――――――――――――

(1) On pourrait additionner des objets d'espèces différentes, comme des poiriers avec des pommiers, en ne considérant que la nature de ces objets, en ne cherchant, par exemple, qu'à connaître combien on a d'arbres.

On dispose les trois nombres donnés comme ci-dessus ; puis, commençant par la droite, on dit : 7 et 8 font 15, et 4 font 19, ou 1 dizaine et 9 unités. On place les 9 unités sous la colonne des unités, et l'on retient 1 dizaine, pour la joindre à la colonne des dizaines.

Passant à la seconde colonne, on dit : 1 de retenue et 3 font 4, et 5 font 9, et 6 font 15, ou 1 centaine et 5 dizaines. On écrit 5 sous la colonne des dizaines, et l'on retient 1 centaine, pour la joindre à la colonne des centaines.

Enfin, à la troisième colonne, on dit : 1 de retenue et 2 font 3, et 9 font 12, qu'on écrit sans faire de retenue, parce qu'il n'y a plus rien à additionner.

LE RÉSULTAT ou la somme totale est donc 1259.

64. DÉMONSTRATION. Le nombre 1259 auquel on arrive par cette opération, est évidemment la somme demandée, puisqu'il renferme toutes les parties des nombres proposés. (*Axiome* 51 2°.)

65. On commence l'opération par la droite, afin de reporter plus facilement les retenues d'une colonne à la colonne suivante. On se fonde, d'ailleurs, pour opérer ce report, sur ce principe que 10 *unités d'un ordre quelconque font toujours 1 unité de l'ordre immédiatement supérieur*.

66. Dès qu'on a acquis quelque habitude du calcul, il est bon, pour abréger, de s'exercer à faire des additions, en laissant les nombres où le hasard les a placés. Cette remarque est applicable à toutes les opérations.

PREUVE DE L'ADDITION.

67. La preuve la plus simple d'une addition consiste à refaire l'opération, en additionnant chaque colonne de bas en haut. Si l'on retrouve le même résultat, on est fondé à croire qu'il est exact.

AUTRE PREUVE.

Mettre à part un des nombres proposés, faire l'addition de tous les autres ; puis, additionner cette somme avec le nombre réservé, on doit retrouver le premier total (51 2°).

ADDITION.

EXEMPLE :   *Addition.*   *Preuve.*

	549
742	3653
549	2348
3653	6550
2348	742 *nombre réservé.*
Total. 7292	7292 *somme égale.*

Si l'on avait une longue addition à vérifier, au lieu de réserver un seul nombre, on pourrait partager l'opération, et les totaux partiels devraient redonner le total général.

EXEMPLE :   814925   1re *Addition*   2me *Addition*
            718042   *partielle.*   *partielle.*
            26495
            578418   814925   578418
            4553   718042   4553
            90708   26495   90708
            ———   ———   ———
            2233141   1559462   673679

         Totaux partiels. { 1559462
                               673679
                               ———
                               2233141 *Total général.*

USAGE DE L'ADDITION.

68. On fait usage de l'addition, toutes les fois qu'il s'agit de réunir plusieurs nombres en un seul, comme, par exemple, trouver le total de plusieurs sommes dépensées séparément ; augmenter un nombre d'un ou de plusieurs autres nombres ; trouver le tout, quand on connaît les parties ; trouver le prix de revient d'un objet, sachant le prix d'achat et les frais; déterminer le prix de vente, connaissant le prix de revient et le bénéfice qu'on veut faire ; etc, etc.

EXEMPLES. I. Une personne doit 3625 francs de loyer, 425 francs de pain, et 142 francs de drap. Combien doit-elle en tout ? Réponse. 4192 francs.

Solution. Le sens de la question indique évidemment qu'il faut faire une somme équivalente aux trois nombres donnés, on aura donc 3625 + 425 + 142 = 4192 francs.

II. Quelqu'un achète pour 2348 francs de marchandise. Combien doit-il la revendre, pour gagner 148 francs sur le tout? Réponse, 2496 francs,

Solution. Il doit la revendre ce qu'elle lui coûte plus ce qu'il veut gagner, c'est-à-dire, 2348 + 148 = 2496.

III. Une personne gagne 8745 fr. par an, et elle met de côté 3725 fr., qu'elle place à intérêt. Combien devrait-elle gagner, pour qu'elle pût placer 1245 fr. de plus? Réponse, 9990.

Solution. Il faut que cette personne augmente son gain annuel de 1245 fr.; donc, pour trouver le nombre inconnu, il suffit d'additionner 8745 et 1245, ce qui donne 9990 francs.

Cet exemple donne lieu de remarquer que certains nombres ne figurent, parfois, dans l'énoncé d'un problème que comme explication. Il importe alors de bien examiner ce qu'on demande, afin de n'opérer que sur les nombres qui doivent conduire au résultat cherché. On y arrive, en supposant ce résultat trouvé, et en examinant quels sont les nombres qui ont dû être employés, pour le découvrir.

§ II.

De la Soustraction.

69. DÉFINITION. La soustraction est une opération qui a pour but de retrancher un nombre d'un autre nombre, exprimant des unités de même nature, pour savoir de combien le plus grand surpasse le plus petit.

Le résultat s'appelle *reste, excès* ou *différence,* suivant l'énoncé de la question.

70. On pourrait faire la soustraction, en ôtant, successivement, du plus grand nombre toutes les unités du plus petit. Ainsi, pour ôter 4 de 7, on dirait : 1 ôté de 7 reste 6, 1 ôté

de 6 reste 5, 1 ôté de 5 reste 4, 1 ôté de 4 reste 3 : Donc, 4 ôté de 7 reste 3 ; mais, dans la pratique, cette décomposition est impossible, à cause de sa longueur.

71. Pour faire facilement la soustraction, il faut savoir soustraire, de mémoire, les dix premiers nombres de tous les nombres inférieurs à 20, en cette manière : 4 ôté de 9 reste 5 ; 7 ôté de 13 reste 6 ; 9 ôté de 17 reste 8 ; 10 ôté de 19 reste 9, etc.

On fait ces *Soustractions élémentaires*, en cherchant ce qu'il faut ajouter au plus petit nombre pour avoir le plus grand. Ainsi, comme on sait que 9 et 7 font 16, on dira : 9 ôté de 16 reste 7.

72. Les soustractions élémentaires, qui supposent seulement un exercice de mémoire sur l'addition de deux nombres d'un seul chiffre, servent de base à la soustraction la plus compliquée, au moyen de la règle suivante.

Règle générale. Pour faire la soustraction, on écrit le plus petit nombre sous le plus grand, de manière que les unités de même ordre se correspondent, et l'on souligne le plus petit nombre, pour le séparer du résultat, qui s'écrit au-dessous.

On opère ensuite de droite à gauche, en retranchant, successivement, chaque chiffre inférieur du chiffre supérieur correspondant.

Si le chiffre inférieur est plus petit que son correspondant supérieur, on écrit la différence au-dessous ; et, s'il est égal, on écrit 0.

Si le chiffre inférieur est plus grand que son correspondant supérieur, on augmente ce dernier de 10 unités ; et, par compensation, on augmente d'autant le nombre inférieur, en ajoutant une unité au chiffre suivant de la colonne à gauche.

Premier exemple. Soit à soustraire 3745 de 4768.

Opération.   4768
                          3745
Reste ou différence.   1023

SOUSTRACTION.

On écrit les deux nombres comme il vient d'être expliqué ; puis, commençant par la droite, on dit : 5 ôté de 8 reste 3, qu'on écrit au-dessous de 5 ; 4 ôté de 6 reste 2 ; 7 ôté de 7 reste 0 ; 3 ôté de 4 reste 1.

Le reste ou la différence cherchée est 1023.

DEUXIÈME EXEMPLE. Soit à soustraire 35768 de 80693.

Opération. 80693
            35768

RESTE OU DIFFÉRENCE. 44925

Comme on ne peut pas ôter 8 de 3, on augmente 3 de 10 unités, ce qui donne 13, et l'on dit : 8 ôté de 13 reste 5, qu'on écrit au-dessous de 8. Puis, ajoutant 1, c'est-à-dire, 1 dizaine, au chiffre 6 qui suit, à gauche, dans le nombre inférieur, on dit : 7 ôté de 9 reste 2. De même, 7 ôté de 6 n'est pas possible ; mais 7 ôté de 16 reste 9. On ajoute 1 à 5, et l'on dit : 6 ôté de 0, ou plutôt, en ajoutant 10 à 0 : 6 ôté de 10 reste 4. Enfin, ajoutant 1 à 3, on dit : 4 ôté de 8 reste 4.

Le reste ou la différence est donc 44925.

Dans la pratique, on dit simplement : 8 ôté de 13 reste 5, et je retiens 1 ; 1 de retenue et 6 font 7, ôté de 9 reste 2 ; 7 ôté de 16 reste 9, et je retiens 1 ; 1 de retenue et 5 font 6, ôté de 10 reste 4, et je retiens 1 ; 1 de retenue et 3 font 4, ôté de 8 reste 4.

DÉMONSTRATION. Dans les deux exemples ci-dessus, on a retranché du plus grand nombre toutes les parties du plus petit ; on a donc évidemment, au résultat, la différence des deux nombres.

L'artifice employé, lorsque le chiffre inférieur est plus grand que son correspondant supérieur, revient à ajouter une même quantité aux deux nombres. Ainsi, dans le second exemple, en opérant sur les unités, on suppose 10 de trop au nombre supérieur, puisqu'on dit 13 au lieu de 3 ; mais en opérant sur les dizaines, on reprend aussitôt la dizaine surajoutée, puisqu'au lieu de retrancher 6 dizaines du nombre supérieur, comme l'indique le nombre inférieur, on en retranche 7. Il y a donc compensation, et le résultat n'est point altéré (*Axiome* 51 5°). Même raisonnement pour tous les autres cas.

73. C'est pour faire plus commodément cette compensation qu'on commence la soustraction par la droite. Si aucun chiffre inférieur ne surpassait son correspondant supérieur, il serait indifférent de commencer par la droite ou par la gauche.

74. SOUSTRACTION PAR EMPRUNT.

$$\text{Opération.} \quad \begin{array}{r} \overset{9}{8}0693 \\ 35768 \\ \hline 44925 \end{array}$$

74. Dans le second exemple, on aurait pu procéder par voie d'emprunt, de la manière suivante :

Sur la colonne des unités, on dit : 8 ôté de 3 ne se peut, mais empruntant 1 dizaine sur 9 et l'ajoutant à 3, on a $10 + 3 = 13$; 8 ôté de 13 reste 5.

Passant aux dizaines, on observe que 9 a été diminué de 1, et l'on dit : 6 ôté de 8 reste 2.

Passant à la colonne des centaines, on dit : 7 ôté de 6 ne se peut, et de plus l'emprunt sur 0 n'est pas possible ; on emprunte sur 8 une unité qui vaut 10 mille. On laisse 9 mille sur 0, et l'on a 1 mille qui vaut 10 centaines, et 6 font 16 ; 7 ôté de 16 reste 9 ; puis, 5 ôté de 9 reste 4 ; et 3 ôté de 7 reste 4. Le nombre supérieur a été décomposé comme ci-dessous :

7 dizaines de mille	9 mille	16 centaines	8 dizaines	13 unités.
3	5	7	6	8
4	4	9	2	5

On voit que toutes les parties du plus petit nombre sont également retranchées de toutes les parties du plus grand, et qu'on a au résultat la même différence ; mais la méthode par compensation, la seule employée dans la division, est plus simple et plus générale.

PREUVE DE LA SOUSTRACTION.

On peut faire la preuve de la soustraction de deux manières : 1° ajouter le reste au plus petit nombre, et l'on doit retrouver le plus grand (*Axiome* 51, 2°) ; 2° retrancher le reste du plus grand, et l'on doit retrouver le plus petit (*Axiome* 51 3°).

EXEMPLE. Soit 25468 ôté de 30547.

1ʳᵉ preuve.	2° preuve.
30547	30547 *gr. nombre.*
25468 *petit nombre*	25468
5079 *reste*	5079 *reste.*
30547 *grand nombre.*	25468 *petit nombre.*

Dans la pratique, on additionne, de bas en haut, le reste avec le petit nombre, et l'on constate, mentalement, l'identité du résultat avec le nombre supérieur. La preuve se fait ainsi sans rien écrire de plus.

PREUVE DE L'ADDITION PAR LA SOUSTRACTION. L'addition étant faite, on additionne de nouveau tous les nombres moins un ; puis, on ôte le second total du premier, et l'on doit retrouver le nombre réservé (51 3°).

EXEMPLE :   456
                    789
                    123
                    ―――
1ᵉʳ total   1368
2° total   912
                    ―――
nombre réservé   456

456
789
123
―――
1368
110

On pourrait aussi, en commençant l'addition par la gauche, retrancher la somme de chaque colonne du nombre qui est au-dessous. Si la somme est exacte, on doit trouver zéro à la fin, puisque du tout on ôte successivement toutes les parties (51 2°).

USAGE DE LA SOUSTRACTION.

Il faut faire usage de la soustraction : 1° quand on veut trouver la différence de deux nombres, c'est-à-dire, l'excès du plus grand sur le plus petit, où ce qu'il faut ajouter au plus petit pour égaler le plus grand ; 2° Lorsqu'on a à diminuer un nombre donné d'un autre nombre donné ; 3° lorsqu'étant donnée une somme et l'une de ses parties, on propose de trouver l'autre partie.

EXEMPLES. I. Une personne a 97 ans, une autre en a 78. Quelle est la différence de leur âge ? Réponse, 19 ans.

Solution. En retranchant l'âge de la seconde personne de celui de la première, on aura évidemment la différence demandée. Or, 97 — 78 = 19, donc la réponse est 19 ans.

II. Une marchandise a coûté 3708 francs, on l'a revendue 3948 francs. Quel gain a-t-on fait ? Réponse, on a gagné 340 francs.

Solution. Le bénéfice fait sur la marchandise égale le prix de vente moins le prix d'achat, ou 3948 — 3708 = 240 francs.

III. Deux personnes ont fait un fonds de 3245 fr. L'une a mis 2134 fr., quelle est la part de l'autre ? Réponse, 1111 fr.

Solution. Nous connaissons une somme 3245 et l'une de ses parties 2134 : donc, l'autre partie sera la différence de ces deux nombres, ou 3245 — 2134 = 1111 francs.

§ III.

De la Multiplication.

77. DÉFINITION. La multiplication est une opération par laquelle, étant donnés deux nombres, on en forme un troisième, qui se compose avec le premier comme le second se compose avec l'unité. Ainsi, multiplier 8 par 7, c'est former un troisième nombre, 56, qui se compose avec 8 comme 7 se compose avec l'unité ; c'est-à-dire que 56 doit contenir autant de fois 8 que 7 contient de fois 1.

Le premier nombre s'appelle *multiplicande* ; le second, *multiplicateur* ; et le troisième, ou le résultat, se nomme *produit*.

Dans l'exemple ci-dessus, 8 est le multiplicande ; 7, le multiplicateur ; 56, le produit.

Le multiplicande et le multiplicateur s'appellent encore *facteurs* du produit, parce qu'en effet ils concourent tous les deux à le former. Multiplicande signifie *qui doit être multiplié*, multiplicateur signifie *qui multiplie*.

78. Il résulte de cette définition :

1° Que si le multiplicateur est 1 fois, 2 fois, 3 fois, 20 fois l'unité, le produit sera 1 fois, 2 fois, 3 fois, 20 fois le multiplicande ; et, en général, lorsque le multiplicateur est un nombre entier, *l'opération revient à répéter le multiplicande autant de fois qu'il y a d'unités dans le multiplicateur*. Ainsi, multiplier un nombre par 1, c'est le répéter 1 fois ; le multiplier par 2, par 5, par 100, c'est le répéter 2 fois, 5 fois, 100 fois.

2° Que si le multiplicateur n'est que la moitié, le tiers, le quart, le vingtième de l'unité, le produit ne sera que la moitié, le tiers, le quart, le vingtième du multiplicande ; et, en général, lorsque le multiplicateur est une fraction, *l'opération revient à prendre du multiplicande la partie indiquée par le multiplicateur*. Ainsi, multiplier un nombre par *un demi*, c'est en prendre la moitié ; le multiplier par *trois quarts*, c'est en prendre trois fois la quatrième partie, ou, en prendre le quart et le répéter trois fois.

Il suit encore de là que, si le multiplicateur est égal à l'unité, le produit sera égal au multiplicande ; si le multiplicateur est plus grand que l'unité, le produit sera plus grand que le multiplicande ; et si le multiplicateur est plus petit que l'unité, le produit sera plus petit que le multiplicande.

79. On pourrait obtenir le produit de deux facteurs, en additionnant autant de nombres égaux au multiplicande qu'il y a d'unités au multiplicateur ; mais cette manière d'opérer, trop longue dans la pratique, n'est employée que par les commençants, pour *la multiplication élémentaire d'un seul chiffre par un seul chiffre*. Ainsi, on arrive à trouver que 7 fois 8 font 56, en additionnant 7 nombres égaux à 8.

26   NOMBRES ENTIERS.

```
 8
 8
 8
 8
 8
 8
 8
 8
___
 56
```

en cette manière : 8 et 8, 16 ; et 8, 24 ; et 8, 32 ; et 8, 40 ; et 8, 48 ; et 8, 56 ; mais, insensiblement, les résultats de ces additions successives se gravent dans la mémoire, et on les obtient directement.

80. On peut s'aider, d'ailleurs, de la table suivante, dite *table de multiplication*, ou *table de Pithagore*, du nom de son inventeur.

1	2	3	4	5	6	7	8	9
2	4	6	8	10	12	14	16	18
3	6	9	12	15	18	21	24	27
4	8	12	16	20	24	28	32	36
5	10	15	20	25	30	35	40	45
6	12	18	24	30	36	42	48	54
7	14	21	28	35	42	49	56	63
8	16	24	32	40	48	56	64	72
9	18	27	36	45	54	63	72	81

Pour former cette table, on écrit les neuf premiers nombres en colonne horizontale ; puis, on obtient chaque colonne verticale, en ajoutant, successivement, à lui-même le nombre qui est en tête de cette colonne. Ainsi, on forme la 5ᵉ colonne verticale, en disant : 5 et 5, 10 ; et 5, 15 ; et 5, 20 ; et 5, 25 ; et 5, 30 ; et 5, 35 ; etc.

81. Pour trouver le produit de deux nombres, 9 et 6, par exemple, on cherche le multiplicande, 9, dans la première colonne horizontale, et le multiplicateur, 6, dans la première colonne verticale ; le produit 54, se trouve à la rencontre des deux colonnes.

MULTIPLICATION.

82. Il est très-utile d'exercer les commençants à former eux-mêmes cette table, et à la réciter, de mémoire, en multipliant tous les nombres de la première colonne horizontale par chacun des nombres de la première colonne verticale, en cette manière :

2	fois	1	font	2	4	—	8	—	32
2	—	2	—	4	4	—	9	—	36
2	—	3	—	6					
2	—	4	—	8	5	fois	5	font	25
2	—	5	—	10	5	—	6	—	30
2	—	6	—	12	5	—	7	—	35
2	—	7	—	14	5	—	8	—	40
2	—	8	—	16	5	—	9	—	45
2	—	9	—	18					
					6	fois	6	font	36
3	fois	3	font	9 (1)	6	—	7	—	42
3	—	4	—	12	6	—	8	—	48
3	—	5	—	15	6	—	9	—	54
3	—	6	—	18					
3	—	7	—	21	7	fois	7	font	49
3	—	8	—	24	7	—	8	—	56
3	—	9	—	27	7	—	9	—	63
4	fois	4	font	16	8	fois	8	font	64
4	—	5	—	20	8	—	9	—	72
4	—	6	—	24					
4	—	7	—	28	9	fois	9	font	81

83. *Remarque.* On formerait également la table de multiplication, en écrivant d'abord les neuf premiers nombres en colonne verticale, et en formant chaque colonne horizontale de la même manière qu'on a formé les colonnes verticales. Ainsi, la 7ᵉ colonne horizontale, par exemple, se formerait en disant : 7 et 7, 14 ; et 7, 21 ; et 7, 28 ; et 7, 35 ; etc.

Il suit de là qu'une somme quelconque du tableau réunit autant de nombres égaux au chiffre qui est en tête de la colonne, soit verticale, soit horizontale, où elle se trouve, qu'il y a de cases remplies jusqu'à cette colonne. Ainsi, la somme 35, occu-

---

(1) On se dispense de répéter les mêmes produits.

pant la 7ᵉ case de la colonne verticale qui commence par 5, réunit 7 nombres égaux à 5, ou est le produit de $5 \times 7 = 35$; et cette même somme, occupant la 5ᵉ case de la colonne horizontale qui commence par 7, réunit 5 nombres égaux à 7, ou est le produit de $7 \times 5 = 35$.

Par où l'on voit que $5 \times 7 = 7 \times 5 = 35$; c'est-à-dire que *le produit de deux facteurs ne change pas dans quelque ordre que s'effectue leur multiplication*. Cette observation est générale, puisqu'elle s'applique à toutes les sommes du tableau, et que ce tableau peut être prolongé indéfiniment; mais on l'établira plus loin, d'une manière plus générale encore.

84. Quand on sait faire les multiplications élémentaires, on peut faire une multiplication quelconque, au moyen de la règle suivante, que nous diviserons, pour plus de clarté, en trois cas particuliers.

1ᵉʳ Cas. *Multiplier un nombre de plusieurs chiffres par un nombre d'un seul chiffre.*

Règle. On écrit le multiplicande sous le multiplicateur, et l'on souligne. Puis, commençant par la droite, on multiplie, successivement et par ordre, tous les chiffres du multiplicande par le multiplicateur. On écrit seulement les unités de chaque produit partiel, et l'on retient les dizaines, pour les ajouter au produit suivant, jusqu'au dernier produit à gauche, qu'on écrit sans faire de retenue.

Exemple. Soit à multiplier 8769 par 5.

Opération.   8769 *multiplicande.*
                5 *multiplicateur.*
            —————
            43845 *produit.*

On écrit les deux nombres selon la règle, et l'on dit : 5 fois 9, 45, (4 *dizaines et* 5 *unités*); on écrit 5, et l'on retient 4; 5 fois 6, 30, et 4 de retenue, 34 ; on écrit 4, et l'on retient 3; 5 fois 7, 35, et 3 de retenue, 38 : on écrit 8, et l'on retient 3 5 fois 8, 40, et 3 de retenue, 43 , qu'on écrit sans faire de retenue. Le produit demandé est donc 43 845.

MULTIPLICATION. 29

```
 8769
 8769
 8769
 8769
 8769
-----
43845
```

DÉMONSTRATION. En additionnant 5 nombres égaux à 8769, comme on le voit ici, on aurait le produit demandé, ou 5 fois le multiplicande ; mais cette addition revient, évidemment, à l'opération ci-dessus, c'est-à-dire, à prendre 5 fois chaque partie du nombre 8769, et à réunir les quatre produits partiels. La différence qui existe entre les deux opérations n'est que dans l'abréviation des procédés. Ainsi, au lieu de dire, en multipliant les unités : 9 et 9, 18 ; et 9, 27 ; et 9, 36 ; et 9, 45, on dit directement : 5 fois 9, 45. Du reste, les retenues sont faites et reportées d'un produit à l'autre, absolument, comme dans l'addition, elles sont faites et reportées d'une colonne à l'autre.

C'est parce que la multiplication n'est qu'une addition abrégée qu'il faut la commencer par la droite, afin de faire plus facilement les retenues.

85. 2ᵉ CAS. *Multiplier un nombre entier, par 10, par 100, par 1000, ou par l'unité suivie d'un ou de plusieurs zéros.*

Pour multiplier un nombre entier par l'unité suivie d'un ou de plusieurs zéros, il suffit d'écrire à la droite du multiplicande autant de zéros qu'il y en a à la droite de l'unité dans le multiplicateur.

Ainsi, les produits de 63 par 10, par 100, par 1000, sont, respectivement : 630, 6300, 63000.

C'est la conséquence du principe de numération, d'après lequel un chiffre acquiert une valeur 10 fois plus grande à mesure qu'il recule d'un rang vers la gauche. Ici, le 3, qui exprime 3 unités, devient 3 dizaines, 3 centaines, 3 mille ; et le 6, qui représente 6 dizaines, devient 6 centaines, 6 mille, 6 dizaines de mille.

86. 3ᵉ CAS. *Multiplier entre eux deux nombres entiers de plusieurs chiffres.*

RÈGLE GÉNÉRALE. Pour faire la multiplication, il faut :

1º Écrire le multiplicateur sous le multiplicande et le souligner ;

2º Multiplier tout le multiplicande, à partir de la droite,

par chacun des chiffres significatifs du multiplicateur, en appliquant à chaque multiplication partielle la règle du 1er cas, donnée ci-dessus ;

3° Écrire, les uns sous les autres, tous les produits partiels, et les placer de manière que chacun d'eux exprime des unités de même ordre que le chiffre par lequel on multiplie ;

4° Souligner les produits partiels et les additionner pour avoir le produit total.

EXEMPLE. Soit à multiplier 5687 par 734.

Opération. 5687 *multiplicande.*
             734 *multiplicateur.*
          22748 1er *produit partiel.*
          17061 2e *produit partiel.*
          39809 3e *produit partiel.*
        4174258 *produit total.*

On écrit les deux nombres selon la règle, et l'on dit : 4 fois 7, 28 : on écrit 8 sous 4 (*au rang des unités, parce que le chiffre multiplicateur exprime des unités*) et l'on retient 2 ; 4 fois 8, 32, et 2 de retenue, 34 : on écrit 4, et l'on retient 3 ; 4 fois 6, 24, et 3 de retenue, 27 : on écrit 7, et l'on retient 2 ; 4 fois 5, 20, et 2 de retenue, 22, qu'on écrit.

Passant aux dizaines du multiplicateur, on dit : 3 fois 7, 21 : on écrit 1 (*au rang des dizaines, parce que le chiffre multiplicateur exprime des dizaines*), et l'on retient 2 ; 3 fois 8, 24, et 2 de retenue, 26 : on écrit 6, et l'on retient 2 ; 3 fois 6, 18, et 2 de retenue, 20 : on écrit 0, et l'on retient 2 ; 3 fois 5, 15, et 2 de retenue, 17, qu'on écrit.

Enfin, passant aux centaines du multiplicateur, on dit : 7 fois 7, 49 : on écrit 9 (*au rang des centaines, parce que le chiffre multiplicateur exprime des centaines*), et l'on retient 4 ; 7 fois 8, 56, et 4 de retenue, 60 : on écrit 0, et l'on retient 6 ; 7 fois 6, 42, et 6 de retenue, 48 : on écrit 8, et l'on retient 4 ; 7 fois 5, 35, et 4 de retenue, 39, qu'on écrit.

Après avoir souligné les trois produits partiels, on en fait l'addition, et l'on a le produit total, 4174258.

DÉMONSTRATION. Pour rendre raison de cette opération, il faut se rappeler que multiplier 5687 par 734, c'est répéter

734 fois le nombre 5687, ou, ce qui revient au même, le répéter 4 fois, plus 30 fois, plus 700 fois, et réunir ces trois produits en un seul.

On répète, d'abord, 4 fois le nombre 5687, en le multipliant par 4, selon la règle du 1er cas, et l'on a pour premier produit partiel, 22748.

Pour répéter 30 fois le multiplicande, ou 10 fois 3 fois, il suffirait, évidemment, d'écrire, les uns sous les autres, 10 nombres égaux à 5687, et de répéter ce groupe 3 fois (1). Mais, d'une part, 10 nombres égaux à 5687, c'est $5687 \times 10 = 56870$ (2e cas) ; et, d'autre part, 56870 répété 3 fois, c'est $56870 \times 3 = 170610$ (1er cas) : donc, le second produit est 170610.

Pour répéter le multiplicande 700 fois, ou 100 fois 7 fois, il suffirait, évidemment, d'écrire, les uns sous les autres, 100 nombres égaux à 5687, et de répéter ce groupe 7 fois. Mais, d'une part, 100 nombres égaux à 5687, c'est $5687 \times 100 = 568700$; et, d'autre part, 568700 répété 7 fois, c'est $568700 \times 7 = 3980900$. Donc, le 3e produit partiel est 3980900.

Réunissant ces trois produits et les additionnant, on a évidemment :

1°	4 fois	5687	=	22748
2°	30 fois	5687	=	170610
3°	700 fois	5687	=	3980900
ou	734 fois	5687	=	4174258

87. Dans la pratique, on fait la multiplication par les dizaines et par les centaines du multiplicateur, comme si c'étaient des unités simples, et l'on se dispense d'écrire les zéros ; mais on en tient compte, en plaçant chaque produit, de manière que son dernier chiffre à droite soit exactement dans le même ordre et le même rang que le chiffre multiplicateur.

---

(1) Voir la preuve de l'addition, n° 67, dernier exemple.

NOMBRES ENTIERS.

En tenant compte de cette observation, on peut, sans difficulté, intervertir l'ordre des produits partiels, comme ci-dessous :

```
   879        879        879        879
   543        543        543        543
  ————       ————       ————       ————
  2637       4395       3516       3516
  3516       3516       2637       4395
  4395       2637       4395       2637
  ————       ————       ————       ————
 477297     477297     477297     477297
```

REMARQUES SUR LA MULTIPLICATION.

88. 1re Remarque. Soit à multiplier 8507 par 9005.

Opération.
```
         8507
         9005
        ——————
        42535
       76563
       ————————
       76605535
```

Le chiffre 9 étant de l'ordre des mille, le premier chiffre 3 du produit par 9 est placé dans l'ordre des mille, et se trouve reculé de TROIS PLACES vers la gauche, par rapport au 1er produit. On tire de là cette remarque que lorsqu'il y a des zéros entre les chiffres significatifs du multiplicateur, on passe sur ces zéros ; mais on a soin de reculer le produit suivant d'autant de places PLUS UNE qu'il y a de zéros intermédiaires. Ici, on a reculé de trois places, parce qu'il y a deux zéros entre 5 et 9.

89. 2e REMARQUE. Soit à multiplier 54000 par 6800.

Opération.
```
        54000
         6800
        ——————
          432
         324
        ——————
      367200000
```

On multiplie comme s'il n'y avait que 54 à multiplier par 68 ; mais, à la droite du produit, on écrit 5 zéros, autant qu'il y en a dans les facteurs.

En effet, multiplier le nombre 54000 par 6800, c'est le répéter 6800 fois, ou 68 fois 100 fois.

En multipliant 54000 par 100, on a : 5400000 ; et, pour répéter ce résultat 68 fois, il n'y a qu'à additionner 68 nombres égaux à 5400000. Mais l'addition de 68 nombres égaux à 5400000 donne 5 zéros au total, (*autant qu'il y en a dans les deux facteurs*) et, il suffit, évidemment, de les écrire après le total fait; c'est-à-dire, à la droite du produit de 54 × 68.

PREUVE DE LA MULTIPLICATION.

90. L'opération étant faite, on la recommence, en intervertissant l'ordre des facteurs, c'est-à-dire qu'on prend le multiplicateur pour le multiplicande, et le multiplicande pour le multiplicateur. Si l'opération est bien faite, le résultat doit être le même : car, le produit de deux facteurs ne change pas dans quelque ordre que s'effectue leur multiplication (n° 83 *plus haut* et n° 147 *ci-après*).

EXEMPLE. Soit à multiplier 2786 par 47.

Opération.	2786	Preuve.	47
	47		2786
	19502		282
	11144		376
	130942		329
			94
			130942

USAGE DE LA MULTIPLICATION.

92. On emploie la multiplication :

1° Pour trouver le prix total de plusieurs objets, connaissant le prix de l'unité ;

2° Pour trouver le nombre des objets, connaissant la somme à employer et ce que donne un franc ;

3° Pour rendre un nombre donné un certain nombre de fois plus grand, ou pour en prendre un certain nombre de parties.

4° Pour réduire des entiers d'espèces principales en leurs parties, par exemple, des années en mois, des mois en jours;

5° Pour trouver la surface et la solidité des corps; et autres cas que l'usage fera connaître.

EXEMPLES. I. On a acheté 648 mètres d'étoffe à 15 fr. le mètre. Combien a-t-on déboursé ?

Solution. Si le mètre coûte 15 fr., 648 mètres coûteront 648 fois plus; il faut donc multiplier 15 par 648, ou, ce qui revient au même, 648 par 15, et l'on a : $648 \times 15 = 9720$ fr. pour le prix des 648 mètres d'étoffe.

Quand la nature de la question conduit, comme dans cet exemple, à avoir le plus petit nombre en multiplicande, on fait, de préférence, le produit du plus grand nombre par le plus petit, afin d'avoir moins de produits partiels; mais on a soin de conserver toujours au produit l'espèce d'unité que demande l'énoncé.

II. Quel est le nombre qui est 18 fois plus grand que 27 ?

Solution. Il est évident que le nombre cherché est composé de 18 fois 27; donc, il faut multiplier 27 par 18, ce qui donne pour réponse : $27 \times 18 = 486$.

III. Combien y a-t-il de mois dans 17 ans ?

Solution. Un an ayant 12 mois, 17 ans en auront 17 fois plus, c'est-à-dire, $12 \times 17 = 204$ mois.

§ IV.

De la Division.

93. DÉFINITION. La division est une opération qui a pour but, étant donné un produit et l'un de ses facteurs, de trouver l'autre facteur. Ainsi, diviser 20 par 5, c'est chercher le second facteur de 20, le premier facteur 5 étant connu.

En d'autres termes, c'est chercher par quel nombre il faut multiplier 5 pour avoir 20 : d'où l'on dit encore que *diviser un nombre donné par un autre nombre donné, c'est cher-*

cher un troisième nombre, qui, multiplié par le second, reproduise le premier.

94. Le produit donné, ou le premier nombre, s'appelle *dividende*, c'est-à-dire, *nombre à diviser*; le facteur connu, ou le second nombre, s'appelle *diviseur*, c'est-à-dire, *nombre qui divise*; et le facteur cherché, ou le 3ᵉ nombre, s'appelle *quotient*, du latin *quoties*, qui veut dire *combien de fois*.

Les trois nombres et l'opération elle-même sont ainsi appelés, parce que, *dans les nombres entiers, la division revient à chercher combien de fois le dividende contient le diviseur*, ou encore : *à partager le dividende en autant de parties égales qu'il y a d'unités dans le diviseur*. Dans les deux cas, il est évident que si l'on multiplie le diviseur par le quotient on aura le dividende.

95. On pourrait obtenir le quotient d'une division, en retranchant le diviseur du dividende autant de fois que possible. Le quotient serait égal au nombre de soustractions qu'il y aurait à faire, pour épuiser le dividende, ou le rendre plus petit que le diviseur. Ainsi, le quotient de 28 divisé par 4 est 7, parce qu'on peut retrancher 4 fois le diviseur 7 du dividende 28.

```
 28
  7  1ʳᵉ soustract.
 ──
 21
  7  2ᵉ id.
 ──
 14
  7  3ᵉ id.
 ──
  7
  7  4ᵉ id.
 ──
  0
```

L'objet de la division est d'abréger cette opération, qui est impraticable à cause de sa longueur.

96. Lorsque le diviseur n'a qu'un chiffre et que le dividende contient moins de 10 fois le diviseur, il suffit, pour faire l'opération, de savoir la table de multiplication : car, alors, on n'a qu'à se demander par quel nombre il faut multiplier le diviseur pour avoir le dividende.

Ainsi, 35, par exemple, divisé par 7, donne pour quotient 5 ; parce que 5 fois 7 font 35. 56, divisé par 8, donne pour quotient 7 ; parce que 7 fois 8 font 56.

Si l'on avait 68 à diviser par 9, comme 7 fois 9, ou 63,

est plus petit que 68, et que 8 fois 9, ou 72, est plus grand que 68, il s'ensuit que 68, divisé par 9, donne un quotient plus grand que 7, et plus petit que 8 ; c'est-à-dire, qu'il est compris entre 7 et 8, ou qu'il est 7 pour 63 avec un reste 5, dont il faut encore prendre la 9e partie, pour l'ajouter à 7. C'est ce que l'on exprime en disant : le 9e de 68 est 7 pour 63, et il reste 5.

97. Quand la division ne donne pas de reste, on dit que le quotient est *complet*; dans le cas contraire, il est *approximatif*, et se compose d'un nombre entier plus une fraction.

98. Pour faire la division avec facilité, il est nécessaire de bien connaître les *divisions élémentaires*. On s'y exerce de la manière suivante, en appliquant la table de multiplication à la division.

DIVISEURS.	DIVIDENDES ET QUOTIENTS.							
Le 2e (la moitié) de est	2 1	4 2	6 3	8 4	10 5	12 6	14 7	16 8	18 9
Le 3e (le tiers) de est	3 1	6 2	9 3	12 4	15 5	18 6	21 7	24 8	27 9
Le 4e (le quart) de est	4 1	8 2	12 3	16 4	20 5	24 6	28 7	32 8	36 9
Le 5e (le cinquième) de est	5 1	10 2	15 3	20 4	25 5	50 6	35 7	40 8	45 9
Le 6e (le sixième) de est	6 1	12 2	18 3	24 4	30 5	36 6	42 7	48 8	54 9
Le 7e (le septième) de est	7 1	14 2	21 3	28 4	35 5	42 6	49 7	56 8	63 9
Le 8e (le huitième) de est	8 1	16 2	24 3	32 4	40 5	48 6	56 7	64 8	72 9
Le 9e (le neuvième) de est	9 1	18 2	27 3	36 4	45 5	54 6	63 7	72 8	81 9

DIVISION. 37

On voit que le diviseur, multiplié par le quotient, reproduit toujours le dividende correspondant ; et qu'ainsi on a, tout à la fois, une table de division et une table de multiplication.

99. *Remarque.* Lorsqu'on dit, par exemple : le 6e de 27 est 4 pour 24, et il reste 5, on fait, *mentalement*, deux opérations : 1° la multiplication du diviseur par le quotient : 4 fois 6, 24 ; 2° la soustraction de ce produit du dividende : 24 ôté de 29, reste 5. On dira de même :

Le 9e de 62 est 6 pour 54, et il reste 8 ; parce que 6 fois 9 font 54, ôté de 62 reste 8.

Le 8e de 72 est 9 ; parce que 8 fois 9 font 72, ôté de 72 reste 0.

100. On ramène les divisions les plus compliquées à la division élémentaire, au moyen de la règle générale, que nous donnerons, après avoir expliqué deux cas particuliers qui serviront à la préparer et à la faire mieux comprendre.

101. 1er CAS. *Diviser un nombre de plusieurs chiffres par un nombre d'un seul chiffre*, par exemple, 8748 par 6.

Ici, le quotient sera 6 fois plus petit que 8748, puisque, multiplié par 6, ou répété 6 fois, il doit reproduire ce nombre. Il n'y a donc qu'à partager 8748 en 6 parties égales, c'est-à-dire, à en prendre le 6e.

Opération.   *dividende* 8748 | 6 *diviseur.*
                          6 | 1458 *quotient.*
                          ——
                          27
                          24
                          ——
                          34
                          30
                          ——
                          48
                          48
                          ——
                          00

Au lieu d'opérer mentalement, comme il est dit ci-dessus n. 99, on peut écrire chaque opération et disposer les nombres de la manière qu'on le voit ici.

On partage d'abord les plus hautes unités du dividende, en prenant le 6ᵉ de 8 mille, qui est 1 pour 6, et il reste 2 mille à partager.

Pour partager ces 2 mille, on les convertit en 20 centaines auxquelles on ajoute les 7 centaines que contient le dividende, et l'on a 27 centaines ; le 6ᵉ de 27 est 4 pour 24, et il reste 3 centaines à partager.

3 centaines valent 30 dizaines, et les 4 du dividende font 34 dizaines ; le 6ᵉ de 34 est 5 pour 30, et il reste 4 dizaines à partager.

4 dizaines valent 40 unités, et 8 unités du dividende font 48 unités ; le 6ᵉ de 48 est 8 pour 48, et il reste 0.

1458 est donc la 6ᵉ partie de 8748, ou le nombre qui, multiplié par 6, reproduit 8748, ou le quotient de 8748 divisé par 6. En effet, $1458 \times 6 = 8748$.

On voit que l'opération n'est qu'une suite de divisions élémentaires, le dividende total se décomposant en quatre dividendes partiels contenant, chacun, moins de 10 fois le diviseur.

Nous donnerons plus loin la manière d'abréger ces sortes d'opérations.

102. 2ᵉ Cas. *Diviser un nombre de plusieurs chiffres par un autre nombre de plusieurs chiffres, le quotient devant être plus petit que 10*, par exemple, 19765 par 3245.

Opération.   dividende 19765 | 3245 diviseur.
                        19470 | 6 quotient.
             reste   295

On observe d'abord que le diviseur 3245 multiplié par 10 donne 32450, nombre supérieur au dividende 19465 ; par conséquent, le quotient est inférieur à 10 et n'a qu'un chiffre.

On observe en second lieu que le produit des 3 mille du diviseur, multiplié par le quotient cherché, ne pouvant être que des mille, se trouve tout entier dans les 19 mille du dividende ; 19 est donc un produit dont le premier chiffre 3 du diviseur est un facteur, et le quotient cherché, l'autre facteur. Donc, la question est encore ramenée au *cas élémentaire*, c'est-à-dire, qu'on a à diviser 19, nombre de deux chiffres, par 3, nombre d'un seul chiffre, le quotient devant être plus petit que 10.

Du reste, l'opération se fait comme précédemment. Après avoir divisé 19 par 3, on multiplie tout le diviseur par le quotient 6, on porte le produit sous le dividende ; et la soustraction faite, on a 295 pour reste.

Soit, pour nouvel exemple, à diviser 19758 par 2843.

Opération. *dividende* 19758 | 2843 *diviseur*.
                             17058 | 6 *quotient*.
              reste 2700

On est d'abord conduit, comme dans l'exemple précédent, à diviser 19 par 2 ; mais le quotient, 9, de cette division, est un chiffre trop fort : car, la multiplication des 8 centaines du diviseur par ce chiffre donne 7 mille à reporter sur le produit des mille, qui ne peut alors être soustrait des 19 mille du dividende. On trouverait de même que 8 et 7 sont aussi trop forts. Pour diminuer le nombre de ces tâtonnements, on peut observer que, le diviseur étant plus près de 3000 que de 2000, il vaut mieux augmenter d'une unité le premier chiffre à gauche du diviseur et dire : en 19 combien de fois 3, ce qui donne, immédiatement, 6 pour le chiffre du quotient. Cette observation s'applique, généralement, à tous les cas semblables.

103. CAS GÉNÉRAL DE LA DIVISION. *Diviser deux nombres entiers quelconques l'un par l'autre.*

RÈGLE. Pour diviser deux nombres entiers l'un par l'autre, il faut :

1° Écrire le diviseur à la droite du dividende, les séparer par un trait vertical, et souligner le diviseur, pour le séparer du quotient qui s'écrit au-dessous ;

2° Prendre sur la gauche du dividende autant de chiffres qu'il en faut pour contenir le diviseur au moins une fois et moins de dix fois, c'est-à-dire, AUTANT DE CHIFFRES, OU *autant de chiffres* PLUS UN qu'il y en a dans le diviseur ;

3° Chercher combien de fois ce premier dividende partiel

contient le diviseur et écrire ce nombre de fois sous le diviseur ;

4° Multiplier le diviseur par le chiffre obtenu, et retrancher le produit du premier dividende partiel;

5° Abaisser, à la droite du reste, le chiffre suivant du dividende, pour former le second dividende partiel, sur lequel on opère exactement comme sur le premier.

6° Continuer cette série d'opérations jusqu'à ce qu'on ait abaissé, successivement, tous les chiffres du dividende, n'oubliant pas, à chaque division partielle, d'écrire le quotient obtenu à la droite du précédent.

7° S'il arrive qu'après avoir abaissé un chiffre, on obtienne un dividende partiel moindre que le diviseur, c'est une preuve que le diviseur n'a pas d'unités de l'ordre du dernier chiffre abaissé. Alors, on écrit 0 au quotient, pour en tenir lieu; et l'on abaisse un nouveau chiffre à la droite du dividende partiel trop petit, pour former un nouveau dividende sur lequel on opère comme il a été dit.

104. EXEMPLE. Soit proposé de diviser 165852 par 36.

Opération.	dividende	165852	36	diviseur.
		144	4607	quotient.
2ᵉ divid. partiel		218		
		216		
3ᵉ et 4ᵉ divid. partiel		252		
		252		
		000		

L'opération étant disposée selon la règle, on remarque que les deux premiers chiffres à gauche du dividende ne contiennent pas le diviseur. On en prend trois, que l'on sépare des autres par un point placé en haut, ce qui donne 165 pour premier dividende partiel, et l'on dit : en 165 combien y a-t-il de fois 36, ou, ce qui est plus facile et revient au même (n° 102) : en 16 combien de fois 3 ? Il y est 5 fois ; mais le produit de 5 par 3, plus la retenue que donnerait le produit des 6 unités du diviseur par ce même chiffre 5, ne pourrait être retranché de 16· on écrit seulement 4 au quotient. On multiplie le diviseur par ce chiffre, et le produit, 144, retranché du premier dividende partiel, 165, donne pour reste 21.

À côté du reste 21 on abaisse le chiffre suivant du dividende, et l'on a 218 pour second dividende partiel. Opérant sur le second dividende comme sur le premier, on dit : en 218 combien de fois 36, ou plutôt en 21 combien de fois 3 ? Il y est 7 fois ; mais le produit de 7 par 3, plus la retenue à faire sur le produit de 6 par 7, ne pourrait être retranché de 21 ; on écrit seulement 6 au quotient. On multiplie le diviseur par 6, et le produit, 216, retranché de 218, donne pour reste 2.

En abaissant à côté du reste le chiffre suivant du dividende, on obtient 25 pour 3º dividende partiel ; et, comme ce nombre est plus petit que le diviseur, on en conclut que le quotient n'a point d'unité de cet ordre. On écrit alors un 0 à la droite des chiffres déjà trouvés ; et l'on abaisse, à côté de 25, le chiffre suivant du dividende, ce qui donne 252 pour 4º et dernier dividende partiel.

On dit : en 252 combien de fois 3 ? Il y est 7 fois seulement, à cause des retenues. On écrit 7 au quotient, et l'on multiplie le diviseur par ce chiffre. Comme le produit est le même que le dividende partiel, la soustraction donne 0 pour reste, et l'on a 4607 pour le quotient exact de 165852 divisé par 36.

DÉMONSTRATION. Diviser 165852 par 36, c'est, d'après la définition même de la division, chercher un 3º nombre qui, multiplié par 36, reproduise 165852. Il est évident que le nombre cherché, ou le quotient, est 36 fois plus petit que le dividende donné, et qu'on a à partager 165852 en 36 parties égales, ou en prendre le 36º.

On voit tout de suite que le quotient n'aura ni centaine de mille ni dizaine de mille : car, une dizaine de mille répétée 36 fois donnerait 36 dizaines de mille, et le dividende n'en a que 16 ; mais le quotient aura au moins 1 mille : car, le dividende contient 165 mille, et il suffirait qu'il en eût 36, pour donner 1 mille au quotient, puisque le 36º de 36 mille est 1 mille.

Le quotient aura donc quatre chiffres que l'on déterminera en prenant la 36º partie des milles, des centaines, des dizaines et des unités du dividende.

On obtient d'abord le chiffre des milles en divisant 165 par 36, ou mieux 16 par 3, comme il a été dit nº 102. L'opération donne 4 pour quotient et pour reste 21, et l'on prouve que le chiffre 4 n'est ni trop fort ni trop faible. Il n'est pas trop fort, puisque 36 × 4, ou 144, peut se retrancher de 165 ; il n'est pas trop faible non plus, puisque le reste 21 est plus petit que le diviseur. Le quotient augmenté de 1 donnerait 5 × 36, ou 180, qui ne peut pas se retrancher de 165. Donc 4 est le vrai chiffre des mille.

Pour obtenir le chiffre des centaines, on convertit les 21 mille qui restent en 210 centaines, et les ajoutant aux 8 centaines du dividende, on a 218 centaines à diviser par 36 ; c'est le second dividende partiel, formé, comme on le voit, du reste 21 et du chiffre suivant du dividende total. 218 divisé par 36 donne pour quotient 6 et pour reste 2. On prouve, par un raisonnement tout semblable au précédent, que 6 n'est ni trop fort ni trop faible et qu'il est le vrai chiffre des centaines.

Pour partager les 2 centaines qui restent, on les convertit en 20 dizaines, lesquelles, ajoutées aux 5 dizaines du dividende total, donnent 25 dizaines pour le 3ᵉ dividende partiel. Ce nombre étant plus petit que le diviseur 36, on en conclut que le quotient n'a pas d'unité de l'ordre des dizaines. Une dizaine seulement, multipliée par 36, donnerait 36 dizaines, et le dividende partiel n'en a que 25. On écrit donc 0 au quotient, pour tenir la place des dizaines et pour conserver aux chiffres déjà trouvés leur valeur relative, et il reste 25 dizaines à partager.

25 dizaines valent 250 unités et 2 unités du dividende total font 252 unités ; c'est le quatrième dividende partiel. 25 divisé par 3 ne peut, à cause de la retenue, donner plus de 7 au quotient. On écrit 7 à la droite de 0, et le diviseur 36 multiplié par 7 donne 252, ôté de 252, il reste 0. 4607 est donc exactement la 36ᵉ partie de 165852, ou le nombre qui, multiplié par 36, reproduit 165852, ou le quotient de 165852 divisé par 36. En effet, 4607 × 36 = 165852.

AUTRE DÉMONSTRATION.

105. Soit proposé de diviser 1581568 par 512.

Opération.
```
1581568 | 512
 1536    3089
 ─────
  4556
  4096
  ─────
   4608
   4608
   ─────
   0000
```

Pour se rendre raison de cette opération, d'une autre manière, on peut observer que, d'après la définition même de la division, le dividende doit renfermer les produits partiels du diviseur par chacun des chiffres du quotient. Si l'on pouvait, dans l'exemple ci-dessus, reconnaître ces différents produits, en les divisant, chacun, par 512, on obtiendrait aisément le quotient cherché. Or, voici comment on y parvient.

On cherche d'abord à déterminer le nombre de ces produits et, par suite, le nombre des chiffres du quotient. Pour cela, on écrit à la droite du diviseur autant de zéros qu'il en faut pour le rendre immédiatement supérieur au dividende. $512 \times 1000 = 512000$ donne un nombre inférieur à 1581568 ; mais $512 \times 10000 = 5120000$ donne un nombre qui lui est supérieur : le quotient sera donc plus grand que 1000 et plus petit que 10000 ; c'est-à-dire qu'il est compris entre 1000 et 10000, et qu'il a 4 chiffres ; d'où il suit que le dividende renferme quatre produits partiels du diviseur par le quotient.

Pour dégager chacun de ces quatre produits et trouver par quel chiffre il a fallu multiplier le diviseur pour les obtenir, on raisonne comme il suit.

Le produit partiel du diviseur par le chiffre des mille du quotient, ne pouvant être qu'un nombre exact de mille, se trouve tout entier dans les 1581 mille du dividende, qui contiennent, en outre, les mille provenant des produits inférieurs du diviseur par le quotient : et l'on est conduit, pour avoir le chiffre des mille du quotient, à diviser 1581 par 512.

Du reste, le chiffre qui exprime le plus grand nombre de fois que 512 est contenu dans 1581, est le véritable chiffre des mille du quotient : car, le produit de 512, par ce chiffre doit différer de 1581 d'un nombre nécessairement inférieur à 512. Ce nombre, en effet, ou cette différence, ne peut venir que des retenues faites sur le produit de 512 multiplié par les centaines, les dizaines et les unités du quotient ; mais ce produit, quel qu'il soit, ne peut jamais donner 512 mille à joindre aux mille du dividende : car, 512 multiplié par 1000 ne donnant que 512 mille, il est évident que 512 multiplié par tel nombre qu'on voudra de centaines, de dizaines, et d'unités, même par 999, donnera moins de 512 mille au produit. Donc, dans les 1581 mille du dividende, il y a moins de 512 mille provenant des retenues faites sur les produits inférieurs du diviseur par le quotient. Donc, le plus grand nombre de fois que 512 est contenu dans 1581 est le vrai chiffre des mille du quotient.

Or, 1581 divisé par 512, ou plutôt 15 divisé par 5 donne 3 pour quotient. On écrit 3 au quotient, on multiplie 512 par ce chiffre, qui représente 3000 ; et soustrayant le produit 1536000 du dividende 1581568, on a pour reste 45568, nombre qui renferme encore les produits partiels du diviseur par les centaines, les dizaines et les unités du quotient.

Pour dégager le produit partiel du diviseur par les centaines du quotient, on raisonne comme pour celui des mille, et l'on dit : le produit de 512 par les centaines du quotient, ne pouvant être qu'un nombre exact de centaines, se trouve tout entier dans les 455 centaines qui restent au dividende : mais comme 455 ne contient pas 512, on en conclut qu'il n'y a pas d'unités de centaines au quotient. On écrit 0 à la droite de 3 pour en tenir lieu, et l'on cherche immédiatement le chiffre des dizaines, en raisonnant et en procédant toujours de la même manière.

512, multiplié par le chiffre des dizaines, ne peut donner que des dizaines et se trouve tout entier dans les 4556 dizaines qui restent au dividende, et qui contiennent, en outre, les dizaines provenant de la retenue faite sur le produit du diviseur par les unités du quotient. Mais on sait que cette retenue ne peut être, en aucun cas, de 512 dizaines : car elle est inférieure à 512×10, qui donne exactement 512 dizaines. Donc, en divisant 4556 par 512, ou plutôt 45 par 5, on aura le vrai chiffre des dizaines. Le 5e de 45 est 9 pour 45 ; mais, à cause de la retenue à faire, on écrit seulement 8 au quotient. On multiplie le diviseur par 8, et soustrayant le produit 40960 du dividende 45568, on a pour reste 4608, qui est le produit du diviseur par les unités du quotient.

Divisant donc 4608 par 512, ou plutôt 46 par 5, on dit : le 5e de 46 est 9. On écrit 9 au quotient, à la droite de 8 ; on multiplie 512 par 9, et le produit, 4608, ôté de 4608, il reste 0.

3089 est donc le nombre qui, multiplié par 512, donne 1581568, ou le quotient de 1581568 divisé par 512. En effet $3089 \times 512 = 1581568$.

On voit, d'ailleurs, par la suite des opérations et des raisonnements, qu'on est toujours conduit à n'opérer que sur le reste de la division précédente et le chiffre suivant du dividende total, qu'on abaisse à la droite de ce reste.

MOYEN D'ABRÉGER LA DIVISION.

106. On peut abréger la division, en retranchant du dividende partiel sur lequel on opère, le produit du diviseur par le chiffre obtenu au quotient, à mesure qu'on forme ce produit, sans l'écrire sous le dividende.

Exemple : Soit à diviser 298074 par 658.

```
Opération.     298074 | 658
                 3487   453
                 1974
                  000
```

Après avoir séparé quatre chiffres sur la gauche du dividende, pour avoir le premier dividende partiel, on dit : le 6ᵉ de 29 est 4, qu'on écrit au quotient. Multipliant le diviseur par ce chiffre, on dit : 4 fois 8, 32, ôté de 0 ne se peut ; mais, ajoutant, par la pensée, 4 dizaines à 0, on a : 32 ôté de 40 reste 8, qu'on écrit sous le premier chiffre à droite du dividende partiel, et l'on retient 4 ; c'est-à-dire qu'ayant ajouté 4 dizaines au dividende, pour rendre la soustraction possible, on les retient, par compensation, pour les reprendre ou les soustraire avec le produit suivant ; on dit donc : 4 fois 5, 20, et 4 de retenue, 24 : ôté de 28 reste 4 ; puis, 4 fois 6, 24, et 2 de retenue, 26, ôté de 29 reste 3.

On opère de même sur le second dividende partiel, 3487, et l'on dit : le 6ᵉ de 34 est 5, qu'on écrit au quotient, à la droite du chiffre trouvé. Multipliant et soustrayant comme ci-dessus, on dit : 5 fois 8, 40, ôté de 47 reste 7, et je retiens 4 ; 5 fois 5, 25, et 4 de retenue, 29, ôté de 38 reste 9, et je retiens 3 ; 5 fois 6, 30, et 3 de retenue, 33, ôté de 34, reste 1.

On continue de même pour le 3ᵉ dividende partiel : le 6ᵉ de 19 est 3 ; 3 fois 8, 24, ôté de 24, reste 0, et je retiens 2 ; 3 fois 5, 15, et 2 de retenue, 17, ôté de 17 reste 0, et je retiens 1 ; 3 fois 6, 18, et 1 de retenue 19, ôté de 19, reste 0.

Le quotient cherché est 453.

46   NOMBRES ENTIERS.

107. Lorsque le diviseur n'a qu'un seul chiffre, on abrége encore l'opération, en écrivant le quotient sous le dividende.

Opération.   *dividende*   7859342 | 8 *diviseur*
              quotient   982417 |
              reste   6

Opérant comme au n° 101, on dit : Le 8ᵉ de 78 est 9 pour 72, et il reste 6. On écrit le quotient 9 sous le chiffre 8 du dividende, et l'on convertit le reste 6, ou 6 centaines de mille, en 60 dizaines de mille, que l'on ajoute, mentalement, aux 5 dizaines de mille du dividende, et l'on a 65.

Continuant la division de la même manière, on dit : le 8ᵉ de 65 est 8 pour 64, et il reste 1. On écrit 8 à la droite de 9 ; puis, convertissant le reste 1, ou 1 dizaine de mille, en 10 unités de mille, et les ajoutant à 9 unités de mille du dividende, on a 19 ; dont le 8ᵉ est 2 pour 16, et il reste 3.

Même marche et même raisonnement pour toute la suite de l'opération, et pour toutes les opérations du même genre.

Dans la pratique, on dit :

Le 8ᵉ de 78 est 9 pour 72, et il reste 6.
Le 8ᵉ de 65 est 8 pour 64, et il reste 1.
Le 8ᵉ de 19 est 2 pour 16, et il reste 3.
Le 8ᵉ de 33 est 4 pour 32, et il reste 1.
Le 8ᵉ de 14 est 1 pour 8, et il reste 6.
Le 8ᵉ de 62 est 7 pour 56, et il reste 6, qu'on écrit sous le quotient, comme ci-dessus.

108. Voici encore un exemple présentant une particularité qui embarrasse souvent les commençants.

Soit à diviser 197200 par 58.

Opération.   197200 | 58
                 232 | 3400
                 000

Après avoir retranché du dividende partiel, 232, le produit du diviseur par le second chiffre trouvé au quotient, on obtient 0 pour reste ; et, comme il n'y a plus de chiffres significatifs à abaisser, on met au quotient les deux zéros qui restent au dividende, afin de faire exprimer aux chiffres trouvés des unités

DIVISION.

de même ordre que celles du dernier dividende partiel, c'est-à-dire, des centaines.

MOYEN DE DÉTERMINER LES CHIFFRES DU QUOTIENT.

109. Il n'est pas toujours facile de déterminer les chiffres du quotient d'une division, et il importe cependant d'avoir un moyen de connaître si le chiffre présumé bon l'est en effet; autrement, on s'expose à faire plusieurs opérations inutiles et à raturer des chiffres déjà écrits. Or, pour s'assurer que le chiffre essayé au quotient est bon, on divise, mentalement, le dividende partiel par ce chiffre, selon la méthode du n° 107, ayant soin de comparer chaque chiffre que l'on obtient au chiffre correspondant du diviseur. Dès qu'on trouve un chiffre plus fort que ce dernier, on peut conclure que le chiffre que l'on essaie est bon; dans le cas contraire, le chiffre essayé est trop fort, il faut le diminuer.

Soit, pour exemple, à diviser 12376 par 1754.

$$\begin{array}{c|c} 12376 & 1754 \\ \hline 852 & 6 \end{array}$$

En divisant 12 par 1, on aurait 12 pour quotient; mais le quotient cherché ne peut pas surpasser 9, puisque 10 fois le diviseur, ou 17540, donne un nombre plus grand que le dividende, 12376.

On essaie donc 9, et l'on dit : le 9ᵉ de 12 est 1, chiffre égal au premier chiffre à gauche du diviseur; le 9ᵉ de 38 est 4, chiffre plus petit que le second du diviseur. Donc 9 est trop fort : car, si le 9ᵉ du dividende est plus petit que le diviseur, il s'ensuit que 9 fois ce diviseur est un nombre plus grand que le dividende; ou autrement, si l'on ne peut retrancher au plus du dividende que 9 fois 14 centaines, il est évident qu'on ne pourra pas en ôter 9 fois les 17 centaines du diviseur.

On trouve de même que 8 est encore trop fort; mais, essayant 7 on dit : le 7ᵉ de 12 est 1; le 7ᵉ de 53 est 7 ; le 7ᵉ de 47 est 6. Comme 6 est plus fort que le 3ᵉ chiffre 5 du diviseur, on en conclut que 7 est le vrai chiffre du quotient : car, si l'on peut soustraire du dividende 7 fois 176 dizaines, on pourra, évidemment, en soustraire 7 fois les 175 dizaines du diviseur.

S'il arrivait qu'on dût pousser cette épreuve jusqu'au

dernier chiffre du dividende, on aurait, alors, non-seulement le quotient cherché, mais encore le reste de la division, s'il y en a un.

110. Dans tous les cas, on est certain de n'avoir pas écrit un chiffre trop fort au quotient, lorsque le produit du diviseur par ce chiffre peut se soustraire du dividende sur lequel on opère, c'est-à-dire, lorsque ce produit est égal au dividende ou moindre que le dividende ; et l'on est certain que le chiffre du quotient n'est pas trop faible, toutes les fois que le reste est moindre que le diviseur.

111. Dans chaque division partielle, le chiffre du quotient ne peut jamais surpasser 9 : car, si l'on avait 10 à mettre au quotient, on aurait une unité de l'ordre immédiatement supérieur, ce qui indiquerait que le chiffre précédent est trop faible.

112. On commence la division par la gauche, parce qu'il est plus facile de déterminer dans quelle partie du dividende se trouvent les produits du diviseur par les plus fortes unités du quotient ; et, par suite, de déterminer le chiffre de ces unités.

PREUVE DE LA DIVISION PAR LA MULTIPLICATION.

113. Pour faire la preuve d'une division, il faut multiplier le diviseur par le quotient ; et, si l'opération est bien faite, on doit retrouver le dividende. Cette preuve résulte évidemment de la définition même de la division. Quand l'opération donne un reste, on l'ajoute au produit du diviseur par le quotient.

EXEMPLE. Soit à diviser 490189 par 564.

```
Opération.              Preuve.

490189 | 564             564   diviseur.
 3898    869             869   quotient.
  5149                  ─────
    73                   5076
                         3384
                         4512
                           73
                        ──────
                        490189
```

DIVISION.

PREUVE DE LA MULTIPLICATION PAR LA DIVISION.

114. Réciproquement, dans une multiplication, le produit peut être considéré comme un dividende, dont les deux facteurs sont, indifféremment, l'un, le diviseur, et l'autre, le quotient. Donc, pour faire la preuve d'une multiplication, il faut diviser le produit par l'un des facteurs ; et, si l'opération est bien faite, on doit retrouver l'autre facteur.

EXEMPLE. Soit à multiplier 7659 par 85.

```
Opération.    7659        Preuve.  651015 | 7659
                85                 38295    85
              -----                00000
              38295
             61272
             ------
             651015
```

USAGE DE LA DIVISION.

115. On fait usage de la division :

1º Lorsqu'on veut partager un nombre en parties égales, ou le rendre un certain nombre de fois plus petit.

2º Lorsqu'on veut savoir combien de fois un nombre en contient un autre, ou combien de fois il y est contenu.

3º Lorsqu'on demande par quel nombre il faut en multiplier un autre pour obtenir un nombre donné.

4º Quand on veut trouver le prix d'une seule unité ou partie d'unité, connaissant celui de plusieurs ; ou le nombre d'unités, connaissant le prix de plusieurs et celui d'une seule.

5º Pour ramener des parties à leur tout respectif, comme réduire des jours en mois, des mois en années, et autres usages que la pratique fera connaître.

EXEMPLES. I. Une personne veut partager 650 francs entre 25 pauvres. Combien auront-ils chacun ? Réponse, 26 francs.

Solution. Il faut partager ou diviser 650 en 25 parties égales, ou le rendre 25 fois plus petit, c'est-à-dire, diviser 650 par 25, ce qui donne, 650 : 25 = 26 francs, pour chaque pauvre.

II. Par quel nombre faut-il multiplier 437 pour avoir 38893 au produit ? Réponse, 89.

Solution. 38893 est un produit dont l'un des facteurs est 437 : donc, on aura l'autre facteur en divisant 38893 par 437, ce qui donne 89 pour réponse.

III. On a payé 13920 francs pour un certain nombre de chevaux, à raison de 870 francs l'un. Combien en a-t-on acheté ? Réponse, 16.

Solution. On a acheté autant de chevaux que le nombre 13920 contient de fois le prix d'un cheval, c'est-à-dire, 13920 : 870 = 16.

IV. Combien y a-t-il de mois dans 210 jours ? Réponse, 7 mois.

Solution. Le mois étant, ordinairement, composé de 30 jours, on aura autant de mois qu'il y aura de fois 30 dans 210, c'est-à-dire, 210 : 30 = 7.

V. En multipliant un nombre par 9, il est augmenté de 6312. Quel est ce nombre ? Réponse, 789.

Solution. En multipliant un nombre par 9, il est pris ou répété 9 fois, et le produit surpasse le multiplicande de 8 fois ce même multiplicande : donc, le nombre cherché est 6312 : 8 = 789.

Remarque. Dans ce problème, il ne suffit pas de faire la preuve de la division pour être certain d'avoir la vraie réponse ; il faut encore *vérifier le problème*, c'est-à-dire, voir si le nombre trouvé en remplit les conditions. Or, ici le nombre 6312 doit être l'excès du produit 789×9 sur 789 ; et c'est ce qui a lieu en effet, car l'on a $789 \times 9 = 7101$, et $7101 - 6312 = 789$; donc 789 est bien le nombre cherché.

CHAPITRE III.

PROPRIÉTÉS DES NOMBRES.

116. Les nombres jouissent de plusieurs propriétés dont la connaissance fournit les moyens de simplifier et de faciliter les opérations de l'Arithmétique. Nous allons indiquer les principales, après avoir donné quelques développements sur les signes dont nous aurons besoin.

117. Afin de rendre plus sensible la généralité d'une propriété et d'abréger l'écriture, on emploie assez souvent les lettres de l'alphabet, pour représenter les nombres. Quelquefois, ces lettres sont accompagnées d'accents, comme a', a'', a''', que l'on prononce *a prime, a seconde, a tierce*.

118. Quand on veut indiquer l'addition ou la soustraction de plusieurs nombres, on les écrit à la suite les uns des autres, en les séparant par les signes $+$ ou $-$, déjà connus.

Ainsi, $8 + 12 + 15$ signifie la somme des trois nombres 8, 12 et 15.

De même $a + b + c$ indique l'addition des nombres que l'on est convenu de représenter par ces lettres.

$25 - 18$ signifie qu'il faut retrancher 18 de 25, et exprime la différence de ces deux nombres.

$a - b + c - f - g$ indique qu'il faut additionner les nombres a et c, et soustraire de leur somme les nombres représentés par les lettres b, f, g.

119. Lorsque les nombres à additionner sont égaux et représentés par la même lettre, on n'écrit cette lettre qu'une seule fois, et on la fait précéder d'un chiffre qui indique le nombre de fois qu'elle doit être répétée.

$2a$, $4b$, par exemple, signifie $a + a$, $b + b + b + b$. Le nombre placé ainsi devant une lettre devient multiplicateur et s'appelle *coefficient*.

120. La multiplication est indiquée, comme nous l'avons dit, par le signe $\times$; mais, quand les nombres sont représentés par des lettres, on se dispense d'écrire le signe de la multiplication. Ainsi, abc, $34ab$, sont la même chose que $a \times b \times c$, $34 \times a \times b$.

Si l'un des facteurs est la somme indiquée de plusieurs nombres, on écrit cette somme entre parenthèse, et à la suite le multiplicateur, sans aucun signe.

Ainsi, $(8 + 7)\,5$ signifie qu'il faut multiplier la somme indiquée $8 + 7$ par 5. $(6 + 10)(4 + 7)$ indique la multiplication de la somme $6 + 10$, ou 16, par la somme $4 + 7$, ou 11.

De même $(a - b)\,m$ indique que le nombre b étant ôté du nombre a, il faut multiplier le reste ou la différence, $a - b$, par le nombre m.

On met aussi entre parenthèse les facteurs dont on suppose le produit effectué avant d'autres opérations indiquées. Par exemple, $(4 \times 3)\,6 + 10$ est mis pour $12 \times 6 + 10$.

Lorsqu'on a des opérations à effectuer après celles qui sont indiquées entre parenthèses, mais avant celles qui sont indiquées par d'autres signes, on emploie encore les crochets [ ].

Ainsi, $18 + 3\,[2 + 13\,(28 - 7) - 9] + 4$ annonce qu'avant de faire les opérations entre les crochets [ ], il faut faire celle qui est entre parenthèses $28 - 7 = 21$; alors on a : $18 + 3\,(2 + 13 \times 21 - 9) + 4$.

121. Les signes donnés pour la division s'emploient également avec les chiffres et les lettres.

L'expression $\frac{a}{b}$ se lit : a divisé par b, ou a sur b.

122. En multipliant un nombre une ou plusieurs fois par lui-même, on obtient un second nombre qui est dit une *puissance* du premier, et ce premier nombre est, à son tour, appelé la *racine* de la puissance.

123. Le nombre de fois qu'un nombre entre comme facteur dans la formation d'une puissance, s'appelle *degré* de la puissance, et s'indique par un petit chiffre nommé *exposant*, que l'on place à droite et un peu au-dessus du nombre à multiplier. Par exemple,

La première puissance de 23 est 23^1, ou simplement 23.
La seconde puissance est 23×23, ou 23^2.
La troisième puissance est $23 \times 23 \times 23$ ou 23^3.
La quatrième puissance est $23 \times 23 \times 23 \times 23$ ou 23^4.

Réciproquement, le nombre 23 est, respectivement, la racine seconde, troisième ou quatrième des trois dernières puissances ci-dessus.

124. On indique une racine à extraire par le signe, $\sqrt{}$, nommé *radical*, dans les branches duquel on met le degré de la racine.

Ainsi, $\sqrt[2]{64}$ ou $\sqrt{64}$, $\sqrt[3]{64}$, $\sqrt[4]{64}$, expriment la racine seconde, troisième, quatrième de 64.

EXPLICATION DES SIGNES.

125. Quand on veut indiquer l'inégalité de deux nombres, on se sert des signes, $>$, $<$, qui se lisent : *plus grand que*, *plus petit que*. La plus grande quantité se place à l'ouverture du signe, et la plus petite à la pointe.

$25 > 23$ signifie 25 *plus grand que* 23, et forme une *inégalité*.

126. Les quantités réunies par le signe $=$, donné plus haut, forment une égalité : $15 + 5 = 20$, est une égalité.

Quand une égalité renferme des nombres inconnus, on l'appelle plus particulièrement *équation*, c'est alors comme le résumé des conditions d'un problème, ou une solution exprimée, d'une manière abrégée, au moyen des signes de l'Arithmétique.

La partie à gauche des signes, $=$ ou $>$, se nomme le *premier membre* ; et la partie à droite se nomme le *second membre*.

127. Les quantités précédées de l'un des signes, $+$ ou $-$, se nomment *termes*. L'expression $34 + 5$ est une quantité à deux termes ; $24 + 6 \times 9 - 7$ est une quantité à trois termes. Les quantités unies par le signe de la multiplication ou de la division ne comptent que pour un terme.

128. Les nombres qui ne sont précédés d'aucun signe, ou qui ont le signe $+$, sont appelés nombres *positifs* ou *additifs* ; et ceux qui ont le signe $-$, sont appelés nombres *négatifs* ou *soustractifs*.

129. Les nombres négatifs sont ordinairement accompagnés d'un nombre positif, duquel on peut les retrancher ; mais on peut aussi les considérer isolément, et alors le signe $-$ indique un résultat opposé à celui qu'indiquerait le signe $+$ dans le même cas.

En d'autres termes, un nombre positif peut être regardé comme un bénéfice, une recette, une quantité en *plus* relativement à zéro, qui est la limite entre le plus et le moins ; le nombre négatif, au contraire, est regardé comme une perte, un déficit, une dette, une quantité en *moins* plus petite que zéro, et d'autant plus faible qu'elle s'en éloigne davantage.

Par exemple, la fortune d'une personne qui possède 1000 fr. peut être représentée par $+$ 1000 fr. ; si elle devait en même temps 1000 fr., son avoir serait représenté par $+ 1000 - 1000 = 0$, ou la limite des nombres positifs ; mais si elle devait 2000 fr., son avoir serait : $+ 1000 - 2000 = - 1000$, c'est-à-dire, une dette de 1000 fr.

Soit encore 5000 fr., le résultat d'une spéculation commerciale ; si l'on écrit $+$ 5000 fr., ce sera un bénéfice ; mais s'il faut écrire $-$ 5000, on aura une perte.

130. Les quantités négatives peuvent donc avoir une existence réelle, et se combiner soit entre elles, soit avec les quantités positives ; mais ces combinaisons doivent être affectées du signe convenable à l'effet qu'elles doivent produire sur les autres quantités exprimées ou sous-entendues.

131. Ainsi, lorsqu'il faut joindre à une autre quantité une quantité négative, on l'indique d'abord, en écrivant celle-ci à la suite de la première, avec le signe dont elle est précédée.

— 5 ajouté à + 8 s'écrit : 8 — 5, et donne la différence 8 — 5 = 3.

— 5 ajouté à — 8 s'écrit ; — 8 — 5 = — 13.

En réalité, la première addition est une soustraction ; si sur 8 francs on doit en payer 5, il est évident qu'il n'en restera que 3. La seconde addition est la réunion de plusieurs dettes ou sommes à retrancher ; c'est une dette de 5 francs ajoutée à une autre dette de 8 francs, en tout 13 francs à payer.

132. Au contraire, s'il faut retrancher d'une autre quantité une quantité négative, on écrira celle-ci à la suite de la première, en changeant son signe — en +.

Ainsi — 5 retranché de 8 donne 8 + 5 = + 13.

— 5 retranché de — 8 donne — 8 + 5 = — 3.

Dans les deux cas, le résultat de l'opération est une augmentation ; car retrancher un nombre négatif, c'est en réalité retrancher une dette et par conséquent accroître d'autant le résultat.

Il est évident que + 13 est la différence des nombres + 8 et — 5 ; c'est le nombre de francs qu'il faudrait donner à une personne qui devrait 5 francs, pour que son avoir fût égal à celui d'une autre qui en aurait 8.

Il est clair encore que si l'on fait remise d'une dette de 5 francs à celui qui en doit 8, c'est en réalité lui donner 5 francs, et il ne lui reste plus que 3 francs à payer.

133. Dans la multiplication, le produit a le signe +, lorsque les deux facteurs ont le même signe, soit + soit — ; il a le signe —, lorsque les facteurs ont des signes différents.

Par exemple, + 4 × + 5 = + 20 ; et — 4 × + 5 = — 20 ; + 4 × — 5 = — 20 ; et — 4 × — 5 = + 20.

Ce qui s'énonce : *plus* par *plus* donne *plus* ;
moins par *plus*, ou *plus* par *moins* donne *moins* ;
moins par *moins* donne *plus*.

En effet, multiplier une quantité par un nombre positif, c'est la prendre autant de fois qu'il y a d'unités au multiplicateur ; et le produit est positif ou négatif, selon que le multiplicande est lui-même positif ou négatif.

Au contraire, multiplier une quantité par un nombre négatif, c'est la retrancher autant de fois qu'il y a d'unités dans le multiplicateur négatif.

Donc, le produit devient négatif, ou nombre à retrancher, quand le multiplicande est positif.

Il doit devenir positif, au contraire, quand le multiplicande est négatif, parce que la suppression répétée d'une quantité négative ou d'une dette produit, en définitive, une augmentation égale au produit obtenu.

Un particulier doit à 5 personnes 4000 fr., chacune. Son avoir est négatif, et il est représenté par $-4000 \times +5 = -20000$; c'est-à-dire, que la dette -4000 est positivement répétée 5 fois, ou multipliée par $+5$; mais, s'il y a remise entière des 5 dettes, on a la suppression 5 fois répétée d'une dette de 4000 fr., ou -4000×-5, ce qui produit le même effet que si le particulier recevait réellement $+20000$ fr.

134. Par une conséquence de ce qui précède, le dividende, étant le produit du diviseur par le quotient, on doit avoir un quotient positif ou négatif, suivant que le dividende et le diviseur auront le même signe ou des signes différents.

§ I.

Principes sur les quatre Opérations.

135. On dit de deux nombres que le premier est exactement divisible par le second, lorsque la division se fait sans reste.

Le premier nombre est alors *multiple* du second, parce qu'il le contient exactement : et, par opposition, le second est dit *sous-multiple, facteur, diviseur* ou *partie aliquote du premier*.

Ainsi, 24, étant exactement divisible par 6, est multiple de 6 ; et 6 est lui-même sous-multiple, facteur, diviseur, partie aliquote de 24.

PRINCIPES SUR L'ADDITION ET LES ÉGALITÉS.

136. I. PRINCIPE. *On peut augmenter ou diminuer d'une même quantité, multiplier ou diviser par un même nombre les deux membres d'une égalité ou d'une équation, sans altérer cette égalité.*

C'est une conséquence évidente de l'axiome énoncé n° 51 5°, car si des nombres égaux augmentent ou diminuent également, il est clair qu'ils restent toujours égaux ; et, quand on les multiplie ou divise par un même nombre, on ne fait autre chose qu'ajouter ou retrancher plusieurs fois une même quantité.

137. II. PRINCIPE. *Multiplier une somme décomposée en plusieurs parties, ou une quantité à plusieurs termes, par un seul nombre, ou par une autre somme également décomposée en plusieurs parties, revient à multiplier toutes les parties de la première somme par ce seul nombre, ou par chacune des parties de la seconde somme, et à réunir tous les produits en un seul.*

Ainsi, soit la somme indiquée des nombres 7 et 12 à multiplier par 6, on aura : $(7 + 12) 6 = 7 \times 6 + 12 \times 6 = 19 \times 6$.

Soit la même somme indiquée $(7 + 12)$ à multiplier par la somme indiquée $(6 + 4)$, on aura : $(7 + 12)(6 + 4) = 7 \times 6 + 12 \times 6 + 7 \times 4 + 12 \times 4 = 19 \times 10$.

Ce principe repose sur l'axiome du n° 51 6°, et il n'est qu'une extension du procédé de la multiplication. De même que, dans la multiplication, on fait le produit de tous les ordres d'unités du multiplicande par chaque ordre d'unités du multiplicateur, et qu'on réunit ces divers produits en un seul ; de même, dans l'opération ci-dessus, on multiplie toutes les parties de la première somme indiquée ou du multiplicande, par toutes les parties de la seconde somme indiquée ou du multiplicateur.

Un raisonnement analogue démontrerait aussi que diviser une quantité à plusieurs termes par une autre quantité d'un seul terme, revient à diviser toutes les parties de la première par la seconde, et à réunir les quotients en un seul. Par exemple :

PRINCIPES SUR L'ADDITION.

$$(24 + 18) : 6 = \frac{24}{6} + \frac{18}{6} = 4 + 3 = 7 = \frac{42}{6}.$$

Si le diviseur a plusieurs termes, on le réduit à un seul, et on opère comme il vient d'être dit.

138. *Remarque.* Lorsqu'une quantité à plusieurs termes a été multipliée par un nombre, ce nombre est facteur dans chacun des termes du produit. Donc, réciproquement, lorsque tous les termes d'une quantité contiennent un facteur commun, on peut l'enlever de chaque terme, et l'écrire en dehors des parenthèses.

Ainsi, $7 \times 6 + 12 \times 6$ revient à $(7 + 12) 6$. Cette décomposition est ce qu'on appelle *mettre une quantité en facteur commun*.

De même $\frac{24}{6} + \frac{18}{6} = (24 + 18) : 6 = \frac{24 + 18}{6}.$

139. Les deux principes ci-dessus servent de base aux modifications que l'on fait subir aux équations, pour égaler les nombres connus aux nombres inconnus, et déterminer ces derniers par ce moyen. C'est ce qu'on appelle *résoudre une équation.*

Ces modifications se réduisent aux trois suivantes :

1° Faire passer dans un même membre (*ordinairement le premier*) tous les termes où se trouve l'inconnue ; et dans l'autre membre, tous les termes connus.

2° Faire un seul terme de tous ceux qui se trouvent dans chaque membre.

3° Faire disparaître le multiplicateur et le diviseur de l'inconnue.

Soit, par exemple, l'équation $15 + \frac{3x}{6} - 3 = \frac{x}{6} + 27 - 11.$

Pour effectuer la première transformation, on efface le terme $x/6$ dans le second membre, et on l'écrit dans le premier avec le signe $-$; parce qu'en l'effaçant dans le second membre, on diminue ce membre d'autant, et il faut aussi le retrancher du premier pour conserver l'égalité. Pour la même raison, on efface les termes 15 et -3 du premier membre, et on les écrit dans le second avec des signes contraires. On obtient ainsi :

$$\frac{3x}{6} - \frac{x}{6} = 27 - 11 - 15 + 3.$$

Pour réduire le premier membre à un seul terme, on observe (138) que $\frac{3x}{6} - \frac{x}{6}$ revient à $\frac{3x - x}{6} = \frac{2x}{6}.$ Dans le second membre, on additionne, d'une part, les termes positifs 27 et 3 ;

3.

et, d'autre part, les termes négatifs, 11 et 15, ce qui donne 30 — 26 = 4. De cette manière l'équation primitive se trouve transformée en celle-ci :

$$\frac{2\,x}{6} = 4$$

Il ne reste plus qu'à faire disparaître le multiplicateur et le diviseur de l'inconnue. Or, si l'on efface le diviseur 6, le premier membre se trouve multiplié par 6 ; donc, pour conserver l'égalité, il faut multiplier le second membre et écrire $2x = 4 \times 6$.

De même, en effaçant le multiplicateur 2, on rend le premier membre 2 fois plus petit ; donc, par compensation, il faudra diviser le second membre par 2, et l'on aura :

$$x = \frac{4 \times 6}{2} = 12,$$

nombre qui *satisfait* à l'équation proposée, puisqu'en mettant cette valeur à la place de x, elle devient :

$$15 + \frac{3 \times 12}{6} - 3 = \frac{12}{6} + 27 - 11,$$

égalité qu'on réduit, en effectuant simplement les calculs indiqués, à l'expression *identique* : $18 = 18$.

PRINCIPES SUR LA SOUSTRACTION ET LES INÉGALITÉS.

140. III. PRINCIPE. *La différence des deux termes d'une soustraction, ou des membres d'une inégalité, ne change pas, quand on les augmente ou diminue tous les deux d'une même quantité.*

Ce principe n'est autre que l'axiome du n° 51 5°. Il résulte, en effet, de la définition même de la soustraction que si l'on augmente le nombre supérieur, ou si l'on diminue le nombre inférieur, la différence augmente d'autant ; parce que, d'une part, tout ce qu'on ajoute au grand nombre sans toucher au plus petit, doit se retrouver en plus dans le reste ; et, d'autre part, tout ce qu'on ôte au petit nombre, n'étant pas retranché du grand, doit aussi se trouver dans la différence.

Par une raison contraire, si l'on diminue le grand nombre, la différence diminue d'autant ; parce que, le nombre retranché restant le même, tout ce qu'on ôte du grand nombre se trouve en moins dans le reste. Si l'on augmente le petit nombre, c'est autant qu'on retranche en plus du grand nombre, et qu'on doit encore avoir en moins dans la différence.

PRINCIPES SUR LA SOUSTRACTION.

Donc, il y aura compensation, toutes les fois qu'on augmentera ou diminuera les deux termes de la même quantité.

141. Conséquences. 1° Si l'on augmente le plus grand nombre et qu'on diminue le plus petit, la différence sera augmentée du nombre ajouté plus le nombre retranché, parce qu'il y a augmentation de deux côtés.

2° Si, au contraire, on diminue le grand nombre et qu'on augmente le plus petit, la différence diminue de la somme du nombre retranché et du nombre ajouté, parce qu'il y a diminution de deux côtés.

3° Il suit de là que, si le nombre retranché est le même que le nombre ajouté, la différence augmente ou diminue, selon le cas, du double de ce nombre.

142. IV. Principe. *En multipliant ou divisant par un même nombre les deux termes d'une soustraction, ou les membres d'une inégalité, on rend le reste ou la différence ce nombre de fois plus grande ou plus petite.*

En effet, le plus grand nombre est égal au plus petit augmenté de la différence. Ainsi, la différence de $35 > 27$ étant 8, on a : $35 = 27 + 8$. Or, si l'on rend un certain nombre de fois plus grand ou plus petit le premier membre de cette égalité, il faut nécessairement, pour qu'il y ait encore égalité, que les deux parties du second membre subissent la même opération. Donc, l'égalité $35 = 27 + 8$, multipliée par 4, devient $35 \times 4 = 27 \times 4 + 8 \times 4$, c'est-à-dire que les deux membres de l'inégalité $35 > 27$ étant multipliés par 4, la différence, 8, des deux nombres est elle-même multipliée par 4. Même raisonnement pour le cas de la division.

143. V. Principe. *La somme de deux nombres augmentée de leur différence égale deux fois le plus grand nombre ; et cette même somme diminuée de la différence égale deux fois le plus petit nombre.*

En effet, en ajoutant la différence au plus petit nombre, on le rend égal au plus grand ; donc leur somme est alors deux fois le plus grand nombre, et se trouve augmentée de la quantité ajoutée au plus petit, ou de la différence.

En second lieu, si l'on diminue le grand nombre de la différence, il devient égal au petit ; donc leur somme est alors deux fois le plus petit nombre, et se trouve diminuée de la quantité retranchée au plus grand, ou de la différence.

144. Conséquence. Pour obtenir le plus grand des deux nombres dont on connaît la somme et la différence, il faut ajouter la différence à la somme et prendre la moitié du résultat ; si l'on veut obtenir le petit nombre, on retranche la différence de la somme et l'on prend encore la moitié du résultat.

Soit 36 la somme de deux nombres, et 14 leur différence. On aura : $\frac{36 + 14}{2} = 25$ pour le plus grand ; et $\frac{36 - 14}{2} = 11$ pour le plus petit.

145. *Remarque.* De ce qui précède on peut conclure que pour rendre égaux deux nombres inégaux, sans rien changer à leur somme, il suffit de retrancher la moitié de la différence du plus grand, et de l'ajouter au plus petit. En effet, d'une part, en diminuant le grand nombre et augmentant le petit de la demi-différence, on rend les nombres égaux : car la différence étant diminuée de deux fois sa moitié devient nulle (141 2°) ; et, d'autre part, la somme reste la même : car ce que l'on ôte au grand nombre on l'ajoute au petit.

PRINCIPES SUR LA MULTIPLICATION.

146. VI. PRINCIPE. *On ne change pas la valeur d'un produit en changeant l'ordre de ses facteurs.*

Soit, par exemple, à multiplier les nombres 3, 4, 5, 6, 2.
Former le produit de ces nombres dans l'ordre où ils sont écrits, c'est multiplier d'abord 3 par 4 ; puis, leur produit 12 par 5 ; et ainsi de suite. Il faut faire voir que le produit total ne change pas, lorsqu'on intervertit l'ordre des facteurs.

147. Considérons d'abord le cas de deux facteurs, 3 et 4, par exemple.

Si l'on écrit trois fois l'unité sur une ligne horizontale et qu'on forme quatre lignes semblables, il est clair qu'on aura dans la totalité des unités qui composent ce tableau, soit le produit de 3 par 4, ou 4 fois les 3 unités de la ligne horizontale ; soit le produit de 4 par 3, ou 3 fois les 4 unités de la ligne verticale : car, de quelque manière que l'on compte les unités de ce tableau, elles sont toutes comprises dans l'opération, et elles ne peuvent pas donner un total différent. Donc, $3 \times 4 = 4 \times 3$.

Ce raisonnement est, d'ailleurs, applicable à deux nombres entiers quelconques, puisqu'on peut toujours concevoir autant

PRINCIPES SUR LA MULTIPLICATION. 61

d'unités dans chaque ligne horizontale qu'il y en a dans l'un des facteurs, et autant de ces lignes qu'il y a d'unités dans l'autre facteur.

On peut dire encore que $3 = 1 + 1 + 1$. Or, si l'on forme quatre égalités semblables, et qu'on les additionne membre à membre, on aura :

$$3 = 1 + 1 + 1$$
$$3 = 1 + 1 + 1$$
$$3 = 1 + 1 + 1$$
$$3 = 1 + 1 + 1$$
$$\overline{3 + 3 + 3 + 3 = 4 + 4 + 4}$$

c'est-à-dire, 4 fois $3 = 3$ fois 4 ou $3 \times 4 = 4 \times 3$.

148. Passons au cas de trois facteurs, 3, 4, 5, par exemple.

Le produit de 3 par 4 devant être effectué avant de multiplier par 5, on pourra d'abord changer l'ordre des deux premiers facteurs, et l'on aura : $(3 \times 4) 5$ ou $(4 \times 3) 5$, c'est-à-dire, $3 \times 4 \times 5 = 4 \times 3 \times 5$. Reste à prouver qu'on peut aussi changer l'ordre des deux derniers facteurs 4 et 5. On l'établit par un raisonnement analogue au précédent. En effet, si l'on écrit sur une ligne horizontale 4 fois le premier facteur et qu'on forme 5 lignes semblables, chaque ligne horizontale contiendra 4 fois 3 unités ou 3×4, et les 5 lignes verticales contiendront 5 fois ce produit ou $3 \times 4 \times 5$. Mais on peut considérer le même tableau comme formé de 4 lignes verticales ayant chacune 5 fois 3 unités, c'est-à-dire, 4 fois le produit de 3 par 5 ou $3 \times 5 \times 4$. On peut donc changer l'ordre des deux derniers facteurs, et écrire :

$3 \times 4 \times 5$ $3 \times 4 \times 5$ $4 \times 3 \times 5$
$4 \times 3 \times 5$ ou bien : $3 \times 5 \times 4$ ou encore : $3 \times 4 \times 5$
$4 \times 5 \times 3$ $5 \times 3 \times 4$ $3 \times 5 \times 4$

Donc dans un produit de trois facteurs *chaque facteur peut être permuté avec ses voisins, et occuper, successivement, tous les rangs. Il en est de même pour un plus grand nombre de facteurs.*

En effet, quel que soit le nombre des facteurs à multiplier, on peut toujours ramener l'opération au cas de trois facteurs. Ainsi, dans l'exemple primitivement donné $3 \times 4 \times 5 \times 6 \times 2$, on peut considérer comme effectué le produit des trois premiers facteurs, ce qui donne : $(3 \times 4 \times 5) \times 6 \times 2$. N'ayant plus alors que trois facteurs, on pourra échanger les deux derniers et écrire : 3 × 4 × 5 × 2 × 6. Mais le produit des quatre premiers facteurs de cette nouvelle disposition doit être exécuté avant la multiplication par 6, et l'on peut, en le ramenant encore au cas de trois facteurs, écrire : (3 × 4) × 5 × 2 ou (3 × 4) × 2 × 5. En continuant ainsi, on voit que le facteur 2 peut occuper, successivement, toutes les places, et qu'il en serait de même de tous les autres. Donc, le produit ne change pas quand on intervertit l'ordre des facteurs.

149. VII. PRINCIPE. *Multiplier ou diviser un nombre par un autre qui est le produit de plusieurs facteurs, revient à multiplier ou diviser le premier, successivement, par chacun des facteurs du second. Réciproquement, multiplier ou diviser un nombre, successivement, par les facteurs d'un produit, c'est multiplier ou diviser le premier nombre par ce produit.*

Par exemple, multiplier ou diviser 72 par 12, qui est le produit des facteurs 3 et 4, revient à multiplier ou diviser 72 par 3 et ce dernier résultat par 4 ; et réciproquement diviser ou multiplier 72 par 3 et le résultat par 4, revient à multiplier ou diviser 72 par 12.

En effet, on a évidemment : 72 × 12 = 12 × 72 = (3 × 4) 72, en remplaçant 12 par sa valeur (3 × 4) ; mais, (3 × 4) 72 = 72 (3 × 4) = 72 × 3 × 4.

Donc 72 × 12 = 72 × 3 × 4. C. Q. F. D.

On peut dire encore que multiplier 72 par 12 c'est le répéter 12 fois. Or, en le multipliant par 3, on le répète 3 fois ; et en multipliant ce produit (72 × 3) par 4 on répète 4 fois 3 fois ou 12 fois 72, comme en le multipliant directement par 12.

D'un autre côté, diviser 72 par 12, c'est le partager en 12 parties égales. Or, en divisant 72 par 3, premier facteur de 12, on le partage en 3 parties égales, et chacune de ces parties est le quotient 24. En divisant ce quotient par 4, on divise chacune des trois premières parties en 4, ce qui fait en tout 3 fois 4 parties ou 12 parties égales. C'est-à-dire que le second quotient est la 12ᵉ partie de 72, comme en divisant directement 72 par 12, C. Q. F. D.

150. On peut remarquer qu'en divisant un produit par un ou plusieurs de ses facteurs, ce qui revient à les *supprimer*, on a pour quotient le produit des autres facteurs. Par exemple, si

l'on a le produit 360 résultant de la multiplication des quatre facteurs $3 \times 4 \times 5 \times 6$, il est évident qu'en supprimant le facteur 6, on aura pour quotient $(3 \times 4 \times 5)$, puisque le produit de ces trois facteurs répété 6 fois égale 360. De même, si l'on supprime les facteurs 5 et 6, le quotient sera (3×4), parce que le produit de ces deux facteurs doit être multiplié par (5×6) pour égaler 360. Donc, *supprimer un ou plusieurs facteurs dans un produit indiqué, c'est diviser ce produit par ce facteur ou par le produit de ces facteurs.*

Réciproquement, *introduire un ou plusieurs facteurs dans un produit indiqué, c'est multiplier le produit par le facteur ou par le produit des facteurs ajoutés.* Car l'introduction de ces facteurs indique qu'il faut prendre le produit primitif un certain nombre de fois plus. Par exemple, si, au produit (3×4), on ajoute le facteur 5, on aura $(3 \times 4) \times 5$, c'est-à-dire, 5 fois le produit (3×4). Si l'on ajoute encore le facteur 6, on aura $(3 \times 4) \times 5 \times 6$ ou 5 fois 6 fois le produit (3×4).

151. CONSÉQUENCES. 1° Si l'on multiplie ou divise par un nombre l'un des facteurs d'un produit à effectuer, on multiplie ou divise le produit par ce même nombre.

2° Si l'on multiplie ou divise les deux facteurs d'un produit l'un par un nombre et l'autre par un autre, le produit sera multiplié ou divisé par le produit de ces deux nombres.

3° Si l'on multiplie l'un des facteurs d'une multiplication par un nombre, et qu'on divise l'autre facteur par ce même nombre, le produit ne change pas.

Dans les deux premiers cas, l'opération se réduit, évidemment, à l'introduction ou à la suppression d'un ou deux facteurs dans les produits à effectuer; et, dans le 3ᵉ cas, les deux opérations se compensent.

On peut dire encore qu'en rendant le multiplicateur un certain nombre de fois plus grand, 5 fois par exemple, on devra prendre le multiplicande 5 fois plus de fois. Donc, le produit sera multiplié par 5, et il en serait de même pour le multiplicande, puisqu'on peut changer l'ordre des facteurs. Mais, si après avoir rendu le multiplicateur 5 fois plus grand, on rendait en même temps le multiplicande 6 fois plus grand, par exemple, il est clair que le produit serait rendu 5 fois 6 fois plus grand, puisqu'on répéterait 5 fois plus un multiplicande 6 fois plus grand.

Même raisonnement, en sens contraire, si l'on rend un des facteurs un certain nombre de fois plus petit.

PROPRIÉTÉ DES NOMBRES.

152. Les conséquences qui précèdent, fournissent le moyen de simplifier le calcul, lorsque les deux facteurs d'une multiplication sont terminés par des zéros. On se contente de multiplier les chiffres significatifs, et l'on ajoute au produit autant de zéros qu'il y en a dans les deux facteurs réunis.

Soit à multiplier 27000 par 400.

$$\text{Opération.} \quad \begin{array}{r} 27 \\ 4 \\ \hline 10800000 \end{array}$$

En supprimant les zéros, on rend le multiplicande 1000 fois et le multiplicateur 100 fois trop petits. Le produit serait donc 1000×100 ou 100000 fois trop petit; et, pour le rendre à sa juste valeur, il faut le multiplier par 100000, en écrivant 5 zéros à sa droite.

153. Ces mêmes conséquences donnent encore le moyen de faire la preuve d'une multiplication. Pour cela on multiplie le double ou le triple de l'un des facteurs par la moitié ou le tiers de l'autre; et si la première opération a été bien faite, ou si l'on ne s'est pas trompé dans la seconde, on doit retrouver le même produit.

154. VIII. Principe. *Un produit augmente ou diminue d'autant de fois l'un de ses facteurs qu'on ajoute ou qu'on retranche d'unités à l'autre; et si l'on augmente ou diminue les deux facteurs, le produit sera augmenté ou diminué : 1° du produit du multiplicateur par le nombre dont on aura augmenté ou diminué le multiplicande; 2° du produit du multiplicande par le nombre dont on aura augmenté ou diminué le multiplicateur; et augmenté du produit des nombres ajoutés ou retranchés.*

En effet, soit à multiplier les nombres 6 et 4, le produit sera $6 \times 4 = 24$.

Si nous ajoutons 3 au multiplicande 6, nous aurons :
$$(6 + 3) \times 4 = 6 \times 4 + (3 \times 4),$$

c'est-à-dire, le premier produit, 6×4, plus celui du multiplicateur 4 par le nombre 3 ajouté au multiplicande.

Si nous augmentons le multiplicateur de 2, par exemple, nous aurons : $6 \times (4 + 2) = 6 \times 4 + 6 \times 2$, ou le premier produit plus celui du multiplicande par le nombre ajouté au multiplicateur.

Mais ces deux additions donnent $(6 + 3) \times (4 + 2) = 6 \times 4 + 3 \times 4 + 6 \times 2 + 3 \times 2$. c. q. f. d.

D'ailleurs, il résulte de la définition même de la multiplication et du principe n° 146 qui permet d'intervertir les facteurs, qu'en ajoutant 3 au multiplicande le produit est augmenté de 3 fois le multiplicateur ; et qu'en ajoutant 2 au multiplicateur, on prend 2 fois de plus soit le multiplicande primitif, soit les 3 unités dont ce multiplicande a été augmenté.

Un raisonnement analogue démontrerait la même proposition, relativement à la soustraction faite sur les facteurs.

PRINCIPES SUR LA DIVISION.

155. IX. Principe. *Le quotient d'une division ne change pas quand on multiplie ou divise le dividende et le diviseur par un même nombre.*

En effet, il résulte de la définition de la division que si l'on multiplie le dividende ou si l'on divise le diviseur par un nombre, le quotient est multiplié par ce même nombre : car, d'une part, le dividende, devenant un certain nombre de fois plus grand, contiendra le diviseur ce nombre de fois plus ; et, d'autre part, le diviseur, devenant un certain nombre de fois plus petit, sera contenu ce nombre de fois plus dans le dividende : donc, dans les deux cas, le quotient sera multiplié.

Par une raison contraire, si l'on divise le dividende par un nombre, il contiendra ce nombre de fois moins le diviseur ; et, si l'on multiplie le diviseur, il sera contenu ce nombre de fois moins dans le dividende : donc, dans les deux cas, le quotient sera divisé.

Donc aussi, le quotient ne change pas toutes les fois qu'on multiplie ou divise le dividende et le diviseur par un même nombre, parce qu'alors il y a compensation ; mais si la division donnait un reste, il serait multiplié ou divisé par ce même nombre, le reste n'étant que la différence du dividende comparé au produit du diviseur par le quotient (142).

156. Conséquences. 1° Si l'on multiplie le dividende par un nombre et qu'on divise le diviseur par un autre nombre, le quotient sera multiplié par le produit de ces deux nombres, parce qu'il y a double multiplication du quotient.

2° Au contraire, si l'on divise le dividende par un nombre et qu'on multiplie le diviseur par un autre nombre, le quotient sera divisé par le produit des deux nombres, parce qu'alors il y a double division du quotient.

3° Si le même nombre multiplie l'un des termes de la division et divise l'autre, le quotient sera multiplié ou divisé, suivant le cas, par la seconde puissance de ce nombre.

157. Le principe qui vient d'être démontré justifie une simplification de calcul usitée dans la division.

Lorsque le dividende et le diviseur sont terminés par des zéros, on supprime dans le dividende et dans le diviseur le même nombre de zéros, ce qui revient à les diviser l'un et l'autre par le même nombre, et l'on opère comme à l'ordinaire sur les chiffres restants. Si la division donne un reste, on ajoute à sa droite les zéros supprimés.

Soit, par exemple, 427000 à diviser par 29000.

Opération. 427 | 29
            137 |———
             21 | 14   Reste 21000

On opère comme si l'on avait 427 à diviser par 29, et le reste est 21000.

158. X. Principe. *Tout nombre qui en divise deux ou plusieurs autres divise aussi leur somme.*

Par exemple, si 4 divise 12, 20 et 36, il divisera aussi leur somme 68.

En effet, la somme doit évidemment contenir le diviseur autant de fois qu'il est contenu dans les parties, ou les nombres donnés. Donc, si ces derniers contiennent le diviseur un nombre entier de fois, il en sera de même de leur somme ; autrement on aurait un nombre entier égal à un nombre fractionnaire, ce qui est absurde.

159. Conséquences. 1° *Tout nombre qui en divise un autre divise aussi les multiples de ce nombre ;* car un multiple n'est autre chose que la somme de plusieurs nombres égaux. 3 divisant 6, par exemple, divisera aussi 18 qui $= 6 + 6 + 6$.

2° *Tout nombre qui divise le diviseur et le reste de la*

division divise aussi le dividende, qui n'est autre chose que la somme du diviseur multiplié par le quotient plus le reste.

160. XI. PRINCIPE. *Deux nombres étant donnés, si un troisième divise le premier et ne divise pas le second, il ne divisera pas non plus leur somme, et la division de la somme donnera le même reste que la division du second nombre.*

Par exemple, si 9 divise 36 et ne divise pas 24, il ne divisera pas non plus leur somme 60 ; car, s'il la divisait, on aurait encore un nombre entier égal à un nombre fractionnaire (X *principe ci-dessus*). Mais le reste de la division de 60 par 9 sera égal au reste de 24 divisé par 9. En effet, d'après la supposition, 36 est multiple de 9 ; mais 24 divisé pas 9 donne 6 pour reste. Donc le quotient de 60 qui est la somme de 36 et 24 donnera également 6 pour reste, puisque le quotient de la somme doit être égal au quotient des parties.

161. CONSÉQUENCE. *Tout nombre qui divise une somme et l'une de ses parties divise aussi l'autre partie :* car le quotient de la somme devant être égal au quotient des parties, il faut nécessairement que, si le premier est entier, le second le soit aussi.

Donc, en d'autres termes, *tout nombre qui en divise deux autres divise aussi leur différence*, et *tout nombre qui divise le dividende et le diviseur divise aussi le reste de la division*, qui n'est que la différence du dividende comparé au produit du diviseur par le quotient.

§ 11

Propriétés relatives aux nombres premiers.

162. On appelle *nombre premier*, celui qui n'est divisible que par lui-même et par l'unité : tels sont les nombres 2, 3, 5, 7, 11, 13, etc.

163. Pour trouver les nombres premiers, on peut écrire dans

l'ordre naturel tous les nombres depuis 1 jusqu'à la limite qu'on veut se fixer. Cela fait, on barre tous les multiples de 2 excepté 2 : 4, 6, 8, 10, 12, 14, etc ; puis tous les multiples de 3 excepté 3 : 9, 15, 21, 27, etc ; de 5 : 25, 35, 55, 65 etc ; de 7 : 49, 77, 91, 119, etc ; et l'on continue ainsi pour 11, 13, 17 etc ; en barrant toujours, à la suite, les nombres qui n'ont pas été barrés. L'opération finie, les nombres qui restent sont des nombres premiers.

164. Deux nombres sont dits *premiers entre eux*, lorsqu'ils n'ont pas d'autre diviseur commun que l'unité. Ainsi, 4 et 9 sont premiers entre eux ; mais 6 et 9 ne le sont pas, car 3 les divise l'un et l'autre.

GRAND COMMUN DIVISEUR.

165. Deux nombres qui ne sont pas premiers entre eux, peuvent avoir plusieurs communs diviseurs.

166. Pour trouver le plus grand commun diviseur de deux nombres, il faut diviser le plus grand par le plus petit ; si la division se fait sans reste, le plus petit nombre sera le plus grand commun diviseur ; s'il y a un reste, il faut diviser le plus petit nombre par ce reste ; s'il y a encore un reste, on divise le premier reste par le second ; et ainsi de suite, on divise chaque diviseur par chaque reste correspondant, jusqu'à ce que la division se fasse exactement. Le dernier diviseur employé sera le plus grand commun diviseur cherché.

Soit à trouver le plus grand commun diviseur des nombres 112 et 42.

Opération.

Quotients,	2	1	2
Dividendes et diviseurs, 112	42	28	14
Restes,	28	14	0

On dispose d'abord les deux nombres comme pour une division ordinaire ; puis, ayant trouvé 2 pour quotient, on l'écrit au-dessus du diviseur, comme ci-dessus, afin de ne pas le confondre avec les restes des divisions subséquentes. On retranche du dividende 2 fois 42, ce qui donne 28 pour reste. On divise ensuite 42 par 28, et l'on obtient pour quotient 1, et pour reste 14. Enfin, 28 divisé par 14 donne le quotient 2, et 0 pour reste, D'où l'on conclut que 14 est le plus grand commun diviseur de 112 et 42.

DÉMONSTRATION. Pour se rendre compte du procédé ci-dessus, on peut raisonner de la manière suivante :

Un nombre n'ayant pas de plus grand diviseur que lui même, il est évident que le grand commun diviseur cherché ne peut pas surpasser le plus petit des deux nombres donnés. Si donc ce dernier divise 112, il sera le plus grand commun diviseur ; mais, comme la division ne se fait qu'avec un reste qui est 28, je dis que le C. C. D. de 112 et 42 est le même que celui de 42 et 28.

En effet, de la division précédente il résulte que $112 = 42 \times 2 + 28$. Or le plus G. C. D. de 112 et 42 divise 42 et son multiple 42×2 ou 84 ; il divise aussi 112 ; et alors, divisant un tout, 112, et l'une de ses parties, 42×2, il doit diviser l'autre partie, 28 (161) et, par conséquent, il ne peut surpasser le plus G. C. D. de 42 et 28.

D'un autre côté, le plus G. C. D. de 42 et 28, divisant 42×2 et 28, divise aussi leur somme 112 (158 et 159 2e) et il ne peut pas non plus surpasser le plus g. c. d. de 112 et 42.

Ainsi, le plus G. C. D. de 112 et 42 et le plus G. C. D. de 42 et 28 ne peuvent pas être plus grands l'un que l'autre : donc ils sont égaux, et la question est ramenée à trouver le plus G. C. D. de 42 et 28.

En raisonnant sur ces deux nombres comme sur les deux premiers, on est conduit à diviser 42 par 28, puis ce dernier par le reste 14. Cette dernière division se faisant exactement, on en conclut que 14 est le plus G. C. D. de 14 et 28, de 28 et 42 de 42 et 112.

167. L'application de la règle du plus grand commun diviseur donne lieu aux deux remarques suivantes.

1° Si l'on trouve pour reste un nombre premier qui ne divise pas le reste précédent, on peut affirmer que les nombres donnés sont premiers entre eux ; car, le plus G. C. D. doit diviser le reste de chaque division, ainsi qu'on le voit par la démonstration ci-dessus. Donc, si ce nombre premier ne divise pas le reste précédent, les nombres proposés n'auront pas d'autre diviseur que l'unité.

2° Tout diviseur commun à deux nombres divise leur plus g. c. d. car ce diviseur doit diviser tous les restes auxquels conduit le procédé, et par conséquent le plus grand commun diviseur, qui est le dernier de ces restes.

168. Cette dernière remarque fournit le moyen de trouver le plus G. C. D. de plus de deux nombres. Pour cela, après avoir trouvé le plus G. C. D. des deux nombres les plus petits, on cherche le plus G. C. D. entre le diviseur trouvé et le plus petit des nombres qui restent, et ainsi de suite. Le dernier P. G. C. D. trouvé est le P. G. C. D. des nombres proposés.

Soit à trouver le plus G. C. D. des nombres 18, 45 et 96.

Après avoir trouvé 9 pour le P. G. C. D. des nombres 18 et 45, on cherche le P. G. C. D. entre 9 et 96 et l'on trouve 3. Donc 3 est le P. G. C. D. des trois nombres proposés.

En effet, 1° 3 est commun diviseur des nombres proposés: car il divise 9 et 96, puisqu'il est leur P. G. C. D., et par conséquent il divise aussi 18 et 45 qui sont des multiples de 9.

2° 3 est le P. G. C. D.: car le P. G. C. D. des nombres proposés divise les deux plus petits et par conséquent il divise 9 qui est leur P. G. C. D.; mais il divise aussi 96, d'après la supposition. Donc, il divise le P. G. C. D. de 9 et 96 qui est 3; donc il ne peut être plus grand que 3.

RECHERCHE DES DIVISEURS.

169. Les nombres qui ne sont pas premiers peuvent avoir un nombre plus ou moins grand de diviseurs. Nous allons indiquer les moyens de les trouver, après avoir établi quelques principes qui faciliteront cette recherche.

170. I. PRINCIPE. *Tout nombre qui divise un produit de deux facteurs et qui est premier avec l'un d'eux, divise l'autre facteur.*

Soit le produit 25 × 36 divisible par 9 qui est premier avec 25; je dis que 9 divisera aussi 36.

En effet, 9 et 25 étant premiers entre eux, si l'on cherche leur plus grand commun diviseur, on trouvera nécessairement l'unité; mais si l'on multiplie 9 et 25 (ou le dividende et le diviseur), par 36 et qu'on cherche le plus grand commun diviseur des deux produits, on obtiendra les mêmes quotients qu'en divisant 25 par 9: mais les restes seront tous multipliés par 36 (155). Par conséquent le plus grand commun diviseur des produits 25 × 36 et 9 × 36 sera 1 × 36 ou 36.

D'un autre côté, 9 divise le produit 25 × 36, par supposition; il divise aussi évidemment, 9 × 36; donc il divise le plus g. c. d. de ces deux produits, ou 36 (167 2°.)

171. CONSÉQUENCE. I. *Tout nombre premier qui divise un produit, doit diviser au moins l'un de ses facteurs.*

PRINCIPES SUR LA DIVISIBILITÉ. 71

Car tout nombre premier qui diviserait le produit ($12 \times 25 \times 39$) par exemple, et qui ne diviserait par 12, serait premier avec 12. Donc, il devrait diviser (25×39) ; et, (*d'après le principe ci-dessus,*) s'il divise ce produit, il devra diviser 25 ou 39.

N. B. Pour que les deux propositions précédentes soient vraies, il faut, et il suffit que le diviseur soit premier avec l'un des facteurs du produit ; car s'il en est autrement, il pourra arriver que les facteurs du produit contiennent ensemble les facteurs premiers du diviseur, et dans ce cas le produit peut être divisible par ce diviseur sans que les facteurs le soient. Par exemple, 8 ne divise pas les facteurs 12 et 4, et il divise leur produit 48, parce que 12 et 4 contiennent ensemble les trois facteurs premiers de $8 = 2 \times 2 \times 2$.

172. Conséquence. II. *Tout nombre premier qui divise les puissances d'un nombre divise aussi ce nombre ;* car 9^2, 9^3, par exemple, est la même chose que 9×9 que $9 \times 9 \times 9$.

173. Conséquence. III. *Les puissances des nombres premiers entre eux, sont aussi des nombres premiers entre eux.*

En effet, tout nombre premier qui diviserait 7^2 et 11^2, par exemple, devrait diviser 7 et 11 (171), et par conséquent serait diviseur commun de ces derniers nombres, ce qui est contre la supposition.

174. Conséquence. IV. *Un nombre quelconque ne peut pas avoir deux séries différentes de facteurs premiers.* Par exemple, soit le nombre $10829 = 7^2 \times 13 \times 17$; je dis qu'on ne peut obtenir 10829 en multipliant des facteurs premiers autres que 7, 13, 17.

En effet, tout nombre premier qui serait facteur ou diviseur de 10829 devrait diviser l'un des trois facteurs ci-dessus, or ces nombres étant des nombres premiers, cette division n'est possible que pour le cas où le facteur divisible est égal au nombre diviseur.

175. Conséquence. V. *Tout nombre premier avec chacun des facteurs d'un produit est aussi premier avec ce produit.* Par exemple, si 9 est premier avec chacun des nombres 34 et 20, il le sera aussi avec leur produit $34 \times 20 = 680$.

72   PROPRIÉTÉS DES NOMBRES.

Car si un nombre premier autre que 1 pouvait diviser 9 et le produit 680, il diviserait aussi l'un des facteurs de ce produit, 20 par exemple, et par conséquent 20 et 9 ne seraient pas premiers entre eux; ce qui est contre la supposition.

176. II. PRINCIPE. *Tout nombre divisible par plusieurs autres, premiers entre eux deux à deux, est aussi divisible par les divers produits de ces nombres.* Par exemple, soit le nombre 2520 divisible par chacun des nombres 4, 9, et 35, premiers deux à deux, en sorte qu'on ait : 4 et 9, 4 et 35, 9 et 35, premiers entre eux ; je dis que 2520 est divisible par les produits 4×9, 4×35, 9×35 et $4 \times 9 \times 35$.

En effet la division de 2520 par 4 donnant pour quotient 630 on a : $2520 = 4 \times 630$.   (1)

Or 9 divise aussi 2520 ou sa valeur 4×630 ; mais 9 est premier avec 4, donc il doit diviser 630 (170) : l'on trouve en effet $630 = 9 \times 70$.

En mettant cette valeur dans l'égalité (1) ci-dessus, on a :
$$2520 = 4 \times (9 \times 70) = (4 \times 9) \times 70. \quad (2)$$
Ce qui prouve déjà que 2520 est divisible par 4×9.

Mais 35 divise aussi 2520 ou sa valeur $4 \times 9 \times 70$ et se trouvant premier avec 4 et 9, il doit diviser 70, qui égale effectivement 35×2.

Cette dernière valeur mise dans l'égalité (2) ci-dessus donne
$$2520 = (4 \times 9) \times (35 \times 2) = (4 \times 9 \times 35) \times 2.$$
$$= (4 \times 35) \times (9 \times 2)$$
$$= (35 \times 9) \times (4 \times 2) \qquad \text{C. Q. F. D.}$$
Et ainsi de suite, quel que soit le nombre des diviseurs.

177. Ce principe et les deux derniers du paragraphe précédent donnent les moyens de trouver des caractères auxquels on connaît que certains nombres sont ou ne sont pas divisibles par d'autres, et dans ce cas de déterminer le reste de la division.

Voici les principaux.

CARACTÈRES DE DIVISIBILITÉ PAR CERTAINS NOMBRES.

178. *Un nombre est divisible par 2 ou par 5, lorsque le chiffre de ses unités simples est divisible par 2 ou par 5.*

En effet, tout nombre peut se décomposer en deux parties, celle des dizaines et celle des unités simples ; 354, par exemple, égale $350 + 4$: or, la première partie étant un multiple de 10 est divisible par 2 et par 5, puisqu'on a $10 = 2 \times 5$. Donc, si la seconde partie est divisible, le nombre total le sera aussi ; dans le cas contraire, le reste de la division du nombre total est le même que celui de cette seconde partie.

179. Les nombres divisibles par 2 sont appelés nombres *pairs* ; ceux qui ne sont pas divisibles par 2, sont appelés nombres *impairs*. Ainsi, les nombres terminés par les chiffres 1, 3, 5, 7 et 9 sont des nombres impairs ; les autres sont des nombres pairs.

180. *Un nombre est divisible par 4 ou par 25, lorsque ses deux derniers chiffres à droite forment un nombre divisible par 4 ou par 25.*

Même raisonnement que pour 2 et 5, en se fondant sur ce que $100 = 4 \times 25$.

181. *Un nombre est divisible par 8 ou par 125, quand ses trois chiffres à droite forment un nombre divisible par 8 ou par 125.*

Même raisonnement qu'au n° 178, parce que $1000 = 8 \times 125$.

182. *Un nombre est divisible par 3 ou par 9, lorsque la somme de ses chiffres, considérés selon leur valeur absolue, est divisible par 3 ou par 9.* Ainsi, 4563 est divisible par 3 et par 9, car on a : $4+5+6+3=18$, qui est divisible par 3 et par 9.

On le démontre par un raisonnement analogue au précédent, en se fondant sur ce que tout chiffre suivi d'un ou de plusieurs zéros, égale un multiple de 3 ou de 9 augmenté de la valeur de ce chiffre ; 50, par exemple, égale $5 \times (9+1) = 9 \times 5 + 5$.

Cela étant, un nombre quelconque peut former deux parties distinctes ; la première est un multiple de 3 ou de 9, et la seconde est la somme de ses chiffres significatifs : donc, si cette seconde partie est divisible, le nombre total le sera aussi, et le reste que donnera cette partie sera le même que celui du nombre total.

Le nombre 5463, par exemple, peut se décomposer ainsi :
$5000 + 400 + 60 + 3 =$
$(999 \times 5 + 5) + (99 \times 4 + 4) + (9 \times 6 + 6) + 3 =$
$(999 \times 5 + 99 \times 4 + 9 \times 6) + (5 + 4 + 6 + 3).$

La somme des chiffres étant 18, multiple de 3 et de 9, le nombre est lui-même divisible par 3 et par 9.

183. Dans la pratique, au lieu de faire la somme des chiffres, on retranche 3 ou 9, à mesure qu'on obtient une somme partielle égale ou supérieure à ces chiffres.

Soit, par exemple, le nombre 748352. On dit : 7 et 4 font 11 ; ôté 9 reste 2, et 8 font 10 ; ôté 9 reste 1, et 3 font 4, et 5 font 9 ; ôté 9 reste zéro, et 2 font 2. Donc, le reste de la division du nombre proposé est 2.

184. *Un nombre est divisible par 6 ou par 18 quand il est divisible par 2 et par 3 ou par 9*, parce que ces deux nombres sont premiers entre eux (176).

On peut remarquer encore que 6 = 3 + 3 ou un nombre pair de 3. Par conséquent tous les multiples pairs du nombre 3 seront aussi des multiples de 6, et 6 en sera diviseur. Même raisonnement pour 18 qui égale 9 + 9.

D'après le même principe n° 176, tout nombre divisible par 3 ou par 9, et de plus par l'un des nombres 4, 8, 5, 25, sera divisible par 12, 24, 15, 75 ; 36, 72, 45, 225.

Le moyen le plus simple de voir si un nombre est divisible par 7, c'est d'essayer la division.

185. *Tout nombre terminé par un 0 est divisible par 10 ; s'il a deux 0, il est divisible par 100*, etc. Cette propriété résulte évidemment du principe fondamental de la numération.

PREUVE PAR 9.

186. La facilité avec laquelle on trouve le reste d'une division par 9 donne un moyen très-simple de faire la preuve de la multiplication et de la division. Voici la manière de faire cette preuve :

On détermine le reste de la division du multiplicande par 9, on opère de même sur le multiplicateur. On multiplie ces deux restes l'un par l'autre, et l'on détermine encore le reste de ce produit divisé par 9. Si l'opération a été bien faite, ce dernier reste doit égaler celui du produit total également divisé par 9.

Soit, pour exemple, 358 × 47 = 16826.

Multiplicande, 358 divisé par 9 donne pour reste			7
Multiplicateur, 47	»	»	2
Restes, 7 × 2 = 14	»	»	5
Produit, 16826	»	»	5

L'égalité des deux derniers restes prouve en faveur de l'exactitude de la première opération.

Pour la division, on opère comme ci-dessus, en considérant le diviseur et le quotient comme le multiplicande et le multiplicateur, et le dividende comme le produit. Si la division a donné un reste, il faut préalablement le retrancher du dividende.

187. On se rend compte de cette preuve, en observant que $358 = 39 \times 9 + 7$, et que $47 = 5 \times 9 + 2$. Si l'on multiplie ces deux expressions, sans confondre les termes (137), on a :

$$39 \times 9 (5 \times 9) + (5 \times 9) 7 + (39 \times 9) 2 + 7 \times 2.$$

Or, les trois premiers termes de ce produit donnent un multiple de 9 ; et, s'il y a un reste, il ne peut provenir que du terme 7×2. Donc, le reste du produit total est le même que celui du produit des restes donnés par la division du multiplicande et du multiplicateur.

188. Lorsque la preuve par 9 ne réussit pas, on peut conclure qu'il y a erreur dans l'opération ; mais quand elle réussit, on n'a qu'une probabilité de l'exactitude du produit cherché.

En effet, on peut avoir écrit des zéros pour des 9, ou des chiffres trop faibles et d'autres trop forts d'un même nombre d'unités, ou bien encore avoir mal placé un produit partiel, quand le multiplicateur a des zéros, et l'on comprend que ces erreurs se compensent ou n'influent pas sur les restes de la division par 9.

189. Le procédé de la preuve par 9 est applicable à tout autre nombre ; mais alors on détermine le reste de chaque division en opérant selon la méthode abrégée, n° 107.

Par exemple, le reste de 359 divisé par 7 est   2
    »   »   47   »   »   5
    » $5 \times 2 = 10$ »   »   3
    »   16873   »   »   3

On choisit 9 de préférence comme le plus fort diviseur d'un seul chiffre, et parce que le reste s'obtenant par l'addition des chiffres selon leur valeur absolue, est plus facile à déterminer.

RECHERCHE DE TOUS LES DIVISEURS D'UN NOMBRE.

190. Pour trouver tous les diviseurs d'un nombre, il faut d'abord déterminer tous ses facteurs premiers, puis faire tous les produits que l'on peut obtenir avec ces facteurs, en les prenant deux à deux, trois à trois, etc.

Soit à trouver tous les diviseurs du nombre 2940. On dispose les calculs de la manière suivante.

PROPRIÉTÉS DES NOMBRES.

Détermination des facteurs premiers.	Produits des facteurs premiers.
2940 : 2	1 | 1
1470 : 2	2 | 2
735 : 3	2 | 4
245 : 5	3 | 3, 6, 12
49 : 7	5 | 5, 10, 20, 15, 30, 60
7 : 7	7 | 7, 14, 28, 21, 42, 84
1	35, 70, 140, 105, 210, 420
	7 | 49, 98, 196, 147, 294, 588
	245, 490, 980, 735, 1470, 2940

Après avoir écrit le nombre 2940, on cherche le plus petit nombre premier qui puisse le diviser ; ici, c'est 2. On écrit 2 à la droite de 2940, en le séparant par deux points. On effectue la division, et l'on place le quotient 1470 au-dessous de 2940.

1470 étant encore divisible par 2, on écrit ce diviseur au-dessous du précédent, et le nouveau quotient, 735, au-dessous de 1470.

Ce dernier nombre n'étant plus divisible par 2, on conclut que ce facteur n'entre que deux fois dans le nombre donné, et la recherche des autres facteurs premiers est ramenée à celle des diviseurs premiers de 735.

En effet, d'après les opérations effectués, on a :
$$2940 = 2 \times 2 \times 735 = 2^2 \times 735.$$

Or, tout diviseur de 735 doit diviser son multiple $2^2 \times 735$ ou 2940 ; et, réciproquement, tout diviseur premier de 2940, autre que 2, doit diviser 735 (170). Donc, les facteurs premiers de 2940, autres que 2, se trouvent dans 735, sur lequel il faut opérer comme précédemment ; c'est-à-dire qu'on divise d'abord 735 par 3 ; puis, le quotient, 245, ne contenant plus le facteur 3, on le divise par 5. Le nouveau quotient, 49, se divise par 7 ; et, enfin, le dernier quotient 7, étant un nombre premier, se divise lui-même et donne pour quotient 1.

L'on trouve ainsi que $2^2 \times 3 \times 5 \times 7^2$ sont les facteurs premiers de 2940, et les seuls qu'il puisse avoir (174).

Cela fait, on forme les divers produits de ces facteurs de la manière suivante.

On écrit d'abord l'unité qui est facteur ou diviseur de tout nombre, et qui doit entrer en ligne de compte. Ce facteur multiplié par lui-même donne le premier diviseur 1, que l'on écrit à droite. On multiplie ce diviseur par le facteur 2, ce qui donne le diviseur 2, que l'on multiplie par le second facteur 2 ce qui donne le diviseur 4. On multiplie ensuite tous les diviseurs trouvés par le facteur 3, et l'on obtient de nouveaux diviseurs que l'on écrit toujours à droite comme on le voit dans le tableau de l'opération.

On continue ainsi de multiplier tous les diviseurs obtenus par chacun des facteurs qui suivent, ayant soin toutefois de ne pas répéter les produits, quand un nombre est plusieurs fois facteur, comme 7 dans l'exemple ci-dessus.

En opérant comme il vient d'être dit sur les facteurs de 2940, on trouve que ce nombre a 37 diviseurs, et il ne peut pas en avoir d'autres, puisqu'on a fait tous les produits des facteurs premiers dont il se compose (174, 176).

191. En réfléchissant sur le procédé suivi pour trouver tous les diviseurs du nombre 2940, on voit que le facteur 2^2 donne trois diviseurs ; ces diviseurs, joints aux trois que l'on obtient par la multiplication du facteur 3, donnent 3×2 ou 6 diviseurs ; la multiplication de ces diviseurs par le facteur suivant donne $3 \times 2 \times 2$ ou 12 diviseurs ; enfin, ces derniers, multipliés par les deux facteurs 7, donnent $3 \times 2 \times 2 \times 3$ ou 36 diviseurs.

D'où l'on conclut que, pour obtenir le nombre total des diviseurs d'un nombre, il suffit d'augmenter d'une unité chacun des exposants de ses facteurs premiers, puis de multiplier entre elles les sommes qui en résultent.

192. Il n'est pas indispensable de suivre la méthode précédente pour trouver les diviseurs d'un nombre. On peut d'abord le décomposer en facteurs non premiers, que l'on décompose à leur tour, jusqu'à ce que les facteurs premiers soient mis en évidence. On fait ensuite les produits de ces facteurs premiers dans l'ordre que l'on veut pour obtenir tous les diviseurs.

Soit à trouver tous les diviseurs de 18900.

On a successivement : $18900 = 189 \times 100 = 21 \times 9 \times 10 \times 10 = 7 \times 3 \times 3 \times 3 \times 2 \times 5 \times 2 \times 5$; ce qui donne $2^2 \times 3^3 \times 5^2 \times 7$ pour les facteurs premiers du nombre proposé.

Pour trouver les autres diviseurs, on peut écrire en 1re ligne tel facteur premier qu'on voudra, 3 par exemple et ses diverses puissances données.

On multiplie ensuite par l'un quelconque des autres facteurs, soit 7 :
    1,   3,   9,   27
    7, 21, 63, 189

On multiplie de même les diviseurs précédents par 5 { 5, 15, 45, 133
35, 105, 315, 945

Et, en continuant ainsi, on trouverait, $3 \times 4 \times 3 \times 2$ ou 72 diviseurs.

193. Dans la recherche des facteurs premiers d'un nom-

bre, s'il arrive qu'on ait essayé inutilement tous les diviseurs jusqu'à celui qui donne un quotient moindre que ce diviseur, il est inutile de faire de nouveaux essais, et l'on peut conclure que le nombre est premier.

Soit, par exemple, le nombre 67 qui n'a point de diviseurs au-dessous de 9, lequel donne pour quotient 7 plus un reste ; je dis que 67 est un nombre premier.

En effet, si ce nombre avait quelque diviseur plus grand que 9, ce diviseur donnerait nécessairement un quotient plus petit que 9, et par conséquent 67 aurait un facteur plus petit que 9, ce qui n'est pas, d'après l'essai ou la supposition. Donc, 67 n'a pas de diviseur plus grand que 9, par la raison qu'il n'en a pas de plus petit.

FACTEURS CORRESPONDANTS.

194. De ce qu'un diviseur relativement petit en a un autre plus grand qui lui correspond, et réciproquement, on en déduit un moyen assez prompt de trouver tous les diviseurs d'un nombre. Il suffit pour cela de le diviser, successivement, par les plus petits diviseurs qu'il puisse avoir, jusqu'à ce qu'on retrouve au quotient un diviseur déjà employé. Chaque division donnera au quotient un diviseur correspondant qui sera d'autant plus grand que le diviseur employé sera plus petit.

Soit, par exemple, à trouver de cette manière tous les diviseurs de 280.

Opération.

1	280
2	140
4	70
5	56
7	40
8	35
10	28
14	20

On écrit d'abord le plus petit diviseur qui est l'unité, et à côté son correspondant ou le nombre donné. Le plus petit diviseur après 1 est 2 ; on écrit 2 au-dessous de 1, et le diviseur correspondant est la moitié de 280 ou 140 que l'on écrit au-dessous. Le nombre 3, qui est premier, ne divisant pas 280, on peut en conclure qu'aucun de ses multiples ne sera diviseur du nombre donné. Le nombre 4, qui est double de 2, aura pour correspondant la moitié de celui du diviseur 2 ou 70. Les nombres 5 et 7 auront, respectivement, pour correspondants le 5ᵉ et le 7ᵉ de 280 ou 56 et 40. Enfin, les nombres 8, 10, et 14,

MOYENS PLUS SIMPLES DE TROUVER LE G. C. D., ETC. 79

étant, respectivement, le double de 4, 5 et 7, auront pour correspondants la moitié des nombres 70, 56 et 50 ou 35, 28 et 20.

Là se terminent les opérations, parce que l'on reconnaît que le nombre 280, n'a pas d'autre diviseur jusqu'à 20, dont le correspondant est 14, déjà trouvé ; et l'on voit, par des opérations très-simples, que le nombre donné a 16 diviseurs.

MOYENS DE SIMPLIFIER LA RECHERCHE DU GRAND COMMUN DIVISEUR ET DE TROUVER LE PLUS PETIT MULTIPLE DE PLUSIEURS NOMBRES.

195. Les théories précédentes donnent encore le moyen de simplifier la recherche du plus grand commun diviseur et de trouver le plus petit multiple de plusieurs nombres.

Un nombre quelconque ne pouvant avoir d'autres diviseurs que ses facteurs premiers et leurs diverses combinaisons, il s'ensuit que deux nombres ne peuvent avoir pour diviseurs communs que les facteurs premiers communs et les combinaisons communes de ces facteurs.

Donc le plus grand commun diviseur de plusieurs nombres est le produit de tous les facteurs premiers communs à ces nombres et élevés, respectivement, à la plus faible des puissances que ces nombres renferment.

Ainsi, l'on aura le plus grand commun diviseur des nombres 1960 et 924, par exemple, en les décomposant en leurs facteurs premiers et faisant ensuite le produit des facteurs communs.

On trouve : $1960 = 2^3 \times 5 \times 7^2$
$924 = 2^2 \times 3 \times 7 \times 11$

Donc, le plus G. C. D. cherché est $2^2 \times 7$ ou 28.

On voit de plus que les quotients respectifs sont $2 \times 5 \times 7$ ou 70, et 3×11 ou 33, c'est-à-dire, le produit des facteurs non communs (150).

196. La simplification directe du procédé est peut-être encore plus expéditive ; elle consiste à supprimer dans l'un des nombres ou dans l'un des restes, un facteur qui n'entre pas dans l'autre nombre ou dans le reste qui précède immédiatement. On conçoit que cette suppression ne peut pas altérer le G. C. D. qui ne se compose que des facteurs communs aux nombres donnés ou aux deux restes consécutifs.

On peut même supprimer un facteur commun, pourvu qu'on en tienne compte à la fin de l'opération en multipliant le résultat par le facteur commun supprimé.

Soit à trouver le P. C. C. D. des nombres 522 et 430.

Ces deux nombres ayant le facteur commun 2, on le supprime provisoirement, c'est-à-dire qu'on divise par 2, et il vient : 261 et 315. Le premier a le facteur 9, et le second, le facteur 5 qui ne sont pas communs ; en les supprimant, on a : 29 et 63.

Comme ces deux nombres sont premiers, leur G. C. D. est 1 ; donc, le G. C. D. des deux nombres proposés est 1×2 ou 2.

Par le procédé ordinaire, il aurait fallu faire 7 divisions pour arriver à ce résultat.

197. Pour obtenir le plus petit multiple commun à plusieurs nombres, il faut les décomposer en leurs facteurs premiers, puis former le produit de tous les facteurs premiers différents, en donnant à chacun d'eux le plus grand exposant dont il est affecté dans les nombres proposés.

Le produit ainsi formé est évidemment multiple de chacun des nombres proposés, puisqu'il en renferme tous les facteurs ; et il est en outre le plus petit multiple commun à tous, car, pour contenir un de ces nombres exactement, il doit en renfermer tous les facteurs à une puissance au moins égale à celle qui entre dans ce nombre.

Ainsi, les nombres 14, 30, 120 et 245, dont les facteurs premiers sont, respectivement : $2 \times 7, 2 \times 3 \times 5, 2^3 \times 3 \times 5, 5 \times 7^2$, auront pour multiple le plus simple :

$$2^3 \times 3 \times 5 \times 7^2 \text{ ou } 5880.$$

De même, les nombres 924, 3300, 5775, 4620, dont les facteurs premiers sont : $2^2 \times 3 \times 7 \times 11, 2^2 \times 3 \times 5^2 \times 11, 3 \times 5^2 \times 7 \times 11, 2^2 \times 3 \times 5 \times 7 \times 11$, auront pour multiple le plus simple :

$$2^2 \times 3 \times 5^2 \times 7 \times 11 = 23.100.$$

CHAPITRE IV.

DES FRACTIONS.

198. Une fraction est une ou plusieurs parties de l'unité divisée en parties égales.

Si, par exemple, on partage une pomme en cinq parties égales, chaque morceau sera une fraction de la pomme et se nommera un *cinquième*; et si l'on prend trois de ces morceaux, on aura *trois cinquièmes*.

199. On représente les fractions par deux nombres placés l'un au-dessus de l'autre et séparés par un trait. Ainsi, *un cinquième* s'écrit : $\frac{1}{5}$ ou 1/5 ; *trois cinquièmes* s'écrivent : $\frac{3}{5}$ ou 3/5.

200. Le nombre supérieur se nomme *numérateur;* et le nombre inférieur, *dénominateur;* ces deux nombres s'appellent encore les deux *termes* de la fraction.

201. Le numérateur indique combien la fraction contient de parties de l'unité, et le dénominateur indique en combien de parties égales l'unité est divisée.

Ainsi, la fraction $\frac{7}{9}$ indique que l'unité est partagée en 9 parties égales, et qu'on en prend 7.

202. Pour énoncer une fraction écrite, on lit d'abord le numérateur, puis le dénominateur auquel on ajoute la terminaison *ième*.

Ainsi, $\frac{4}{5}$ s'énonce *quatre cinquièmes;* $\frac{13}{15}$, *treize quinzièmes*. Il n'y a d'excepté que les dénominateurs 2, 3, 4, qu'on lit : *demi, tiers, quart;* $\frac{1}{2}$, $\frac{2}{3}$, $\frac{3}{4}$ se lisent : *un demi, deux tiers, trois quarts*.

203. On peut encore considérer une fraction comme exprimant le quotient du numérateur divisé par le dénominateur; et, réciproquement, dans une division, le dividende peut être considéré comme le numérateur d'une fraction

4.

dont le diviseur est le dénominateur. Ainsi, la fraction $\frac{7}{9}$ représente le quotient de 7 divisé par 9 ; et 7 divisé par 9 peut s'écrire : $\frac{7}{9}$.

En effet, diviser 7 par 9, c'est prendre la 9ᵉ partie de 7 ; or, la 9ᵉ partie de 1 est $\frac{1}{9}$: donc, celle de 7, qui est sept fois plus grande, s'écrira : $\frac{7}{9}$; et 7 divisé par $9 = \frac{7}{9}$: d'où il suit que ces expressions *sept neuvièmes*, ou *sept divisé par neuf*, ou *sept fois la neuvième partie d'une unité*, ou *la neuvième partie de sept unités*, signifient toutes la même chose.

Il y a même un si grand rapport entre la division et une fraction, que les principes de la première sont également applicables à la seconde, et réciproquement.

204. Cette manière de considérer les fractions permet de compléter le quotient d'une division qui n'a pu se faire exactement. Par exemple, si l'on a 38 à diviser par 7, le quotient est 5 pour 35, et il reste 3 à diviser par 7, c'est-à-dire, $\frac{3}{7}$. Le quotient complet est donc $5\frac{3}{7}$ ou 5 unités plus $\frac{3}{7}$.

205. La grandeur d'une fraction dépend essentiellement du rapport qui existe entre le numérateur et le dénominateur. C'est la conséquence nécessaire de la définition qui a été donnée de l'un et de l'autre. Ainsi,

1° *Lorsque le numérateur est égal au dénominateur, la fraction égale l'unité*, parce qu'alors on en prend toutes les parties : $\frac{9}{9}$.

2° *Lorsque le numérateur est plus petit que le dénominateur, la fraction est plus petite que l'unité*, parce qu'on a moins de parties que n'en renferme l'unité : $\frac{5}{9}$.

3° *Lorsque le numérateur est plus grand que le dénominateur la fraction est plus grande que l'unité*, parce qu'on a plus de parties qu'il n'en faut pour l'unité : $\frac{17}{9}$.

206. *De deux fractions qui ont le même numérateur, la plus grande est celle qui a le plus petit dénominateur.* $\frac{3}{4}$ est plus grand que $\frac{3}{8}$: car, dans les deux fractions, on a 3 parties de l'unité ; mais, dans la seconde, elles sont plus petites, puisque l'unité, au lieu d'être divisée en 4, est divi-

sée en 8. La 4ᵉ partie de l'unité ou $\frac{1}{4}$ est plus grand que la 8ᵉ partie de l'unité ou $\frac{1}{8}$. Donc, $\frac{3}{4}$ est plus grand que $\frac{3}{8}$.

Si les dénominateurs sont les mêmes, la plus grande est celle qui a le plus grand numérateur; c'est évident, puisqu'elle contient plus de parties et que les parties dans les deux fractions sont égales. La fraction $\frac{7}{12}$ est plus grande que la fraction $\frac{5}{12}$, comme 7 est plus grand que 5.

207. *Plus le numérateur d'une fraction est petit, le dénominateur restant le même, moins la fraction a de valeur :* car, en diminuant le numérateur sans toucher au dénominateur, on prend moins de parties et on les laisse aussi petites.

Au contraire, *plus le dénominateur est petit, le numérateur restant le même, plus la fraction a de valeur :* car, en diminuant le dénominateur sans toucher au numérateur, on rend les parties plus grandes et on en prend toujours le même nombre.

208. Il y a donc deux moyens de multiplier une fraction par un nombre entier : *multiplier le numérateur sans toucher au dénominateur, ou diviser le dénominateur sans toucher au numérateur.*

Dans le premier cas, on prend plus de parties sans les rendre plus petites ; dans le second cas, on les rend plus grandes et on en prend autant.

209. Il y a également deux moyens de diviser une fraction par un nombre entier : *diviser le numérateur sans toucher au dénominateur, ou multiplier le dénominateur sans toucher au numérateur.* Dans le premier cas, on prend moins de parties sans les rendre plus grandes ; dans le second cas, on les rend plus petites, sans en prendre davantage.

210. Il suit de là qu'*on ne change pas la valeur d'une fraction, en multipliant ou divisant ses deux termes par un même nombre.* Il est évident, par ce qui précède, que les deux opérations se compensent : $\frac{3}{4} = \frac{3 \times 12}{4 \times 12} = \frac{36}{48}$. S'il y a 12 fois plus de parties, 36 au lieu de 3, ces parties sont

12 fois plus petites, puisque l'unité, au lieu d'être divisée en 4, est divisée en 48.

211. Deux fractions qui ont la même valeur, sous une forme différente, sont dites équivalentes: $\frac{4}{8} = \frac{1}{2}$, ou en est l'équivalent.

212. Si aux deux termes d'une fraction plus petite que l'unité, telle que $\frac{5}{6}$, on ajoute un même nombre, 7 par exemple, on obtient une seconde fraction $\frac{12}{13}$ plus grande que la première. En effet, ces deux fractions diffèrent de l'unité, respectivement, de $\frac{1}{6}$ et de $\frac{1}{13}$. Or, $\frac{1}{6}$ est plus grand que $\frac{1}{13}$. Donc, la fraction $\frac{12}{13}$ approche plus de l'unité, donc elle est plus grande.

L'augmentation est d'autant plus grande que le nombre ajouté est plus grand: car la différence entre la nouvelle fraction et l'unité est toujours exprimée par une fraction dont le dénominateur augmente indéfiniment, tandis que le numérateur reste constamment le même, puisqu'il n'est que la différence entre les deux termes de la fraction primitive, et que ces deux termes augmentent du même nombre. Cependant, on n'arrivera jamais, de cette manière, à rendre la fraction égale à l'unité, parce que les deux termes étant inégaux l'addition d'un même nombre ne peut pas en faire disparaître la différence.

213. Par une raison inverse, la fraction diminue de valeur, quand on ôte de ses deux termes un même nombre. En ôtant 4 de la fraction $\frac{7}{8}$, on a la fraction $\frac{3}{4}$, qui diffère de l'unité de $\frac{1}{4}$, tandis que $\frac{7}{8}$ n'en diffère que de $\frac{1}{8}$.

Quand les deux termes sont égaux, en les augmentant ou les diminuant d'un même nombre, on ne change pas la valeur de la fraction; elle représente toujours l'unité: $\frac{2}{2} = \frac{8}{8} = \frac{5}{5}$, etc.

214. Dans les nombres fractionnaires, c'est le contraire des fractions; la valeur de ces nombres diminue quand on ajoute un même nombre aux deux termes; et elle augmente, quand on ôte des deux termes le même nombre.

En ajoutant 5 à $\frac{15}{5}$, on a $\frac{20}{10} = 2$; et $\frac{15}{5} = 3$.

En ôtant 5 de $\frac{21}{9}$, on a $\frac{16}{4} = 4$, et $\frac{21}{9} = 2\frac{3}{9}$.

215. La raison générale des faits ci-dessus est que le plus

petit des deux termes, soit de la fraction, soit du nombre fractionnaire, augmente, proportionnellement, plus que l'autre. Ainsi, quand on ajoute 5 aux deux termes de l'expression $\frac{15}{5}$, on a $\frac{20}{10}$; le dénominateur se trouve doublé et le numérateur n'est augmenté que d'un tiers. Si l'on ajoute 5 aux deux termes de la fraction $\frac{5}{15}$, le plus petit nombre ou le numérateur est doublé, tandis que le dénominateur n'augmente que d'un tiers. Donc, dans le cas d'un nombre fractionnaire, le nombre des parties augmente plus que la grandeur de ces parties ne diminue ; et, dans le cas d'une fraction, la grandeur des parties diminue plus que le nombre de ces mêmes parties n'augmente. Donc, etc.

216. Parmi les fractions, on distingue celles qui ont pour dénominateur l'unité suivie d'un ou de plusieurs zéros. On les appelle *fractions décimales*. Les autres sont appelées *fractions ordinaires* ou *fractions à deux termes*.

PREMIÈRE SECTION.

DES FRACTIONS ORDINAIRES.

§ I.

Réductions des fractions.

217. Afin d'effectuer plus facilement les opérations fondamentales sur les fractions, il arrive assez fréquemment qu'on fait subir à celles-ci certains changements ou transformations qui n'en altèrent pas la valeur : c'est ce qu'on appelle les *réductions des fractions*.

218. Il y a quatre réductions principales, savoir : 1° réduire des entiers en fractions ; 2° réduire des fractions en entiers ; 3° réduire les fractions à leur plus simple expression ou à de moindres termes ; 4° réduire des fractions au même dénominateur.

1° RÉDUCTION DES ENTIERS EN FRACTIONS.

219. On peut toujours représenter un nombre entier sous

forme de fraction, en lui donnant l'unité pour dénominateur. Il est évident, par exemple, que 7/1 est la même chose que 7 unités ; mais on peut avoir besoin d'un dénominateur autre que l'unité, ou l'on peut avoir à réduire en une seule expression fractionnaire des entiers accompagnés d'une fraction.

Pour réduire des entiers en fractions, il faut multiplier les entiers par le dénominateur donné ; et, s'il y a une fraction jointe aux entiers, on ajoute le numérateur au produit qui devient le numérateur de la nouvelle fraction.

Soit à réduire 5 entiers en quarts.

Puisque l'unité vaut 4 quarts, 5 unités vaudront 5 fois 4 quarts ou $\frac{4 \times 5}{4} = \frac{20}{4}$.

Par la même raison, 7 entiers $\frac{2}{9}$ vaudront 7 fois 9 neuvièmes, ou $\frac{7 \times 9}{9}$ plus $\frac{2}{9}$ ou $\frac{65}{9}$.

2° RÉDUCTION DES FRACTIONS EN ENTIERS.

220. Réduire les fractions en entiers, c'est extraire les entiers qui se trouvent dans un nombre fractionnaire.

Pour extraire les entiers d'un nombre fractionnaire, il faut diviser le numérateur par le dénominateur ; le quotient donne les entiers ; et, s'il y a un reste, on en fait le numérateur d'une fraction qui a, pour dénominateur, le dénominateur du nombre fractionnaire.

Soit à réduire $\frac{25}{9}$ en entiers.

Comme l'unité vaut $\frac{9}{9}$, il est clair qu'autant de fois 25 contient 9 autant il y a d'unités dans $\frac{25}{9}$. En effectuant la division, on trouve 2 pour quotient et un reste 7 ; donc, $\frac{25}{9}$ égale 2 unités plus $\frac{7}{9}$.

On voit que ces deux premières réductions sont l'inverse l'une de l'autre et qu'elles peuvent se servir réciproquement de preuve.

3° RÉDUCTION DES FRACTIONS A DE MOINDRES TERMES OU A LEUR PLUS SIMPLE EXPRESSION.

221. Réduire une fraction à de moindres termes ou la

RÉDUCTION AU MÊME DÉNOMINATEUR.   87

simplifier, c'est la représenter par des nombres plus petits sans qu'elle diminue de valeur. Cette simplification, qui donne une idée plus nette de la fraction et permet d'abréger les calculs, repose sur ce principe qu'on peut diviser les deux termes d'une fraction par un même nombre, sans en changer la valeur.

222. Le premier moyen qui se présente pour simplifier une fraction, c'est de diviser ses deux termes par les diviseurs qui leur sont communs, et que l'on reconnaît d'après les caractères de divisibilité donnés aux nos 178 et suivants.

Ainsi, les deux termes de la fraction $\frac{48}{54}$ étant divisibles par 2, on effectue cette division, et il vient : $\frac{24}{27}$. En divisant les deux termes $\frac{24}{27}$ par 3, on obtient : $\frac{8}{9}$, qui est la plus simple expression de la fraction proposée.

De même, les deux termes de la fraction $\frac{1764}{2520}$ étant, successivement, divisés par 4, par 9 et par 7, on a :

$$\frac{1764}{2520} = \frac{441}{630} = \frac{49}{70} = \frac{7}{10}.$$

223. On dit qu'une fraction est *réductible*, quand ses deux termes peuvent être divisés par le même nombre sans reste ; et qu'elle est irréductible, quand ils n'ont pas de diviseur commun : d'où il suit, évidemment, que toute fraction irréductible a ses deux termes premiers entre eux ; et, réciproquement, qu'une fraction dont les deux termes sont premiers entre eux est irréductible, parce qu'ils n'ont point de diviseur commun. Donc, on obtiendra encore la plus simple expression d'une fraction en divisant ses deux termes par leur plus grand commun diviseur (166).

Soit à réduire à sa plus simple expression la fraction $\frac{504}{792}$

On cherche le plus grand commun diviseur des nombres 792 et 504. On trouve 72, par lequel on divise les deux termes de la fraction, et l'on obtient ainsi $\frac{7}{11}$, pour la plus simple expression demandée.

4° RÉDUCTION DES FRACTIONS AU MÊME DÉNOMINATEUR.

224. Cette réduction a pour but de ramener plusieurs fractions à la même espèce en leur donnant le même dénominateur.

FRACTIONS ORDINAIRES.

Pour réduire plusieurs fractions au même dénominateur, il faut multiplier les deux termes de chacune par le produit des dénominateurs de toutes les autres.

Soit à réduire au même dénominateur les deux fractions $\frac{3}{5}$ et $\frac{4}{7}$.

En multipliant les deux termes de chacune par le dénominateur de l'autre, on a :

$$\frac{3 \times 7}{5 \times 7} = \frac{21}{35}, \text{ et } \frac{4 \times 5}{7 \times 5} = \frac{20}{35}.$$

De même, les fractions $\frac{2}{3}$, $\frac{4}{5}$ et $\frac{6}{7}$ deviennent, respectivement :

$$\frac{2 \times 5 \times 7}{3 \times 5 \times 7} = \frac{70}{105}; \frac{4 \times 3 \times 7}{5 \times 3 \times 7} = \frac{84}{105}; \frac{6 \times 3 \times 5}{7 \times 3 \times 5} = \frac{90}{105}.$$

Il est évident que les nouvelles fractions ainsi obtenues sont égales aux premières, puisque les deux termes de chacune sont multipliés par le même nombre ; et qu'elles doivent avoir le même dénominateur, puisque ce dénominateur est le produit des mêmes facteurs.

225. Lorsqu'on a plus de trois fractions, il est avantageux d'appliquer la règle générale de la manière suivante.

On choisit un nombre appelé DÉNOMINATEUR COMMUN, tel qu'il puisse être divisé sans reste par tous les dénominateurs des fractions données ; on divise ce nombre par chacun de ces dénominateurs, et l'on multiplie les deux termes de chaque fraction par le quotient.

On peut toujours obtenir le dénominateur commun en multipliant, les uns par les autres, les dénominateurs des fractions proposées.

Soit à réduire les fractions, $\frac{6}{7}$, $\frac{3}{4}$, $\frac{4}{5}$, $\frac{2}{3}$.

Opération.

$7 \times 4 \times 5 \times 3 = 420$, dénominateur commun.

$$\frac{6}{7} \times 60 = \frac{360}{420}$$
$$\frac{3}{4} \times 105 = \frac{315}{420}$$
$$\frac{4}{5} \times 84 = \frac{336}{420}$$
$$\frac{2}{3} \times 140 = \frac{280}{420}$$

Après avoir multiplié entre eux les quatre dénominateurs

RÉDUCTION AU MÊME DÉNOMINATEUR. 89

donnés, on met le produit 420, ou le dénominateur commun, en évidence au-dessus des fractions proposées. On divise ce nombre par 7, par 4, par 5, et par 3; on a pour quotient 60, 105, 84 et 140, qu'on écrit à la droite des fractions données; on multiplie les deux termes de chacune de ces fractions par le quotient correspondant, et l'on obtient les quatre nouvelles fractions ci-dessus, évidemment égales aux quatre fractions primitives (210) et nécessairement réduites au même dénominateur (223).

226. L'habitude du calcul fait souvent apercevoir des simplifications qui abrégent l'opération. Voici les principales.

Tout multiple commun aux dénominateurs des fractions proposées peut être choisi pour dénominateur commun, puisque la multiplication des dénominateurs des fractions n'a pour but que de trouver ce multiple commun. Or, il est évident que si, parmi ces dénominateurs, il y en a qui soient sous-multiples de quelque autre, on peut se dispenser de les comprendre dans la multiplication.

Ainsi, dans les fractions $\frac{6}{8}$, $\frac{11}{12}$, $\frac{14}{32}$, $\frac{19}{36}$, 8 étant sous-multiple de 32, et 12 sous multiple de 36, le dénominateur sera $32 \times 36 = 1152$, sur lequel on opèrera comme ci-dessus.

227. Quelquefois aussi, parmi les dénominateurs des fractions proposées, il s'en trouve un qui est multiple de tous les autres, ou qui le devient si on le multiplie par un certain nombre. C'est ce dénominateur ou son multiple qu'il faut alors choisir pour dénominateur commun, et on opère ensuite comme il a été dit.

Ainsi, dans les fractions $\frac{3}{4}$, $\frac{5}{6}$, $\frac{9}{12}$, $\frac{7}{18}$, $\frac{21}{36}$, c'est 36 qui doit être dénominateur commun.

Dans les fractions $\frac{2}{3}$, $\frac{5}{9}$, $\frac{7}{12}$, $\frac{13}{18}$, 18 est multiple de 3 et de 9 sans l'être de 12; mais le double de 18, ou 36, est multiple de 12. 36 serait encore ici le dénominateur commun.

228. Il arrive même quelquefois que l'on peut simplifier davantage. Par exemple, en multipliant les deux termes des fractions $\frac{3}{6}$, $\frac{8}{12}$ et $\frac{17}{18}$, respectivement, par les nombres 6, 3 et 2, on a les nouvelles fractions : $\frac{18}{36}$, $\frac{24}{36}$, $\frac{34}{36}$, qui ont

le même dénominateur; et comme $\frac{8}{12}$ égale $\frac{4}{6}$, les trois fractions proposées seront également réduites au même dénominateur si l'on multiplie par 3 les deux termes des fractions $\frac{3}{6}$ et $\frac{4}{6}$. On aura ainsi : $\frac{9}{18}$, $\frac{12}{18}$, et $\frac{17}{18}$.

229. Enfin, si l'on veut obtenir la plus grande simplification possible, il faut chercher le plus petit multiple des dénominateurs (179) des fractions proposées, pour en faire le dénominateur commun et opérer comme ci-dessous.

Soit à réduire les fractions $\frac{7}{8}$, $\frac{11}{15}$, $\frac{17}{20}$ et $\frac{24}{36}$.

Décomposant les dénominateurs en leurs facteurs premiers, il vient : $8 = 2 \times 2 \times 2 = 2^3$; $15 = 3 \times 5$; $20 = 2 \times 2 \times 5 = 2^2 \times 5$; $36 = 2 \times 2 \times 3 \times 3 = 2^2 \times 3^2$.

Le plus petit multiple ou le D. C. est donc
$$2^3 \times 3^2 \times 5 = 360.$$

$$\frac{7}{8} \times 45 = \frac{315}{360}$$
$$\frac{11}{15} \times 24 = \frac{264}{360}$$
$$\frac{17}{20} \times 18 = \frac{306}{360}$$
$$\frac{24}{36} \times 10 = \frac{240}{360}$$

En effectuant les multiplications comme il a été dit, on trouve les quatre nouvelles fractions réduites au plus petit dénominateur commun, 360. On voit, d'ailleurs, que les quotients respectifs sont : $3^2 \times 5 = 45$; $2^3 \times 3 = 24$; $2 \times 3^2 = 18$; $2 \times 5 = 10$.

Si l'on avait préalablement simplifié la fraction $\frac{24}{36}$ qui égale $\frac{2}{3}$, le dénominateur aurait été $2^3 \times 3 \times 5 = 120$, et les fractions proposées seraient devenues :
$$\frac{105}{120}, \frac{88}{120}, \frac{102}{120}, \frac{240}{120}.$$

En suivant la méthode ordinaire, on aurait eu 86400 pour dénominateur commun.

§ II.

Opérations sur les fractions.

ADDITION DES FRACTIONS.

230. Pour additionner des fractions qui sont au même

ADDITION.

dénominateur, il faut ajouter ensemble tous les numérateurs, et donner à leur somme le dénominateur commun.

Ainsi, $\frac{5}{12} + \frac{7}{12} + \frac{8}{12} + \frac{11}{12} = \frac{5+7+8+11}{12} = \frac{31}{12} = 2\frac{7}{12}$.

En effet, le dénominateur indiquant seulement l'espèce des parties, pour savoir le nombre de ces parties, il suffit d'additionner les numérateurs.

231. Si les fractions ne sont pas au même dénominateur, on les y réduit, et l'on additionne ensuite les nouvelles fractions.

Soit à additionner $\frac{2}{3}$, $\frac{4}{5}$, $\frac{6}{7}$, $\frac{8}{9}$.

Opération. $5 \times 7 \times 9 = 315$ D. C.

$$\frac{2}{3} \times 105 = 210/315 \ (1)$$
$$\frac{4}{5} \times 63 = 252/315$$
$$\frac{6}{7} \times 45 = 270/315$$
$$\frac{8}{9} \times 35 = 280/315$$
$$\overline{1012/315 = 3\tfrac{67}{315}}.$$

232. S'il y a des entiers joints aux fractions, on additionne d'abord les fractions, puis les entiers, en y ajoutant les entiers obtenus par l'addition des fractions.

Soit à additionner $4\frac{3}{5}$, $7\frac{8}{9}$, $12\frac{11}{15}$.

Opération. $9 \times 15 = 135$ D. C.

$$4\frac{3}{5} \times 27 = 81$$
$$7\frac{8}{9} \times 15 = 120 \quad | 135$$
$$12\frac{11}{15} \times 9 = 99$$

Total des entiers 23   300 | 135
Total des fractions 2 $\frac{2}{9}$ 30 | 2 $\frac{30}{135} = \frac{2}{9}$
Total général   25 $\frac{2}{9}$

---

(1) Nous nous servirons indifféremment du trait horizontal ou du trait vertical, selon que l'un ou l'autre sera d'un emploi plus facile soit pour l'impression, soit pour les opérations.

SOUSTRACTION DES FRACTIONS.

233. Si les deux fractions sont au même dénominateur, on retranche le numérateur de la plus petite du numérateur de la plus grande, et l'on donne au reste le dénominateur commun. Ainsi, 7/18 ôté de 15/18 donne : $\frac{15}{18} - \frac{7}{18} = \frac{15-7}{18} = \frac{8}{18}$ ou $\frac{4}{9}$, en simplifiant.

Le dénominateur ne servant qu'à indiquer l'espèce des parties, et ce dénominateur étant le même, il est évident qu'on aura la différence des fractions en prenant la différence des numérateurs.

234. Si les fractions ne sont pas au même dénominateur, on les y réduit, et l'on opère sur les nouvelles fractions comme il a été dit.

Soit $\frac{4}{15}$ à ôter de $\frac{8}{9}$.

$$\text{Opération.} \quad \begin{array}{l} \frac{8}{9} \times 15 = 120 \\ \frac{4}{15} \times 9 = 36 \end{array} \bigg| \; 135$$

Reste   84 / 135 ou 28/45.

235. Quand on a des entiers joints aux fractions, on fait d'abord la soustraction des fractions, puis celle des entiers ; et, si la fraction inférieure est plus grande que la fraction supérieure, on augmente celle-ci d'une unité, en ajoutant le dénominateur au numérateur ; ensuite, par compensation, on ajoute aussi une unité au nombre entier inférieur.

Soit le nombre $6\frac{7}{8}$ à retrancher de $12\frac{2}{3}$.

$$\text{Opération.} \quad \begin{array}{l} 12\frac{2}{3} \times 8 = 16 \\ 6\frac{7}{8} \times 3 = 21 \end{array} \bigg| \; 24$$

Reste   5   19 / 24

Comme on ne peut pas retrancher 21/24 de 16/24, on ajoute 1 unité, qui vaut $\frac{24}{24}$, au numérateur 16, ce qui donne $\frac{40}{24}$, et l'on dit : $\frac{21}{24}$ ôté de $\frac{10}{24}$ reste $\frac{19}{24}$ qu'on écrit au-dessous des fractions ; puis, passant aux entiers, et ajoutant 1 au nombre inférieur, on dit : 1 de retenue et 6 font 7 ôté de 12 reste 5. L'on trouve ainsi 5 $\frac{19}{24}$ pour la différence cherchée.

On trouverait de même que $\frac{3}{4}$ ôté de 6, par exemple, revient à
$$6 + 1 = 6 \ 4/4$$
Moins $\qquad\qquad\quad 1 \ 3/4$
Reste $\qquad\qquad\quad \overline{5 \ 1/4}$

MULTIPLICATION DES FRACTIONS.

236. On peut avoir à multiplier : 1° des fractions par des entiers ; 2° des entiers par des fractions ; 3° des fractions par des fractions ; 4° des entiers joints à une fraction.

237. Pour multiplier une fraction par un nombre entier, on multiplie le numérateur par le nombre entier et l'on donne au produit le dénominateur ; ou, si la division du dénominateur est possible, on le divise par le nombre entier, sans toucher au numérateur (n° 208). Ainsi, pour multiplier $\frac{9}{12}$ par 4, on écrira : $\frac{9 \times 4}{12} = \frac{36}{12} = 3$ unités ; ou bien $\frac{9}{12 : 4} = \frac{9}{3} = 3$ unités.

238. Pour multiplier un nombre entier par une fraction, on multiplie le nombre entier par le numérateur, et l'on donne au produit le dénominateur ; ou, si la division du nombre entier par le dénominateur est possible, on l'effectue pour simplifier l'opération.

Ainsi, 14 multiplié par $\frac{5}{7} = \frac{14 \times 5}{7} = \frac{70}{7} = 10$; ou bien : $= \frac{14 \times 5}{7} = \frac{2 \times 5}{1} = 2 \times 5 = 10$.

En effet, multiplier 14 par $\frac{5}{7}$, c'est prendre 5 fois la septième partie de 14. Or, la septième partie de 14 et $\frac{14}{7}$ et 5 fois $\frac{14}{7} = \frac{14 \times 5}{7} = \frac{70}{7} = 10$; ou, plus simplement, en effectuant la division : le septième de 14 est 2 ; et $5 \times 2 = 10$.

239. Pour multiplier une fraction par une fraction, il

faut multiplier numérateur par numérateur et dénominateur par dénominateur, et donner le second produit pour dénominateur au premier.

Ainsi, pour multiplier $\frac{5}{8}$ par $\frac{3}{4}$, par exemple, on aura : $\frac{5 \times 3}{8 \times 4} = \frac{15}{32}$.

En effet, multiplier $\frac{5}{8}$ par $\frac{3}{4}$, c'est prendre trois fois la quatrième partie de $\frac{5}{8}$. Or, la quatrième partie de $\frac{5}{8}$ est $\frac{5}{8 \times 4} = \frac{5}{32}$ (n° 209) ; et trois fois cette quatrième partie, ou trois fois $\frac{5}{32}$, c'est $\frac{5 \times 3}{32} = \frac{15}{32}$ (n° 208). Donc, pour multiplier une fraction par une fraction, il faut, etc.

On peut dire encore qu'en multipliant seulement 5 par 3, on multiplierait un nombre 8 fois trop grand par un nombre aussi quatre fois trop grand, puisque 5 et 3 sont divisés, respectivement, par 8 et par 4. Donc le produit 5×3 est 8 fois 4 fois trop fort ; et, pour le ramener à sa juste valeur, il faut le diviser par 8×4 et écrire : $\frac{5 \times 3}{8 \times 4} = \frac{15}{32}$.

240. Enfin, si l'on a des entiers joints aux fractions, on réduit les entiers en fractions, puis on opère comme ci-dessus.

Soit à multiplier $7\frac{3}{4}$ par $5\frac{2}{3}$.

$7\frac{3}{4}$ revient à $\frac{7 \times 4 + 3}{4} = \frac{31}{4}$; et $5\frac{2}{3} = \frac{5 \times 3 + 2}{3} = \frac{17}{3}$; d'où l'on a : $\frac{31}{4} \times \frac{17}{3} = \frac{31 \times 7}{4 \times 3} = \frac{527}{12} = 43\frac{11}{12}$.

FRACTIONS DE FRACTIONS.

241. On appelle *fractions de fractions* une ou plusieurs parties d'une fraction divisée en un nombre quelconque de parties égales. Par exemple, le $\frac{1}{3}$ de $\frac{3}{4}$; ou la $\frac{1}{2}$ des $\frac{4}{7}$ de $\frac{3}{8}$ etc.

242. C'est par la multiplication qu'on prend les fractions de fractions, puisque multiplier une fraction par une fraction c'est prendre de la fraction multiplicande la partie indiquée par la fraction multiplicateur. Ainsi, $\frac{2}{3} \times \frac{3}{4} = \frac{6}{12}$, fraction qui exprime les $\frac{2}{3}$ des $\frac{3}{4}$ de l'unité ou les $\frac{6}{12}$ de l'unité.

DIVISION.

Donc, pour évaluer les fractions de fractions et les réduire en fractions de l'unité, il faut multiplier les numérateurs entre eux, et les dénominateurs entre eux.

Soit à prendre les $\frac{2}{3}$ des $\frac{4}{5}$ des $\frac{6}{8}$ de 15. Les 15 unités pouvant se mettre sous forme de fraction, $\frac{15}{1}$, on a :

$$\frac{2\times 4\times 6\times 15}{3\times 5\times 8\times 1} = \frac{720}{120} = 6 \text{ unités.}$$

On arriverait à ce résultat, presque sans calcul, en supprimant les facteurs communs aux deux termes.

$$\frac{2\times 4\times \overset{2}{\cancel{6}}\times \overset{3}{\cancel{15}}}{\cancel{3}\times \cancel{5}\times \cancel{8}\times \cancel{1}} = \frac{2\times 3}{1} = \frac{6}{1} = 6.$$

DIVISION DES FRACTIONS.

243. On peut avoir à diviser : 1° une fraction par une fraction ; 2° une fraction par un nombre entier ; 3° un nombre entier par une fraction ; 4° des entiers joints à des fractions.

Nous commençons par le cas général, afin d'abréger les raisonnements.

244. Pour diviser une fraction par une fraction, il faut multiplier la fraction dividende par la fraction diviseur renversée.

Soit à diviser la fraction 5/8 par la fraction 3/4.

On aura, d'après la règle ci-dessus :

$$\frac{5}{8} : \frac{3}{4} = \frac{5}{8} \times \frac{4}{3} = \frac{5\times 4}{8\times 3} = \frac{20}{24} = \frac{5}{6}.$$

En effet, diviser $\frac{5}{8}$ par $\frac{3}{4}$ c'est chercher un quotient dont les $\frac{3}{4}$ égalent $\frac{5}{8}$, puisque le diviseur $\frac{3}{4}$ multiplié par le quotient doit reproduire le dividende $\frac{5}{8}$. La fraction $\frac{5}{8}$ renferme par conséquent trois fois le quart du quotient : donc, en prenant le $\frac{1}{3}$ de $\frac{5}{8}$, ce qui donne $\frac{5}{8\times 3}$, on a le quart du quotient cherché ; et, pour obtenir ce quotient lui-même, il faut prendre 4 fois ce quart. On obtient ainsi $\frac{5\times 4}{8\times 3}$, c'est-à-dire, la fraction dividende multiplié par la fraction diviseur renversée.

On peut dire encore que si l'on divisait seulement 5 par 3, on aurait $\frac{5}{3}$; mais, on diviserait alors par un nombre 4 fois trop fort, 3 au lieu de $\frac{3}{4}$: donc, le quotient serait 4 fois trop petit, et il faudrait le rendre 4 fois plus grand en écrivant $\frac{5 \times 4}{3}$. D'un autre côté, on diviserait un nombre 8 fois trop grand, 5 au lieu de $\frac{5}{8}$: donc, le quotient $\frac{5 \times 4}{3}$ serait 8 fois trop grand, et il faudrait le rendre 8 fois plus petit en écrivant $\frac{5 \times 4}{3 \times 8}$, ou ce qui est la même chose $\frac{5 \times 4}{8 \times 3}$.

245. Si l'un des termes de la division est un nombre entier, c'est-à-dire, si l'on a à diviser une fraction par un nombre entier, ou un nombre entier par une fraction, il faut mettre le nombre entier sous forme de fraction, et opérer comme ci-dessus.

Soit $\frac{5}{7}$ à diviser par 3.

On aura : $\frac{5}{7} : 3 = \frac{5}{7} : \frac{3}{1} = \frac{5}{7} \times \frac{1}{3} = \frac{5}{21}$.

De même, 3 divisé par $\frac{5}{7}$ revient à $\frac{3}{1} : \frac{5}{7} = \frac{3}{1} \times \frac{7}{5} = \frac{21}{5}$.

La règle donnée pour ces deux cas est plus générale et d'une application plus facile; mais il est clair que, pour diviser $\frac{6}{7}$ par 3, par exemple, il suffit de multiplier le dénominateur par 3, ce qui donne $\frac{6}{21} = \frac{2}{7}$; ou de prendre le tiers du numérateur sans toucher au dénominateur, ce qui donne également $\frac{2}{7}$ (209).

De même, 3 divisé par $\frac{6}{7} = \frac{3 \times 7}{6} = \frac{21}{6} = \frac{7}{2} = 3\frac{1}{2}$.

En divisant 3 par 6, on a un quotient, $\frac{3}{6}$, qui est 7 fois trop faible, puisqu'on ne doit diviser 3 que par $\frac{6}{7}$. Donc il faut le rendre 7 fois plus fort, ce qu'on fait en écrivant : $\frac{3 \times 7}{6}$ ou $\frac{21}{6}$.

246. Si les fractions étaient accompagnées d'entiers, on réduirait ces entiers en fractions, et l'on opèrerait encore comme il vient d'être dit.

Par exemple, $4\frac{2}{3}$ divisé par $2\frac{3}{4}$ donne : $\frac{4 \times 3 + 2}{3} : \frac{2 \times 4 + 3}{4}$
$= \frac{14}{3} : \frac{11}{4} = \frac{14 \times 4}{3 \times 11} = \frac{56}{33} = 1\frac{23}{33}$.

§ III.

Évaluation approximative des fractions.

247. Quand on a une fraction *irréductible* dont les termes sont des nombres assez grands, il est difficile de se former une idée bien nette de sa valeur ; or, il y a deux moyens de remplacer cette fraction par une autre fraction plus simple qui en approche plus ou moins.

248. Le premier moyen a quelque analogie avec la réduction des entiers en fractions ; il consiste à transformer la fraction irréductible en une autre dont le dénominateur est donné. Pour cela, on multiplie la première fraction par le dénominateur donné, on extrait les entiers qui se trouvent dans le produit, et on leur donne ce dénominateur.

Soit à évaluer en cinquièmes la fraction $\frac{47}{89}$.

Il est clair que $\frac{47}{89}$ d'unité valent 5 fois plus de cinquièmes de l'unité qu'ils ne valent l'unité même. On aura donc : $\frac{\frac{47}{89} \times 5}{5} = \frac{\frac{47 \times 5}{89}}{5}$; et, en effectuant la double opération indiquée par $\frac{47 \times 5}{89}$, on trouve pour quotient 2 et 57 pour reste. Donc, la fraction proposée est comprise entre 2/5 et 3/5 ; et, comme le reste 57 surpasse la moitié du diviseur 89, elle est plus près de 3/5 que de 2/5.

249. Le second moyen d'obtenir la valeur approchée d'une fraction est de diviser ses deux termes par son numérateur, ce qui donne une nouvelle fraction ayant pour numérateur l'unité et pour dénominateur un nombre entier plus une fraction.

En appliquant ce procédé à la fraction $\frac{37}{85}$, par exemple, on trouve $\frac{1}{2+\frac{11}{37}}$; ce qui fait voir déjà que la fraction proposée est comprise entre $\frac{1}{2}$ et $\frac{1}{3}$, puisque le dénominateur, $2 + \frac{11}{37}$, est plus grand que 2 et plus petit que 3. La première est trop grande et la seconde est trop petite.

Si l'on veut un plus grand degré d'approximation, il faut opérer sur $\frac{11}{37}$ comme sur $\frac{37}{85}$; on trouve $\frac{1}{3+\frac{4}{11}}$, et la fraction proposée devient alors $\frac{1}{2+\frac{1}{3+\frac{4}{11}}}$. En négligeant la fraction $\frac{4}{11}$ et réduisant à une seule expression fractionnaire, on trouve $\dfrac{1}{2+\frac{1}{3}} = \dfrac{1}{\frac{2\times 3+1}{3}} = \dfrac{1}{\frac{7}{3}} = \frac{3}{7}$. Mais, en négligeant $\frac{4}{11}$, il reste $\frac{1}{2}$ qui est plus grand que $\frac{11}{37}$; donc, la fraction $\dfrac{1}{2+\frac{1}{3}}$ ou $\frac{3}{7}$ est plus petite que la fraction proposée qui est encore comprise entre $\frac{1}{2}$ et $\frac{3}{7}$.

La différence de ces deux fractions étant $\frac{7-6}{14}$ ou $1/14$, il s'ensuit qu'en prenant $1/2$ ou $3/7$ pour la valeur de la fraction proposée, on commet une erreur moindre que $1/14$.

En opérant sur $4/11$ comme précédemment, on trouve $\frac{4}{11} = \dfrac{1}{2+\frac{3}{4}}$ et la fraction proposée devient : $\dfrac{1}{2+\dfrac{1}{3+\dfrac{1}{2+\frac{3}{4}}}}$ ou $\frac{7}{16}$,

en négligeant la fraction $3/4$ et réduisant comme ci-dessus.

Mais en négligeant la fraction $3/4$, il reste $1/2$ qui est plus grand que $4/11$, puisqu'on diminue le dénominateur; donc, $\dfrac{1}{3+\frac{1}{2}}$ ou $\frac{2}{7}$ est plus petit que $11/37$; donc, $\dfrac{1}{2+\dfrac{1}{3+\frac{1}{2}}}$ ou $7/16$ est plus grand que la fraction proposée, laquelle est encore comprise entre $3/7$ et $7/16$.

La première est trop petite et la seconde est trop grande; or, leur différence étant $\frac{49-48}{16\times 7} = \frac{1}{112}$, l'erreur que l'on commet en prenant l'une d'elle pour la fraction proposée est moindre que $\frac{1}{112}$.

On voit, par ce qui précède, comment on peut trouver, en termes plus simples, des fractions qui donnent des valeurs approchées d'une autre fraction dont les termes sont très-grands.

250. L'expression $\dfrac{1}{2+\dfrac{1}{3+\dfrac{1}{2+\dfrac{1}{1+\frac{1}{3}}}}}$ s'appelle *fraction continue*. Si l'expression a des entiers, on les écrit tout d'abord, ce qui donne, par exemple, $3+\dfrac{1}{2+\frac{1}{3}}$.

Les fractions $1/2$, $1/3$, $1/2$ qui composent la fraction continue s'appellent *fractions intégrantes*.

ÉVALUATION APPROXIMATIVE.

Enfin, on appelle *réduite* la fraction qu'on obtient en réduisant en un seul nombre fractionnaire chacune des expressions

$$\cfrac{1}{2+\frac{1}{3}},\ \cfrac{1}{2+\cfrac{1}{3+\frac{1}{2}}},\ \cfrac{1}{2+\cfrac{1}{3+\cfrac{1}{2+\frac{1}{1}}}},\ \text{etc.}$$

La première réduite d'une fraction continue est l'entier qu'elle contient; s'il n'y a pas d'entier, comme dans notre exemple, c'est le 0, qui peut toujours en tenir lieu. La seconde réduite serait, $0 + \frac{1}{2}$; la 3ᵉ, $0 + \cfrac{1}{2+\frac{1}{3}}$; la 4ᵉ, $0 + \cfrac{1}{2+\cfrac{1}{3+\cfrac{1}{2+\frac{1}{1}}}}$

251. Les réduites de rang impair sont, comme on l'a vu ci-dessus, plus petites que la fraction primitive, celles de rang pair sont plus grandes; et les deux réduites consécutives entre lesquelles la fraction est comprise en diffèrent d'une quantité moindre que l'unité divisée par le produit des dénominateurs de ces réduites; de plus, on a une valeur d'autant plus approchée de la fraction que la réduite est plus éloignée.

Ainsi, 3/7 et 7/16 étant la 3ᵉ et la 4ᵉ réduite, on a : $3/7 < 37/85$, et $7/16 > 37/85$; l'approximation est moindre que $\frac{7}{16} - \frac{3}{7} = \frac{1}{112}$, et la 4ᵉ réduite 7/16 approche plus de $\frac{37}{85}$ que toutes les précédentes.

252. En réfléchissant sur la marche employée dans les numéros 249 et 250, il est facile d'en déduire la règle suivante.

Pour réduire une fraction en fraction continue, il faut opérer sur ses deux termes comme pour trouver leur plus grand commun diviseur; les quotients obtenus seront les dénominateurs des fractions intégrantes. Quand la fraction est plus grande que l'unité, le premier quotient donne les entiers.

D'après cette règle on trouve :

$$37/85 = 0 + \cfrac{1}{2+\cfrac{1}{3+\cfrac{1}{2+\cfrac{1}{1+\frac{1}{3}}}}} \quad \text{et } 172/62 = 2 + \cfrac{1}{1+\cfrac{1}{3+\cfrac{1}{2+\frac{1}{3}}}}$$

253. Réciproquement, pour trouver la fraction qui a donné lieu à une fraction continue (ou plutôt sa plus simple expression), il faut évaluer en expression fractionnaire la dernière fraction et le nombre entier qui précède; évaluer de même l'avant-dernière fraction (qui est toujours la dernière évaluée plus l'entier) et ainsi de suite.

Pour le 2ᵉ exemple ci-dessus, on a d'abord : $2 + \frac{1}{3} = 7/3$; puis, $3 + \frac{1}{7/3} = 3 + \frac{3}{7} = \frac{24}{7}$; ensuite, $1 + \frac{1}{24/7} = 1 + \frac{7}{24} = \frac{31}{24}$; et enfin : $2 + \frac{1}{31/24} = 2 + \frac{24}{31} = \frac{86}{31} = \frac{86 \times 2}{31 \times 2}$ ou $\frac{172}{62}$.

DEUXIÈME SECTION.

DES FRACTIONS DÉCIMALES.

§ I.

Définition et numération.

254. On appelle *fractions décimales* les fractions qui résultent de la subdivision de l'unité en parties égales de dix en dix fois plus petites.

255. Les chiffres qui représentent une fraction décimale s'appellent *chiffres décimaux*, ou simplement *décimales* ; et le nombre entier qui est accompagné d'une fraction décimale, s'appelle *nombre décimal*.

256. La division de l'unité en dix parties égales donne des *dixièmes*, ou des parties 10 fois plus petites que l'unité ; chaque dixième divisé en 10 parties égales donne des *centièmes*, ou des parties 10 fois plus petites que le dixième et 100 fois plus petites que l'unité ; chaque centième divisé en 10 parties égales donne des *millièmes*, ou des parties 10 fois plus petites que le centième, 100 fois plus petites que le dixième, et 1000 fois plus petites que l'unité. Le millième donne de même des *dix-millièmes* ; le dix-millième, des *cent-millièmes* ; le cent-millième, des *millionièmes* ; et ainsi de suite pour les *dix-millionièmes*, les *cent-millionièmes*, les *billionièmes*, etc.

257. La manière dont sont formées les fractions décimales étant basée sur le principe fondamental de la numération des nombres entiers, que *tout chiffre placé à la gauche d'un autre acquiert une valeur 10 fois plus forte, et tout chiffre placé*

à droite a une valeur 10 fois moindre, on peut leur appliquer les mêmes règles de calcul, sauf quelques légères modifications que nous allons indiquer.

MANIÈRE D'ÉCRIRE LES FRACTIONS DÉCIMALES.

258. Pour écrire un nombre décimal, il faut écrire d'abord la partie entière et la faire suivre d'une virgule ; puis, allant de gauche à droite, on écrit, successivement, les dixièmes à la droite de la virgule et de l'unité, les centièmes à la droite des dixièmes, les millièmes à la droite des centièmes, etc.

S'il manque quelque ordre de décimales, on le remplace par un zéro ; et, s'il n'y a pas de partie entière, on met à sa place un zéro suivi d'une virgule (0,).

Ainsi, le nombre décimal 8 *entiers* 25 *centièmes* s'écrit : 8,25 ; parce que 25 centièmes valent 2 dixièmes et 5 centièmes. Le nombre 43 *entiers* 35 *millièmes*, ou 3 centièmes et 5 millièmes, s'écrit : 43,035, avec un zéro, à la droite de la virgule, pour tenir la place des dixièmes ; le nombre 406 *millièmes*, ou 4 dixièmes et 6 millièmes, s'écrit : 0,406, avec deux zéros pour tenir la place des entiers et des centièmes qui manquent.

259. En général, pour écrire facilement une fraction décimale qui renferme beaucoup de chiffres, il faut l'écrire d'abord comme un nombre entier, et placer ensuite la virgule de manière que le dernier chiffre à droite soit au rang qui convient pour l'ordre de décimales demandé, c'est-à-dire : au 1er rang après la virgule pour les dixièmes ; au 2e, pour les centièmes ; au 3e, pour les millièmes ; au 4e, pour les dix-millièmes ; au 5e, pour les cent-millièmes ; au 6e, pour les millionièmes, etc.

S'il n'y a pas assez de chiffres pour placer convenablement la virgule, on met les zéros nécessaires à la gauche des chiffres décimaux donnés.

Soit à écrire *cinq mille quarante huit millionièmes*.

On écrit d'abord 5048 en nombre entier ; et, comme le 8

doit occuper le 6ᵉ rang à droite, et que le nombre donné n'a que quatre chiffres, on écrit deux zéros à la gauche de 5, puis la virgule, puis 0 entiers, et l'on a : 0,005048.

Soit à écrire le nombre *quarante et un mille soixante-trois centièmes.* (262 3° ci-après.)

On écrit 41063 en nombre entier ; mais, comme les centièmes occupent le 2ᵉ rang après la virgule, on sépare les deux derniers chiffres à droite, et l'on a : 410 unités 63 centièmes.

260. La manière dont on représente les fractions décimales indique clairement les deux termes qui les composent, quoiqu'il n'y en ait qu'un d'écrit. Le dénominateur, qui ne s'écrit pas, égale l'unité suivie d'autant de zéros qu'il y a de chiffres à droite de la virgule ; et le numérateur est l'ensemble de ces mêmes chiffres.

Ainsi, $0,254 = \frac{254}{1000}$; et $7,85 = 7\frac{85}{100} = \frac{785}{100}$.

261. On voit que les décimales suivent le système de numération des nombres entiers, mais en sens inverse, c'est-à-dire qu'elles diminuent de valeur à mesure qu'elles s'éloignent de l'unité. A partir de la virgule, on a : les centaines, dizaines et unités de MILLIÈMES, ou les dixièmes, centièmes et millièmes de l'unité ; les centaines, dizaines et unités de MILLIONIÈMES, ou les dix-millièmes, cent-millièmes et millionièmes de l'unité ; les centaines, dizaines et unités de BILLIONIÈMES, ou les dix-millionièmes, cent-millionièmes et billionièmes de l'unité, etc. Cette remarque permet encore d'écrire les fractions décimales par tranches ou classes de *millièmes, millionièmes, billionièmes,* etc., comme on écrit les nombres entiers par tranches de mille, millions, billions, etc. Chaque tranche doit aussi avoir trois chiffres, excepté la dernière tranche à droite qui peut n'avoir que deux chiffres ou même un seul.

Ainsi, on écrira 54 *entiers* 23 *cent-millionièmes* : 54,000.000.23, avec 6 zéros, pour remplacer les millièmes et les millionièmes qui manquent. 3 *entiers* 785 *dix-billionièmes* : 3,000.000.078.5, en plaçant 5 dix-billionièmes au 10ᵉ rang après la virgule, ou à la droite des trois tranches complètes des millièmes, millionièmes et billionièmes.

NUMÉRATION.

MANIÈRE DE LIRE LES FRACTIONS DÉCIMALES.

262. Il y a quatre manières d'énoncer les fractions décimales.

1. On peut comprendre toute la fraction sous une même dénomination, en indiquant seulement l'ordre du dernier chiffre à droite. Ainsi, 4358 se lit : 4 unités 358 millièmes. En effet, puisqu'un dixième vaut 10 centièmes, vaut 100 millièmes, 3 dixièmes vaudront trois fois plus, ou : 30 centièmes et 300 millièmes. De même, 1 centième valant 10 millièmes, 5 centièmes vaudront 50 millièmes. Donc, en réunissant, on a 358 millièmes.

2° On peut énoncer d'abord la partie entière, puis chaque ordre de décimales, séparément, en cette manière : 4 unités 3 dixièmes 5 centièmes 8 millièmes.

3° On peut joindre les entiers aux décimales. Ainsi, le nombre proposé se lirait : 4358 millièmes. Puisque l'unité vaut 1000 millièmes, 4 unités vaudront 4000 millièmes ; et 4000 millièmes ajoutés aux 358 millièmes de la fraction donnée font effectivement 4358 millièmes.

4° Enfin, on peut partager la partie décimale en tranche de trois chiffres, à partir de la virgule, et énoncer chaque tranche en ajoutant le nom qui lui convient (261.) Ainsi, 4,35825924 peut s'énoncer : 4 entiers 358 millièmes 259 millionièmes 24 cent-millionièmes.

263. De ces quatre manières d'énoncer les fractions décimales, c'est la première qui est la plus usitée. On lit les décimales comme un nombre entier, et l'on place à la fin de l'énoncé le nom de la dernière décimale à droite.

Le nom de cette décimale se trouve facilement en disant sur le 1ᵉʳ chiffre après la virgule : *dixième*; sur le second, *centième*; et, successivement, sur chaque chiffre : *millième, dix-millième, cent-millième, millionième, dix-millionième, cent-millionième, billionième*, etc., jusqu'à ce qu'on soit arrivé au dernier chiffre décimal à droite, qui donne son nom à toute la fraction.

Soit à lire la fraction 0,005007804.

FRACTIONS DÉCIMALES.

Partant de la virgule on dit, successivement, sur chaque chiffre : *dixième, centième, millième, dix-millième, cent-millième, millionième, dix-millionième, cent-millionième, billionième.* BILLIONIÈME est donc le nom de la dernière décimale à droite, et le nom de toute la fraction, qui se lit : *cinq millions sept mille huit cent quatre billionièmes.*

Il est inutile d'énoncer que la partie entière n'est pas exprimée.

Si c'est un nombre décimal, on lit d'abord la partie entière, puis la fraction décimale comme nous venons de dire. Le nombre décimal 68,00057 se lira : 68 *entiers* 57 *cent-millièmes.*

264. Cette manière de lire les fractions décimales qui ont beaucoup de chiffres, fournit encore un moyen facile de les écrire.

Soit, par exemple, à écrire la fraction décimale 7003 *billionièmes.*

On écrit 7003 comme nombre entier ; et, renversant, pour un moment, l'ordre voulu, afin d'arriver plus facilement à bien placer la virgule et à ne la faire suivre que du nombre de chiffres exigés par l'énoncé, on dit, sur le 3 : *dixième*; sur le 1er zéro : *centième*; sur la 2e zéro : *millième*; sur le 7 : *dix-millième*; puis, à gauche de 7, on dit et on écrit : 0 *millionième*, 0 *dix-millionième*, 0 *cent-millionième*, 0 *billionième*. C'est là que, pour rétablir la série comme elle doit être, on place la virgule, puis 0 entiers, et l'on a : 0,000007003, avec cinq zéros à gauche de 7, pour avoir 3 au rang des billionièmes, c'est-à-dire, au 9e rang à droite de la virgule.

§ II.

Propriétés des nombres décimaux

265. La valeur d'une fraction décimale ne change pas quand on ajoute ou qu'on retranche des zéros à sa droite.

Ainsi, par exemple, la fraction 0,3 = 0,30 = 0,300 = 0,3000, etc.

PROPRIÉTÉS DES NOMBRES DÉCIMAUX.   105

Et, réciproquement, 0,3000 = 0,300 = 0,30 = 0,3.

Dans le premier cas, les parties deviennent plus nombreuses, à la vérité ; mais elles sont aussi, proportionnellement, plus petites.

Dans le second cas, au contraire, les parties deviennent moins nombreuses ; mais elles sont, proportionnellement, plus grandes. Il y a donc compensation.

On peut dire aussi que les zéros écrits à la droite de 3 expriment qu'il n'y a pas de centièmes, pas de millièmes, pas de dix-millièmes, etc., ce que l'absence ou la suppression des zéros exprime également. Dans tous les cas, le chiffre 3 reste au rang des dixièmes et n'exprime que des dixièmes.

266. Cette propriété fournit le moyen de réduire à la même espèce ou au même dénominateur plusieurs fractions décimales.

Par exemple, les fractions 4,25   0,3   7,4050   12,78
reviennent à :   4,250 0,300 7,405   12,780
qui, toutes, expriment des millièmes.

267. Un simple déplacement de la virgule, à droite ou à gauche, suffit pour multiplier ou diviser une fraction décimale par 10, par 100, par 1000, et, généralement, par toute puissance de 10.

En effet, si l'on avance la virgule d'un rang vers la droite, par exemple, le chiffre des dixièmes devient des unités, celui des unités devient des dizaines, et tous les autres chiffres acquièrent une valeur relative dix fois plus grande : donc, le nombre entier est rendu aussi dix fois plus grand. Il serait cent fois plus grand, si la virgule était avancée de deux rangs vers la droite ; mille fois plus grand, si elle était avancée de trois rangs, et ainsi de suite.

Au contraire, si la virgule est reculée d'un rang vers la gauche, les unités deviennent des dixièmes, les dixièmes deviennent des centièmes, et tous les autres chiffres ont de même une valeur relative dix fois plus petite : donc, le nombre entier est rendu aussi dix fois plus petit. Il deviendrait cent ou mille fois plus petit, si la virgule était reculée de deux ou de trois rangs vers la gauche.

FRACTIONS DÉCIMALES.

Si le nombre à multiplier ou à diviser n'a pas assez de chiffres pour que la virgule puisse être avancée ou reculée convenablement, on y supplée par des zéros.

Ainsi, le nombre 3,4567 ci-après, est rendu, successivement, 10, 100, 1000, 10000 fois plus grand :

$$3,4567 = 34567 \text{ dix-millièmes}$$
$$34,567.. = 34567 \text{ millièmes.}$$
$$345,67.. = 34567 \text{ centièmes.}$$
$$3456,7.. = 34567 \text{ dixièmes.}$$
$$34567... = 34567 \text{ unités.}$$

On voit que le nombre proposé qui ne représentait que des dix-millièmes, représente, successivement, des millièmes, des centièmes, des dixièmes et des unités, c'est-à-dire, des nombres 10, 100, 1000, 10000 fois plus grands.

Le nombre 34,5 est rendu 10, 100, 1000, 10000 fois plus petit :

$$34,5.... = 345 \text{ dixièmes.}$$
$$3,45... = 345 \text{ centièmes.}$$
$$0,345... = 345 \text{ millièmes.}$$
$$0,0345... = 345 \text{ dix-millièmes.}$$
$$0,00345... = 345 \text{ cent-millièmes.}$$

Le nombre proposé, qui représentait des dixièmes, ne représente plus que des centièmes, des millièmes, des dix-millièmes, des cent-millièmes, c'est-à-dire, des nombres 10, 100, 1000, 10000 fois plus petits.

268. Par une raison analogue, on rendrait un nombre entier 10, 100, 1000 .... fois plus grand ou plus petit, selon qu'on écrirait à sa droite 1, 2, 3 .... zéros, ou qu'on séparerait sur sa droite, par une virgule, 1, 2, 3 .... chiffres.

§ II.

Opérations sur les nombres décimaux.

ADDITION ET SOUSTRACTION DES NOMBRES DÉCIMAUX.

269. On fait l'addition et la soustraction des nombres dé-

cimaux comme celle des nombres entiers, ayant soin de disposer les décimales de même ordre dans une même colonne verticale. On sépare ensuite, sur la droite du résultat, autant de chiffres décimaux qu'il y en a dans celui des nombres donnés qui en a le plus.

EXEMPLES.

Addition.	Soustraction.
24,25	58,7
7,5287	23,512
15,9	35,188
48,316	
95,9947	

On pourrait, surtout dans la soustraction, compléter les décimales par des zéros ; mais il suffit de les ajouter mentalement, et d'opérer comme si le nombre supérieur était 58 entiers 700 millièmes.

MULTIPLICATION DES NOMBRES DÉCIMAUX.

270. On fait la multiplication des nombres décimaux comme celle des nombres entiers, sans avoir égard à la virgule ; mais, l'opération faite, on sépare par une virgule, sur la droite du produit, autant de chiffres décimaux qu'il y en a dans les deux facteurs.

Soit à multiplier 47,568 par 9,32.

Opération.
```
    47,568
     9,32
    ─────
    95136
   142704
   428112
   ──────
   443,33376
```

Après avoir multiplié comme si les nombres donnés étaient des nombres entiers, on sépare cinq chiffres décimaux sur la droite du produit, parce qu'il y en a cinq dans les deux facteurs.

103   FRACTIONS DÉCIMALES.

En effet, les deux nombres proposés reviennent à $\frac{47568}{1000}$ et $\frac{932}{100}$, dont le produit est $\frac{47568 \times 932}{1000 \times 100} = \frac{44333376}{100000}$ ou 443,33376.

D'ailleurs, multiplier 47,568 par 9,32, ou par 932 centièmes, c'est prendre 932 fois la centième partie de 47,568. Or, la centième partie de 47,568 est la fraction 0,47568 (n° 267); et 932 fois cette fraction c'est la somme de 932 nombres égaux à 0,47568, qui donnent nécessairement cinq décimales au total : donc, le produit doit les avoir aussi.

On peut dire encore que, par la suppression de la virgule dans le multiplicande, on rend ce nombre 1000 fois plus grand, et par conséquent le produit est aussi rendu 1000 fois trop grand ; de même, la suppression de la virgule dans le multiplicateur rend ce nombre et par suite le produit 100 fois trop grand. La suppression de la virgule rend donc le produit 1000 fois 100 fois ou 100000 fois trop grand, et pour le ramener à sa juste valeur, il faut le diviser par 100000, ou séparer cinq chiffres décimaux.

271. S'il n'y avait pas assez de chiffres au produit pour placer convenablement la virgule, on y suppléerait par des zéros.

EXEMPLE :   0,042
             0,008
           ─────────
           0, 000336

On multiplie simplement 42 par 8 ; et, comme le produit n'a que 3 chiffres et qu'il faut 6 décimales, on écrit 3 zéros à la gauche de 336, puis la virgule, puis 0 entiers, et l'on a pour produit la fraction 0, 000336.

DIVISION DES NOMBRES DÉCIMAUX.

272. Pour faire la division des nombres décimaux, il faut les ramener à la même espèce, c'est-à-dire, au même nombre de décimales (266); puis, diviser comme si l'on avait des nombres entiers, sans tenir compte de la virgule.

Soit à diviser 2,15 par 0,078.

Opération. 2150 | 78
             590 | 27 $\frac{44}{78}$
              44

On ajoute un zéro à la droite du dividende pour qu'il ait autant de décimales que le diviseur, on supprime la virgule, et l'on opère comme si l'on avait 2150 à diviser par 78.

La raison en est qu'un zéro à la droite d'un nombre décimal ne change rien à sa valeur ; et que, les deux fractions étant ramenées à la même espèce, la suppression de la virgule revient à multiplier le dividende et le diviseur par un même nombre, ce qui ne change encore rien au quotient.

273. L'opération effectuée donne pour quotient 27 et un reste 44 dont on fait la fraction 44/78, qui complète le quotient. Or, il peut être utile d'évaluer cette fraction absolue en fraction décimale, et l'on y parvient en observant la règle suivante, basée sur la formation des décimales (256).

Pour obtenir la fraction décimale qui doit compléter le quotient de la division de deux nombres, il faut mettre une virgule à la droite de la partie entière du quotient ; puis, on convertit le reste en dixièmes en plaçant un zéro à sa droite. Le nombre qui en résulte étant divisé par le diviseur donne le chiffre des dixièmes du quotient, que l'on écrit à la droite de la virgule. On opère de même sur chaque nouveau reste, et l'on trouve, successivement, les centièmes, les millièmes, etc.

Soit à diviser 43 par 1,6.

Opération. 430 | 16
            110 | 26,875
            140
            120
             80
             00

La division donne 26 entiers, et pour reste 14 unités qui

valent 140 dixièmes. Le 16ᵉ de 140 est 8, et il reste 12 dixièmes qui valent 120 centièmes. Le 16ᵉ de 120 est 7, et il reste 8 centièmes qui valent 80 millièmes. Le 16ᵉ de 80 est 5, et il reste 0. Le quotient complet est donc 26,875. En effet, $1,6 \times 26,875 = 43$.

274. Quand la division ne peut pas se faire exactement, on s'arrête lorsqu'on arrive à un reste censé nul, ou à l'ordre de décimales qu'on désire. On dit alors que le quotient est exact à moins d'un dixième, d'un centième, d'un millième près, suivant qu'on s'arrête au chiffre des dixièmes, des centièmes ou des millièmes. Cela signifie qu'il y a une erreur dans le quotient, mais que cette erreur est moindre qu'une unité de l'ordre de décimales auquel on s'arrête.

275. Lorsque le dividende a plus de chiffres décimaux que le diviseur, on peut se contenter de supprimer la virgule dans le diviseur, et de l'avancer sur la droite du dividende d'autant de rangs que le diviseur a de chiffres décimaux; puis, quand la partie entière est divisée, et qu'on abaisse le premier chiffre décimal du dividende, on met une virgule au quotient et l'on continue comme ci-dessus, en abaissant à droite des restes successifs les chiffres décimaux du dividende.

Soit à diviser 25,7356 par 3,45 à un millième près.

Opération. 2573,56 | 345
    1585 | 7,459
    2056
    3310
     205

Après avoir préparé l'opération par la suppression et le transport de la virgule, et avoir trouvé 7 pour partie entière du quotient, on met une virgule à sa droite, puis on descend à côté du reste 158 le chiffre 5 des dixièmes, et l'on continue l'opération comme il a été dit.

Soit à diviser 5 par 13.

Opération.
```
  5  | 13
 50  |0,3846
 110
  60
   80
    2
```

Le dividende étant plus petit que le diviseur, on écrit 0 au quotient pour tenir la place des entiers, et l'on opère sur le dividende comme sur un reste de division.

Le quotient 0,3846 n'est qu'approximatif, puisqu'il y a encore un reste ; mais ce reste est censé nul et on le néglige. Le quotient est exact à moins d'un dix-millième près, c'est-à-dire que l'erreur commise n'est pas d'un dix-millième. Elle n'est même que d'un dixième de dix-millième, puisque le reste 2 divisé par 13 ne donnerait qu'un cent-millième.

Dans l'exemple ci-dessus on pourrait s'arrêter aux dixièmes ; mais alors il serait bon de chercher le chiffre des centièmes, qui est 8, puis de le supprimer, et d'écrire : 0,4 au lieu de 0,3 ; on arriverait ainsi à une plus grande approximation.

En effet, le quotient 0,4 n'est trop fort que de 2 centièmes au plus, tandis que le quotient 0,3 est trop faible de 8 centièmes au moins. L'erreur est donc moindre en prenant 0,4 qu'en gardant 0,3. En général, si la décimale à supprimer est plus grande que 5, on augmente la décimale précédente d'une unité ; mais si elle est 5 ou plus petite que 5, on la supprime simplement, sans changer la décimale précédente.

§ III.

Conversion des fractions ordinaires en décimales et réciproquement. — Fractions périodiques.

276. Pour réduire une fraction ordinaire en fraction décimale, il suffit de diviser le numérateur par le dénomina-

teur de la manière indiquée aux nos 273, 274 ; ou, ce qui revient au même, on multiplie le numérateur par l'unité suivie d'autant de zéros qu'on veut avoir de chiffres décimaux, on le divise par le dénominateur et l'on sépare par une virgule, à la droite du quotient, le nombre des chiffres demandés.

277. Parmi les fractions que l'on peut avoir à réduire, les unes donnent lieu à une fraction décimale d'un nombre limité de chiffres qui en exprime exactement la valeur ; les autres ne peuvent être exprimées exactement en décimales et donnent lieu à des fractions d'un nombre illimité de chiffres qui reviennent toujours dans le même ordre.

Par exemple, $\frac{8}{25} = 8 : 25 = 0,32$ exactement ; mais $\frac{6}{11} = 6 : 11 = 0,5454....$; $\frac{15}{22} = 15 : 22 = 0,68181...$ où un nombre illimité de chiffres qui reviennent toujours dans le même ordre.

La première de ces fractions est une fraction décimale exacte ; les deux autres s'appellent *fractions décimales périodiques* ; et les chiffres qui reviennent toujours dans le même ordre forment ce qu'on appelle la *période*.

278. On distingue les fractions *périodiques simples*, quand la période commence au premier chiffre décimal ; et les fractions *périodiques mixtes*, quand la période ne commence pas immédiatement après la virgule ou qu'elle est précédée d'autres chiffres décimaux. 0,5454.... est une fraction périodique simple ; 0,68181.... est une fraction périodique mixte.

279. Il est toujours possible de revenir d'une fraction décimale à la fraction ordinaire qui lui a donné naissance. Pour cela, il y a trois manières de procéder, suivant l'espèce de fraction à réduire.

1º Lorsque la fraction décimale est exacte, on prend pour numérateur l'ensemble des chiffres décimaux et pour dénominateur l'unité suivie d'autant de zéros qu'il y a de décimales, puis on réduit la fraction à ses moindres termes.

Par exemple, la fraction $0{,}75 = \frac{75}{100}$; et en supprimant, dans les deux termes, le facteur 25, on obtient $\frac{3}{4}$ pour la fraction demandée.

Cette manière de procéder résulte évidemment de la définition même des fractions décimales.

2° Quand on a une fraction décimale périodique simple, on prend pour numérateur l'ensemble des chiffres de la période, et pour dénominateur un nombre formé d'autant de 9 qu'il y a de chiffres dans la période, puis on simplifie la fraction.

Par exemple, la fraction $0{,}5454 = \frac{54}{99}$; et, en supprimant le facteur 9, on retrouve $\frac{6}{11}$.

En effet, si l'on représente par x la valeur de la fraction périodique, on a :

$$x = 0{,}5454\ldots$$

En multipliant les deux termes de cette égalité par l'unité suivie d'autant de zéros qu'il y a de chiffres dans la période, les résultats seront encore égaux et l'on aura :

$$x \times 100 = 54{,}5454\ldots$$

De cette nouvelle égalité si l'on retranche la première, membre à membre, on aura :

$$x \times 100 - x = 54{,}5454\ldots - 0{,}5454\ldots$$
$$\text{ou } 100x - x = 54{,}5454\ldots - 0{,}5454\ldots$$
$$\text{ou } 99x = 54.$$

Mais si 99 fois x égale 54, un seul x vaudra 99 fois moins donc, $x = \frac{54}{99} = \frac{6}{11}$.

3° Si la fraction est périodique mixte, on prend pour numérateur l'ensemble des chiffres décimaux composant la période et la partie non périodique, et l'on en retranche la partie non périodique; puis on prend pour dénominateur un nombre formé d'autant de 9 qu'il y a de chiffres dans la période suivis d'autant de zéros qu'il y a de chiffres dans la partie non périodique.

Ainsi, la fraction $0,68181\ldots, = \frac{681-6}{990} = \frac{675}{990} = \frac{15}{22}$.

En effet, si l'on représente par x la valeur de la fraction périodique on a :

$$x = 0,68181\ldots$$

En multipliant les deux termes de cette égalité d'abord par l'unité suivie d'autant de zéros qu'il y a de chiffres avant la seconde période ; puis, par l'unité suivie d'autant de zéros qu'il y a de chiffres dans la partie non périodique, on aura les deux égalités suivantes :

$1000\,x = 681,8181\ldots$ et $10\,x = 6,8181\ldots$

Retranchant la seconde égalité de la première, il vient : $990\,x = 681 - 6$; donc $x = \frac{681-6}{990}$, expression conforme à l'énoncé de la règle et qui se réduit à $\frac{15}{22}$.

APPLICATION DES FRACTIONS. — MÉTHODE DITE DE L'UNITÉ.

280. La théorie des fractions est une des plus importantes de l'Arithmétique. Avec un peu d'exercice, on les calcule aussi facilement que les nombres entiers, et les résultats obtenus sont souvent préférables, parce qu'ils sont plus exacts. Les fractions sont, en outre, indispensables dans les autres parties des mathématiques, et elles sont d'une application continuelle dans la solution des problèmes. On peut même obtenir cette solution, par des raisonnements très-simples, au moyen de la méthode dite *de l'unité* ou *de réduction à l'unité*.

281. Cette méthode est ainsi appelée, parce que, pour l'ordinaire, on cherche d'abord la valeur d'une seule unité, pour avoir ensuite celle de plusieurs : mais, dans le fond, ce n'est autre chose que la solution (126) d'un problème traité d'après les principes établis au n° 139. Généralement, elle n'exige que la connaissance des quatre règles et celle des fractions. En voici des exemples :

I. Trouver le nombre dont le 1/6 est 18.

Solution. Le 1/6 du nombre cherché étant 18, le nombre lui-même sera 6 fois plus grand, c'est-à-dire, $18 \times 6 =$ R. 108.

En représentant par x le nombre cherché, on aurait : $6x = 18$, d'où l'on tire : $x = 18 \times 6 =$ R. 108.

II. Pour remplir les 3/7 d'un bassin il faut 1350 litres d'eau. Quelle est la capacité de ce bassin ?

Solution. Les 3/7 du bassin contenant 1350 litres, 1/7 en contiendra 3 fois moins ou $\frac{1350}{3}$; et les 7/7 en contiendront 7 fois plus ou $\frac{1350 \times 7}{3} = \frac{9450}{3} =$ R. 3150 litres.

Soit encore x la capacité du bassin, on a : $\frac{3x}{7} = 1350$, d'où l'on tire, successivement : $3x = 1350 \times 7$; $x = \frac{1350 \times 7}{3} = 3150$.

III. Il y a 16 de différence entre les $\frac{2}{3}$ et les $\frac{2}{7}$ d'un nombre. Quel est ce nombre ?

Solution. La différence entre 2/3 et 2/7 est $14/21 - 6/21$ ou 8/21. Les 8/21 du nombre cherché égalent 16 ; 1/21 = 8 fois moins ou $\frac{16}{8}$; et les 21/21 valent 21 fois plus ou $\frac{16 \times 21}{8} = \frac{336}{8} =$ R. 42.

Par équation, on aurait : $\frac{2x}{3} - \frac{2x}{7} = \frac{14x}{21} - \frac{6x}{21} = \frac{8x}{21}$; $\frac{8x}{21} = 16$, donc $8x = 16 \times 21$ et $x = \frac{16 \times 21}{8} = \frac{336}{8} = 42$.

IV. Une personne donne aux pauvres les 2/3 de son argent ; elle reçoit ensuite 22 fr. et sa bourse est augmentée d'un quart. Combien avait-elle ?

Solution. La somme reçue égale ce qui a été donné aux pauvres, plus l'augmentation de la bourse. Ainsi, on a $2/3 + 1/4 = \frac{11}{12} = 22$ francs. Un seul douzième égale 11 fois moins au $\frac{22}{11}$ et les 12/12 égalent 12 fois plus, c'est-à-dire $\frac{22 \times 12}{11} = 2 \times 12 =$ R. 24 fr.

Autrement. $\frac{2x}{3} + \frac{x}{4} = \frac{11x}{12} = 22$. D'où l'on a : $11x = 22 \times 12$; et $x = \frac{22 \times 12}{11} = 2 \times 12 = 24$.

V. Un ouvrier fait 4 mètres d'ouvrage en 5 heures, un autre en fait 7 mètres en 9 heures. Quel est celui qui en fait le plus et combien par heure ?

Solution. Le 1er ouvrier en 5 heures fait 4 mètres, en une heure il en fera 5 fois moins ou 4/5 de mètre.

Le 2e ouvrier fera, en 1 heure, 9 fois moins qu'en 9 heures, ou 7/9 de mètre. 4/5 et 7/9 reviennent à 36/45 et 35/45. $\frac{36}{45} - \frac{35}{45} = \frac{1}{45}$.

Le 1er ouvrier fait donc de plus que le 2e $\frac{1}{45}$ de mètre par heure.

VI. Un robinet remplit un bassin en 7 heures, un autre robinet le remplit en 9 heures. Combien les deux robinets réunis mettront-ils de temps pour le remplir ?

Solution. En une heure le premier robinet remplit le 1/7 du bassin et le second en remplit le 1/9, ensemble ils en rempliront $\frac{1}{7} + \frac{1}{9} = \frac{9}{63} + \frac{7}{63}$ ou $\frac{16}{63}$. Pour remplir les $\frac{16}{63}$ du bassin, il faut une heure ; pour remplir $\frac{1}{63}$ il faudra $\frac{1}{16}$ d'heure, et pour remplir les $\frac{63}{63}$ ou le bassin entier, il faudra 63 fois plus de temps ou $\frac{1 \times 63}{16} = \frac{63}{16} =$ R. 3 heures $\frac{15}{16}$.

Autrement. Soit x le nombre d'heures demandé. Le premier robinet remplissant le 1/7 du bassin en une heure, en remplira, à lui seul, une quantité exprimée par $\frac{x}{7}$ et la part du second robinet sera $\frac{x}{9}$. Comme ces deux parts doivent remplir le bassin, on aura $\frac{x}{7} + \frac{x}{9} = 1$, équation qui donne $9x + 7x = 1 \times 63$, $16x = 63$, et $x = \frac{63}{16}$.

VII. Pendant qu'un premier voyageur parcourt la distance d'une ville à une autre, un second voyageur ne parcourt que les 3/11 de cette même distance. Combien le premier voyageur va-t-il de fois plus vite que le second ?

Solution. Le premier voyageur fait la route entière pendant que le second en fait les 3/11 ; il en fera le 1/3 pendant que celui-ci en fera 1/11, et pendant que le second en fera les 11/11, le premier en fera 11/3 ou 3 2/3; c'est-à-dire que le premier fera la route 3 fois et 2/3 de fois pendant que le second la fera 1 fois : il va donc 3 fois 2/3 plus vite.

On peut dire encore que le premier voyageur va autant de fois plus vite que l'espace qu'il parcourt dans le même temps contient de fois celui qui est parcouru par le second, c'est-à-dire $1 : \frac{3}{11} = 1 \times \frac{11}{3} = 3\ 2/3$.

VIII. Un train part de Paris avec une vitesse de 35 kilom. à l'heure ; 1 heure 3/4 après on le fait suivre par une machine qui fait 60 kilom. à l'heure. Combien lui faudra-t-il de temps pour atteindre le train ?

Solution. L'avance du train est de $35 \times 1\ 3/4 = 245/4$. En une heure la machine prend une avance de $60 - 35 = 25$ kilom.; pour gagner 1 kilom. il lui faudra $\frac{1}{25}$ d'heure; pour 1/4 de kilom. il lui faudra 4 fois moins ou $\frac{1}{25 \times 4}$, et pour gagner les 245/4 il lui faudra $\frac{1 \times 245}{25 \times 4} = \frac{245}{100}$ ou 2 heures 45/100 d'heure.

Par équation. Soit x le nombre demandé. Comme l'espace parcouru par la machine doit égaler l'avance du train plus l'espace qu'il parcourra dans ce même temps, on a :

$$x \times 60 = x \times 35 + 245/4, \text{ d'où l'on tire :}$$
$$x \times 60 - x \times 35 = 245/4,\ 25x = 245/4,\ 100x = 245, x = \frac{245}{100} = 2^h, 45.$$

IX. Un réservoir serait rempli en 5 heures par une première source, et en 7 heures et 1/2 par une seconde ; mais un robinet le vide en 9 heures. En combien de temps sera-t-il rempli, si l'eau coule par toutes les ouvertures ?

Solution. En 1 heure, la première source remplit $\frac{1}{5}$ du réservoir ; dans le même temps, la seconde en remplit 2/15, et le robinet en vide 1/9.

Le réservoir reçoit par heure $1/5 + 2/15$ ou $1/3$; il perd dans le même temps 1/9 ; donc il reste $1/3 - 1/9$ ou 2/9.

Pour remplir 2/9 du réservoir, il faut 1 heure ; pour 1/9, il faudra 1/2 heure, et pour 9/9 il faudra 9 fois plus ou 9/2 heures ou 4 heures et 1/2.

Autrement. Soit x le temps demandé. La première source, remplissant 1/5 du réservoir en 1 heure, remplira pour sa part une partie exprimée par $\frac{x}{5}$; de même la seconde source en remplira $\frac{2x}{15}$, et le robinet en videra $\frac{x}{9}$. Mais comme on suppose le réservoir plein après le temps x, on a :

$$\frac{x}{5} + \frac{2x}{15} - \frac{x}{9} = 1 : \text{ d'où l'on tire : } x = \frac{9}{2}.$$

X. Un ouvrage serait fait par un premier ouvrier en 6 journées de 10 heures, et par un second ouvrier en

8 journées de 8 heures. Combien faudra-t-il de journées de 12 heures si les ouvriers travaillent ensemble ?

Solution. En une journée de 10 heures, le premier ouvrier fait 1/6 de l'ouvrage ; en 1 heure il en fera 10 fois moins ou 1/60, et en 1 journée de 12 heures il en fera 12/60 ou 3/15.

On trouve de la même manière que le second ouvrier fait, dans la même journée, une partie d'ouvrage égale à 12/64 ou 3/16.

En une journée de 12 heures les 2 ouvriers feront donc 3/15 × 3/16 ou 93/240 de l'ouvrage.

Pour en faire 1/240, il faudra 93 fois moins de temps ou 1/93 de journée, et pour faire 240/240, ou l'ouvrage entier, il faudra 240/93, c'est-à-dire, 2 journées et 54/93 ou 18/31 de journée.

Si l'on veut savoir combien il y a d'heures et de minutes dans cette fraction de journée, on dit : Une journée = 12 heures ; 1/31 de journée vaut 31 fois moins ou 12/31 d'heure, et les 18/31 valent 18 fois plus ou $\frac{12 \times 18}{31} = \frac{216}{31} =$ 6 heures 30/31 d'heure.

Une heure = 60 minutes. 1/31 d'heure vaut 31 fois moins ou 60/31 de minute, et les 30/31 valent 30 fois plus ou $\frac{60 \times 30}{31} = \frac{1800}{31} =$ 58 minutes 2/41.

Les 18/31 de journée de 12 heures valent donc 6 heures 8 minutes, à 2 ou 3 secondes près.

CHAPITRE V.

SYSTÈME MÉTRIQUE DÉCIMAL
DES POIDS ET MESURES.

§ I.

Notions générales.

282. Le système métrique est l'ensemble des *mesures* qui ont le *mètre* pour base.

283. On appelle *mesures* les instruments dont on se sert pour évaluer les quantités, comme les différentes étendues, les poids, les monnaies, etc.

284. Le système métrique s'appliquant à six espèces principales de grandeurs ou quantités (1), compte par la même six unités principales de mesures, savoir :

Le MÈTRE pour les mesures de longueur.

L'ARE et le MÈTRE CARRÉ pour les mesures de superficie.

Le STÈRE et le MÈTRE CUBE pour les mesures de volume ou de solidité.

Le LITRE pour les mesures de capacité.

Le GRAMME pour les mesures de poids.

LE FRANC pour les mesures de valeurs ou monnaies.

285. Évaluer une quantité en général, c'est chercher combien de fois elle contient une autre quantité de même nature, prise pour unité.

Évaluer une quantité au moyen du système métrique, c'est chercher combien de fois elle contient l'une des mesures métriques prise pour unité. Ainsi, on trouve la longueur d'une pièce de bois, par exemple, en cherchant combien de fois le mètre peut s'y appliquer bout à bout. S'il y a dix fois, on dit que la pièce de bois a 10 mètres de longueur.

---

(1) Il y a des grandeurs dont le système métrique ne s'occupe pas, comme le temps, les degrés de la circonférence, etc.

On dit de même que la capacité d'un tonneau est de 200 litres, si l'on remplit 200 fois le litre pour vider ce tonneau ou pour le remplir.

286. L'are et le mètre cube ne s'appliquent pas immédiatement aux surfaces ou aux volumes qu'on veut mesurer ou évaluer. On mesure d'abord, avec l'unité de longueur, quelques-unes de leurs dimensions, et c'est à l'aide du calcul que l'on détermine ensuite le nombre d'ares ou de mètres cubes que contiennent ces surfaces ou ces volumes.

MULTIPLES ET SOUS-MULTIPLES.

287. Comme il serait incommode d'évaluer une grande quantité avec une petite mesure, et, réciproquement, d'évaluer une petite quantité avec une grande mesure, on emploie, outre l'unité principale, des unités secondaires qui sont, les unes, 10, 100, 1000, 10000 fois plus grandes, les autres, 10, 100, 1000 fois plus petites que l'unité principale. Ainsi,

288. Pour mesurer les grandes quantités de chaque espèce, on emploie des mesures qui sont, *dix, cent, mille, dix mille* fois plus grandes que l'unité principale.

Ces mesures sont désignées par les mots *déca, hecto, kilo, myria* que l'on place devant le nom de l'unité principale, et qui en sont les *multiples décimaux.*

    Déca   signifie 10.
    Hecto   »   100.
    Kilo   »   1000.
    Myria   »   10000.

Ainsi, par exemple, un *décamètre* est une mesure de 10 mètres; un *hectolitre* est une mesure de 100 litres; un *kilogramme* est une mesure de 1000 grammes; un *myriamètre* est une mesure de 10000 mètres.

289. Pour mesurer les petites quantités, on emploie des mesures qui sont, *dix, cent, mille* fois plus petites que l'unité principale.

Ces mesures sont désignées par les mots *déci, centi, milli,* que l'on place également devant le nom de l'unité, et qui en sont les *sous-multiples décimaux.*

Déci signifie dixième.
Centi » centième.
Milli » millième.

Ainsi, un *décimètre* est une mesure qui vaut la dixième partie du mètre ; un *centilitre* est la centième partie du litre ; un *milligramme* est la millième partie du gramme.

290. Dans cette série de mesures, il faut observer que les mots *déca, hecto, kilo, myria, déci, centi, milli*, servent à nommer les différentes unités de mesures plutôt qu'à les compter.

On dit, par exemple, que d'une ville à une autre il y a 4 kilomètres, parce que, dans ce cas, l'unité est un kilomètre ou une longueur de 1000 mètres ; mais il faudrait dire qu'on a acheté 4000 mètres de drap, et non pas 4 kilomètres, parce qu'ici c'est le mètre qui est l'unité.

291. De plus, il y a des mesures qui sont EFFECTIVES ou RÉELLES, c'est-à-dire, qu'il existe réellement un objet ou instrument dont on se sert pour mesurer ; et d'autres qui ne sont que des MESURES IMAGINAIRES OU DE COMPTE, et qui ne s'obtiennent que par le calcul.

292. Les mesures effectives sont établies de manière à avoir 1, 2 et 5 fois l'unité principale, ou 1, 2 et 5 fois chacun de ses multiples ou sous-multiples ; à l'exclusion toutefois des mesures qui seraient trop grandes ou trop petites.

293. L'ensemble de ces mesures est appelé *système métrique*, par la raison qu'elles dérivent toutes du *mètre*.

L'ARE dérive du mètre, parce qu'il égale un carré de dix mètres de côté.

Le STÈRE dérive du mètre, parce qu'il égale un mètre cube.

Le LITRE dérive du mètre, parce qu'il est la contenance d'un décimètre cube.

Le GRAMME dérive du mètre, parce qu'il pèse un centimètre cube d'eau pure.

Le FRANC dérive du mètre, parce qu'il pèse cinq grammes et que le gramme est basé sur le mètre.

294. Le système métrique est encore appelé *décimal*, parce que les multiples et les sous-multiples des unités prin-

cipales suivent l'ordre décimal, c'est-à-dire qu'ils sont de dix en dix fois plus grands ou plus petits.

295. Ce système est de plus appelé *système légal*, parce qu'il est prescrit par la loi.

Toutes les mesures et tous les poids à l'usage du commerce doivent porter ostensiblement la dénomination de la mesure ou du poids qu'ils représentent, ainsi que le nom ou la marque du fabricant.

Tout acheteur a le droit de s'assurer si les mesures ou les poids qui servent à évaluer les marchandises qu'il achète, sont conformes à la loi.

TABLEAU DES MESURES LÉGALES

ÉTABLIES PAR LES LOIS DES 18 GERMINAL AN III ET 19 FRIMAIRE AN VIII, ET ANNEXÉ A LA LOI DU 4 JUILLET 1837.

NOMS SYSTÉMATIQUES.	VALEUR.
MESURES DE LONGUEUR.	
Myriamètre.	Dix mille mètres.
Kilomètre.	Mille mètres.
Hectomètre.	Cent mètres.
Décamètre.	Dix mètres.
MÈTRE.	*Unité fondamentale des poids et mesures*, dix-millionième partie du quart du méridien terrestre.
Décimètre.	Dixième de mètre.
Centimètre.	Centième de mètre.
Millimètre.	Millième de mètre.
MESURES AGRAIRES.	
Hectare.	Cent ares ou dix mille mètres carrés.
Are.	Cent mètres carrés, carré de dix mètres de côté.
Centiare.	Centième de l'are, ou mètre carré.

NOMS SYSTÉMATIQUES.	VALEUR.
MESURES DE CAPACITÉ POUR LES LIQUIDES ET LES MATIÈRES SÈCHES.	
Kilolitre	Mille litres.
Hectolitre	Cent litres.
Décalitre	Dix litres.
Litre	Décimètre cube.
Décilitre (1)	Dixième de litre.
MESURES DE SOLIDITÉ.	
Décastère	Dix stères.
Stère	Mètre cube.
Décistère	Dixième de stère.
POIDS.	
Tonneau de mer	Mille kilogrammes, poids du mètre cube d'eau.
Quintal métrique	Cent kilogrammes.
Kilogramme	Mille grammes, poids, dans le vide, d'un décimètre cube d'eau distillée, à la température de quatre degrés centigrades.
Décigramme	Dixième de gramme.
Centigramme	Centième de gramme.
Milligramme	Millième de gramme.
MONNAIE.	
Franc	Cinq grammes d'argent au titre de neuf dixièmes de fin.
Décime	Dixième de franc.
Centime	Centième de franc.

Conformément à la disposition de la loi du 18 germinal an III, chacune des mesures de poids et de capacité a son double et sa moitié.

Vu pour être annexé à la loi du 4 juillet 1837.

Signé : LOUIS-PHILIPPE.

---

(1) L'ordonnance du 10 juin 1839 y a ajouté le centilitre.

§ II.

Calcul des unités métriques.

296. Les multiples et les sous-multiples des unités métriques étant établis d'après le principe de la numération, il en résulte que le calcul des nombres qui représentent ces unités, se fait absolument comme celui des nombres entiers et des nombres décimaux.

297. Pour écrire les nombres qui expriment des unités métriques, on place l'unité principale au rang des unités simples; les *déca*, au rang des dizaines; les *hecto*, au rang des centaines; les *kilo*, au rang des mille, et les *myria*, au rang des dizaines de mille. Les *déci* se placent au rang des dixièmes; les *centi*, au rang des centièmes, et les *milli*, au rang des millièmes.

D'après cette règle, on écrira :

325 mètres 15 centimètres, 325^m, 15
346 décamètres 34 millimètres,   3460 , 034
18 kilomètres 7 mètres 9 millimètres, 18007 , 009

298. Quand l'un des multiples ou des sous-multiples est pris pour unité, on met la virgule à la droite du chiffre qui le représente ; et les autres multiples ou sous-multiples se placent, à gauche ou à droite, dans l'ordre qui convient.

Par exemple, dans le nombre 345, 6789, si l'on suppose que le 5 représente des hectogrammes, le 4 représentera des kilogrammes, et le 3 des myriagrammes; le 6 représentera des décagrammes ou dixièmes d'hectogramme ; le 7 représentera des grammes ou centièmes d'hectogramme; le 8, des décigrammes ou millièmes d'hectogramme; et, enfin, le 9 représentera des centigrammes ou dix-millièmes d'hectogramme.

299. Lorsqu'on a plusieurs nombres exprimant divers multiples ou sous-multiples de la même unité, il est souvent nécessaire de les ramener à la même espèce, c'est-à-

dire, à exprimer soit l'unité principale, ce qui est le plus ordinaire, soit le même multiple ou le même sous-multiple.

Or, il n'y a qu'à se rappeler le principe de la numération et la signification des mots *déca, hecto, kilo, myria, déci, centi, milli*, pour être en état d'opérer cette transformation avec la plus grande facilité. Il suffit souvent d'un simple déplacement de la virgule.

Soit à réduire 15 kilogrammes en grammes.

Le mot *kilo* signifiant *mille*, 15 kilogrammes sont la même chose que 15000 grammes.

Soit encore à trouver combien il y a d'hectomètres dans 7564 mètres, 2 décimètres.

Le mot *hecto* signifiant *cent*, il n'y a qu'à chercher combien le nombre proposé contient de centaines; et, par un simple déplacement de la virgule, on trouve 75 hectom. 642. Alors, le chiffre 6 signifie tout à la fois 6 décamètres et 6 dixièmes d'hectomètres; le 4 représente 4 mètres et 4 centièmes d'hectomètres; le 2 exprime 2 décimètres et 2 millièmes d'hectomètres; c'est absolument comme dans les nombres ordinaires, où les dizaines expriment des dixièmes de centaine; les unités, des centièmes de centaine, et les dixièmes, des millièmes de centaine.

Cette observation est utile principalement pour l'addition et la soustraction. Si l'on avait, par exemple, à faire la somme des nombres $12^{km},46 - 87^{hm},5932 - 639^m,58 - 42357^m,826$, on les ramènerait à exprimer des mètres, et l'on aurait :

$$12460^m$$
$$8759,32$$
$$639,58$$
$$42357,826$$

Total. $64216^m,726$

Il est facile de voir que la somme égale $64^{km}, 216726$; $642^{hm},16726$ ou $6421^{Dm},6726$.

De même, la différence des nombres $457^{Dl},29$ et $867^{Dl},43$ est :

$$4572^{Dl},9$$
$$867^{Dl},43$$

Différence. $3705^{Dl},47$

C'est-à-dire, 3705 décalitres 47 décilitres, ou 370 hectolitres 547 millièmes d'hectolitre, ou, enfin, 37054 litres 7 décilitres.

300. Après chaque nombre on désigne l'espèce d'unité par les abréviations indiquées dans le tableau suivant :

NATURE des grandeurs.	MULTIPLES.		UNITÉS.		SOUS-MULTIPLES.	
LONGUEURS	Myriamètre Kilomètre Hectomètre Décamètre	Mm. Km. Hm. Dm.	Mètre	m.	Décimètre Centimètre Millimètre	dm. (1) cm. mm.
SURFACES ORDINAIRES	Myriam. carré Kilom. carré Hectom. carré Décam. carré	Mm² Km² Hm² Dm²	Mètre carré	m²	Décim. carré Centim. carré Millim. carré	dm² cm² mm²
SURFACES AGRAIRES	Hectare	Ha	Are	a.	Centiare	ca
VOLUMES	Myriam. cube Kilom. cube Hectom. cube Décam. cube	Mm³ Km³ Hm³ Dm³	Mètre cube	m³	Décim. cube Centim. cube Millim. cube	dm³ cm³ mm³
BOIS DE CHAUFFAGE	Décastère	Ds.	Stère	s.	Décistère	ds.
CAPACITÉS	Myrialitre Kilolitre Hectolitre Décalitre	Ml. Kl. Hl. Dl.	Litre	l.	Décilitre Centilitre Millilitre	dl. cl. ml.
POIDS	Myriagramme Kilogramme Hectogramme Décagramme	Mg. Kg. Hg. Dg.	Gramme	g	Décigramme Centigramme Milligramme	dg. cg. mg.
MONNAIES	»		Franc	f.	Décime Centime	d. c.

(1) Lorsqu'*un multiple* et *un sous-multiple* sont indiqués par la même abréviation, le multiple se distingue par une majuscule et le sous-multiple par une minuscule.

Ex. Décamètre, Dm. ; décimètre, dm.

§ III.

Mesures de longueur.

301. On appelle mesures de LONGUEUR celles qui servent à mesurer l'étendue considérée comme ligne, telle que la longueur d'une route, d'une pièce d'étoffe, d'un mur, d'une table ou de tout autre objet.

302. L'unité principale des mesures de longueur est le MÈTRE.

303. Le mètre est une longueur qui égale la dix-millionième partie du quart du méridien terrestre (1).

304. Les *multiples* du mètre sont :
Le DÉCAMÈTRE, qui égale 10 mètres.
L'HECTOMÈTRE, qui égale 100 mètres.
Le KILOMÈTRE, qui égale 1.000 mètres.
Le MYRIAMÈTRE, qui égale 10.000 mètres.

305. Les *sous-multiples* du mètre sont :
Le DÉCIMÈTRE, qui égale la dixième partie du mètre.
Le CENTIMÈTRE, qui égale la centième partie du mètre et la 10e partie du décimètre.
Le MILLIMÈTRE, qui égale la millième partie du mètre, la 100e partie du décimètre et la 10e partie du centimètre.

306. Le *décamètre* n'est guère employé que dans l'arpentage ou la mesure des propriétés.

L'*hectomètre*, le *kilomètre* et le *myriamètre* servent à évaluer les distances géographiques, comme la distance d'une ville à une autre, et se nomment *mesures itinéraires*.

Sur plusieurs routes, les kilomètres sont marqués par des bornes principales, et les hectomètres par des bornes plus petites numérotées de 1 à 9.

Un homme marchant d'un pas ordinaire fait un hectomètre en 1 minute, et 1 kilomètre en 10 minutes ; 12 pas ordinaires valent environ 10 mètres.

---

(1) Le méridien est un cercle imaginaire qui fait le tour de la terre en passant par les deux pôles. Le quart de ce méridien a été trouvé de 5.130.740 toises. C'est ce nombre qui, divisé par dix millions, a donné le mètre.

Le MÈTRE et ses sous-multiples s'emploient dans les autres circonstances et se comptent avec les nombres ordinaires. On dit, par exemple, *dix, cent, mille mètres d'étoffe*, et non un décamètre, un hectomètre ou un kilomètre.

307. Les mesures EFFECTIVES de longueur sont :

1° Le DOUBLE-DÉCAMÈTRE, mesure de 20 mètres;

2° Le DÉCAMÈTRE ou chaîne d'arpenteur, qui égale 10 mètres;

3° Le DEMI-DÉCAMÈTRE, qui égale 5 mètres;

4° Le DOUBLE-MÈTRE;

5° Le MÈTRE;

6° Le DEMI-MÈTRE;

7° Le DOUBLE-DÉCIMÈTRE;

8° Le DÉCIMÈTRE.

308. Ces mesures sont établies dans la forme qui convient le mieux à l'usage qu'on veut en faire. Les trois premières sont ordinairement formées de tiges de fer réunies par des anneaux. Il y a des mètres en forme de règle ou de canne, d'autres sont composés de deux, de cinq, ou de dix parties qui se plient sur elles-mêmes.

Les trois dernières sont le plus souvent en une seule pièce, ou brisées en deux parties et à charnières.

La figure ci-contre représente un *décimètre* de grandeur naturelle divisé en centimètres et en millimètres.

§ IV.

Mesures de surface.

309. Les mesures de SURFACE servent à évaluer l'étendue considérée sous les deux dimensions, *longueur* et *largeur*, comme le dessus d'une table, la façade d'une maison, la superficie d'un terrain, etc.

MESURES DE SURFACE.

310. L'unité des mesures de surface est le MÈTRE CARRÉ (1).

311. Le mètre carré est un carré dont les côtés ont un mètre de longueur.

312. Les *multiples* du mètre carré sont : le DÉCAMÈTRE CARRÉ, l'HECTOMÈTRE CARRÉ, le KILOMÈTRE CARRÉ et le MYRIAMÈTRE CARRÉ.

Le DÉCAMÈTRE CARRÉ est un carré de 10 mètres de côté = 100 mètres carrés.

L'HECTOMÈTRE CARRÉ est un carré de 100 mètres de côté = 100 décamètres carrés = 10.000 mètres carrés.

Le KILOMÈTRE CARRÉ est un carré de 1000 mètres de côté = 100 hectomètres carrés = 10.000 décamètres carrés = 1.000.000 de mètres carrés.

Le MYRIAMÈTRE CARRÉ est un carré de 10.000 mètres de côté = 100 kilomètres carrés = 10.000 hectomètres carrés = 1.000.000 de décamètres carrés = 100.000.000 de mètres carrés.

313. Les *sous-multiples* du mètre carré sont : le DÉCIMÈTRE CARRÉ, le CENTIMÈTRE CARRÉ et le MILLIMÈTRE CARRÉ.

Le DÉCIMÈTRE CARRÉ est un carré d'un décimètre de côté = la 100e partie du mètre carré.

Le CENTIMÈTRE CARRÉ est un carré d'un centimètre de côté = la 100e partie du décimètre carré = la 10.000^e partie du mètre carré.

Le MILLIMÈTRE CARRÉ est un carré d'un millimètre de côté = la 100e partie du centimètre carré, la 10.000^e partie du décimètre carré = la $1.000.000^e$ partie du mètre carré.

314. Les mesures de surface sont de 100 en 100 fois plus grandes ou plus petites les unes que les autres.

---

(1) On appelle *carré* une surface terminée par quatre lignes égales formant quatre angles droits.

6.

En effet, supposons que le carré ci-contre soit un décimètre carré ayant tous ses côtés divisés en centimètres. Si, par les points correspondants, on trace des lignes droites, on aura dix rangs ayant chacun dix carrés d'un décimètre de côté, ou $10 \times 10 = 100$ centimètres carrés.

Si l'on suppose que le carré entier soit un mètre carré, chaque petit carré sera un décimètre carré, et il y en aura 100 dans le mètre carré.

Même explication pour les autres multiples ou sous-multiples, en supposant les côtés du carré de la grandeur convenable.

315. Il suit de là que les noms des multiples et des sous-multiples des mesures de superficie ne conservent leur signification primitive que par rapport aux côtés des carrés qu'ils désignent.

Ainsi, il ne faut pas confondre le décimètre carré avec le dixième du mètre carré, le centimètre carré avec le centième du mètre carré, le millimètre carré avec le millième du mètre carré.

1° Le *décimètre carré* est contenu *cent* fois dans le *mètre carré*, et le dixième du mètre carré n'y est contenu que *dix* fois; de sorte que le *dixième* du mètre carré égale *dix décimètres carrés*;

2° Le *centimètre carré* est contenu *dix mille* fois dans le *mètre carré*, et le centième du mètre carré n'y est contenu que *cent* fois; de sorte que le *centième* du mètre carré

MESURES DE SURFACE. 131

égale cent *centimètres carrés*: donc, le *centième* du mètre carré est la même chose que le *décimètre carré*;

3° Le *millimètre carré* est contenu *un million* de fois dans le *mètre carré*, et le millième du mètre carré n'y est contenu que *mille* fois; de sorte que le *millième* du mètre carré égale *mille millimètres carrés*.

316. Le *mètre carré* sert à évaluer les surfaces dans les travaux de maçonnerie, de peinture, de menuiserie, etc.; et ses sous-multiples servent à évaluer les surfaces de petites dimensions, comme une feuille de verre, de carton, de papier, etc.

Le *décamètre carré* est employé pour l'arpentage, et prend le nom d'*are*.

L'*hectomètre carré*, le *kilomètre carré* et le *myriamètre carré* servent à évaluer l'étendue d'un État, d'un département, d'un canton, etc., et se nomment *mesures topographiques*. C'est le kilomètre carré qui est l'unité ordinaire des mesures topographiques.

317. Quand il s'agit d'évaluer la surface des propriétés foncières, l'unité principale est l'ARE qui est un décamètre carré, ou un carré ayant 10 mètres de côté et 100 mètres de superficie.

318. L'are n'a qu'un multiple qui est l'*hectare*, mesure de cent ares. C'est la même chose que l'hectomètre carré ou 10,000 mètres carrés.

319. L'are n'a aussi pour sous-multiple que le *centiare*, qui est la centième partie de l'are ou un mètre carré.

320. L'*are*, l'*hectare* et le *centiare* composent ce qu'on appelle les *mesures agraires*.

321. Pour avoir des mesures agraires dont les côtés et les surfaces soient assujettis au système décimal, on n'a adopté que l'hectare, l'are et le centiare qui sont des carrés parfaits ayant des côtés de 100, 10 et 1 mètre.

Les autres multiples ou sous-multiples de l'are seraient trop grands ou ne formeraient pas des carrés. Le déciare, par exemple, serait un rectangle de 10 mètres sur 1 mètre; et le décare, un rectangle de 100 mètres sur 10 mètres.

322. Il n'y a pas de mesures *effectives* pour les surfaces. On les évalue au moyen des procédés géométriques, d'après leurs dimensions que l'on détermine avec les mesures de longueur.

323. Les mesures de surface étant de 100 en 100 fois plus grandes ou plus petites les unes que les autres, il faut toujours deux chiffres pour exprimer chaque sous-multiple de l'unité employée.

Ainsi, 1°   A la suite du mètre carré, il faut :
- 2 chiffres pour représenter les *décimètres carrés;*
- 2 chiffres pour représenter les *centimètres carrés;*
- 2 chiffres pour représenter les *millimètres carrés;*

2°   A la suite de l'hectare, il faut :
- 2 chiffres pour représenter les *ares ;*
- 2 chiffres pour représenter les *centiares ;*

3°   A la suite du myriamètre carré, il faut :
- 2 chiffres pour représenter les *kilomètres carrés ;*
- 2 chiffres pour représenter les *hectomètres carrés;*
- 2 chiffres pour représenter les *décamètres carrés;*
- 2 chiffres pour représenter les *mètres carrés.*

D'après cela, le nombre 45 mètres carrés 7389 doit se lire : 45 mètres carrés 73 décimètres carrés 89 centimètres carrés.

On pourrait le lire aussi : 45 mètres carrés 7389 centimètres carrés : car, le décimètre carré valant 100 centimètres carrés, 73 décimètres carrés vaudront 7300 centimètres carrés.

Enfin, on peut le lire encore, d'après le n° 315 ci-dessus : 45 m² 7389 dix-millièmes de m², en se rappelant que le dix-millième du mètre carré est un centimètre carré.

Le premier chiffre à la suite des mètres carrés, représente tout à la fois des *dixièmes* de mètre carré et des *dizaines* de décimètres carrés; le second chiffre, des *centièmes* de m², et des *unités* de dm² ; le troisième chiffre, des *dix-millièmes* de m² et des *dizaines* de cm² ; le quatrième chiffre, des *dix-millièmes* de m² et des *unités* de cm² , etc.

D'où il suit que le dm², ou la centième partie du m², s'écrit au rang des centièmes; le cm², ou la 10.000ᵉ partie du m², au rang des dix-millièmes ; le mm², ou la millionième partie du m², au rang des millionièmes.

3 mèt. car. 5 décim. car., ce qui est la même chose que 3 m² 5 centièmes de m², s'écrivent : 3^{m²},05 ;

8 mèt. car. 6 décim. car. 4 centim. car., ou 8 m² 604 dix-millièmes de m², s'écrivent : 8^{m²},0604.

323. Pour lire facilement les décimales des mesures carrées, on peut les diviser en tranches de deux chiffres, à partir de la virgule, et compléter, par la pensée ou par zéro, la dernière tranche à droite, si elle n'a qu'un chiffre.

7^{m²},08543 se lit : 7 m² 8 dm² 54 cm² 80 mm² ;
12^{ha},002 se lit : 12 hectares 20 centiares ;
4^{Km²},07504 se lit : 4 Km² 7 Hm² 50 Dm² 40 m² ; ou 4 Km² 7504 cent-millièmes de Km².

§ IV.

Mesures de Volume ou de Solidité.

324. Les mesures de VOLUME servent à évaluer l'étendue considérée sous les trois dimensions, *longueur*, *largeur*, *hauteur* ou *épaisseur*, comme la grosseur d'un bloc de pierre, d'une pièce de bois, la grandeur d'une excavation, etc.

L'unité des mesures de volume est le MÈTRE CUBE (1).

Le mètre cube est un cube qui a un mètre de côté, c'est-à-dire, 1 mètre de long, 1 mètre de large, 1 mètre de haut.

325. Les *multiples* du mètre cube, s'ils existaient, seraient :

Le DÉCAMÈTRE CUBE, de 10 m. de côté = 1000 m³.

L'HECTOMÈTRE CUBE, de 100 m. de côté = 1000 Dm³ = 1.000.000 de m³.

Le KILOMÈTRE CUBE, de 1000 m. de côté = 1000 Hm³ = 1.000.000 de Dm³ = 1.000.000.000 de m³.

Le MYRIAMÈTRE CUBE, de 10.000 m. de côté = 1.000

---

(1) On appelle *cube* un corps terminé par six faces carrées égales, tel qu'un dé à jouer, par exemple. La rencontre des faces forme les *arêtes*.

Km³ = un million d'Hm³ = un billion de Dm³ = un trillion de m³.

Mais on ne fait pas usage de ces multiples, on compte le mètre cube par dizaines, centaines, mille, etc. On dit : 10 m³, 100 m³, 1.000 m³, etc.

326. Les *sous-multiples* du mètre cube sont :

Le DÉCIMÈTRE CUBE, d'un décimètre de côté = la 1000ᵉ partie du m³.

Le CENTIMÈTRE CUBE, d'un centimètre de côté = la 1000ᵉ partie du dm³ = la millionième partie du m³.

Le MILLIMÈTRE CUBE, d'un millimètre de côté = la 1000ᵉ partie du cm³ = la millionième partie du dm³ = la billionième partie du m³.

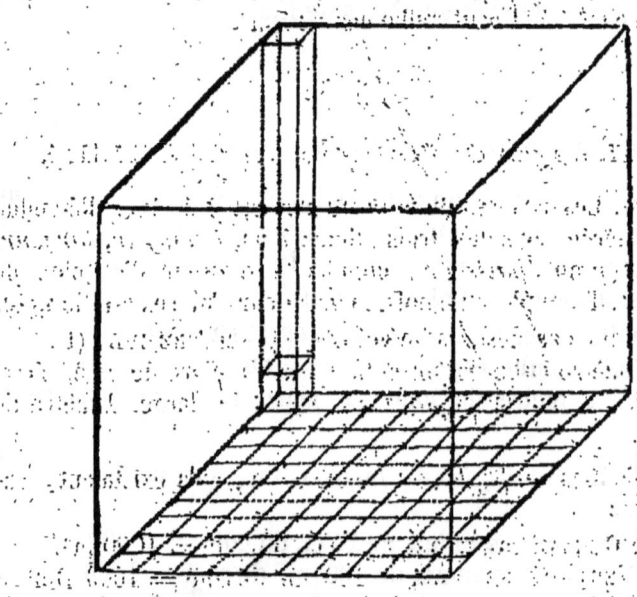

326. Les mesures de volume sont de mille en mille fois plus grandes ou plus petites les unes que les autres.

En effet, si l'on place, à côté les unes des autres, dix rangées composées chacune de dix petits cubes d'un décimètre de côté, comme l'indique la figure ci-dessus, on aura 100 décimètres cubes, formant une première couche qui aura un mètre de long, un mètre de large, et un décimètre de haut. Or, pour former un mètre cube, il faut placer, l'une sur l'autre, dix couches semblables, c'est-à-dire, qu'on aura : 10×10×10=100×10 = 1000 décimètres cubes.

Le même raisonnement peut s'appliquer aux autres multiples ou sous-multiples du mètre cube.

D'où l'on conclut encore, comme dans les mesures de surface, que les multiples et les sous-multiples du mètre cube ne conservent leur signification primitive que par rapport aux côtés de ces cubes.

328. Les sous-multiples du mètre cube, étant de mille en mille fois plus petits, il faut :

3 chiffres pour représenter les *décimètres cubes*.
3 chiffres pour représenter les *centimètres cubes*.
3 chiffres pour représenter les *millimètres cubes*.

Le nombre 86^{m^3}, 752 941, par exemple, doit se lire : 86 m^3 752 dm^3 941 cm^3. Le 7 représente des *dixièmes* de m^3 et des *centaines* de dm^3; le 5 représente des *centièmes* de m^3 et des *dizaines* de dm^3; le 2 représente des *millièmes* de m^3 et des *unités* de dm^3; le 9 représente des *dix-millièmes* de m^3 et des *centaines* de cm^3; le 4 représente des *cent-millièmes* de m^3 et des *dizaines* de cm^3; le 1, enfin, représente un *millionième* de m^3 et une *unité* de cm^3. Et de même pour les millimètres cubes.

Donc, on devra lire et écrire 2 m^3 5 dixièmes : 2^{m^3}, 5 ; mais, 2 m^3 5 dm^3, s'écriront : 2^{m^3}, 005 ; 4 m^3 68 cm^3 : 4^{m^3}, 000 068 ; 5 dm^3 2 mm^3 : 0^{m^3}, 005 000 002.

329. Pour lire facilement les décimales du mètre cube, il faut les partager en tranches de 3 chiffres, à partir de la virgule, et compléter, par la pensée ou par des zéros, la dernière tranche à droite, si elle n'a qu'un ou deux chiffres.

12^{m^3}, 70805403 se lit : 12 m^3 708 dm^3 54 cm^3 30 mm^3 ou bien : 12^{m^3}, 70 805 403 cent-millionièmes de m^3.

828. On voit : 1° que le dm^3 est contenu 1000 fois dans le m^3, et que le dixième n'y est contenu que 10 fois ; de sorte que le dixième du m^3 égale cent dm^3.

2° Que le cm^3 est contenu 1.000.000 de fois dans le m^3 et que le centième de m^3 n'y est contenu que 100 fois ; de sorte qu'un centième de m^3 égale 10.000 cm^3.

3° Que le mm³ est contenu un billion de fois dans le m³, et que le millième de m³ n'y est contenu que 1000 fois; de sorte que le millième du m³ égale un million de mm³.

MESURE POUR LE BOIS DE CHAUFFAGE.

330. Pour les besoins ordinaires de la vie, on emploie le *mètre cube* et ses sous-multiples.

Lorsqu'il s'agit de mesurer le bois de chauffage, on emploie le mètre cube sous le nom de STÈRE.

331. Le stère n'a qu'un *multiple* qui est le DÉCASTÈRE ou mesure de dix stères.

332. Il n'a aussi qu'un sous-multiple qui est le DÉCISTÈRE ou dixième de stère.

333. On compte généralement les stères avec les nombres ordinaires; ainsi, on dit : 20 stères, 100 stères, et même 10 stères au lieu d'un *décastère*.

Les décistères étant le dixième du stère, se placent immédiatement à la droite de l'unité.

334. Pour le bois de chauffage, il y a trois mesures EFFECTIVES, savoir :

Le DEMI-DÉCASTÈRE, mesure de 5 stères.

Le DOUBLE-STÈRE, mesure de 2 stères.

Le STÈRE, mesure d'un mètre cube.

335. Ces mesures sont des chassis formés d'une traverse inférieure nommée *sole*, et de deux *montants* soutenus par deux *contre-fiches*.

MESURES DE CAPACITÉ.

La distance des montants est de 1 mètre pour le stère ; de 2 mètres, pour le double stère, et de 3 mètres, pour le demi-décastère.

La hauteur varie suivant la longueur des bûches, de manière qu'en multipliant les trois dimensions on ait un mètre cube pour le stère, 2 mètres cubes pour le double stère, et 5 mètres cubes pour le demi-décastère. Ainsi, lorsque les bûches ont 1^m,14 comme à Paris, la hauteur est de 0^m,8772 pour le stère et le double stère, et de 1^m,462 pour le demi-décastère.

$$1^m,14 \times 0^m,8772 \times 1^m = 1 \text{ mètre cube.}$$

Cette égalité fournit le moyen de trouver soit la longueur des bûches, soit la hauteur des montants. Il suffit de remplacer par x le nombre inconnu et de résoudre l'équation. Si les bûches ont, par exemple, 0^m,80^c, on aura : $0,80 \times x \times 1 = 1$; et la hauteur des montants sera : $x = \frac{1}{0,80 \times 1} = 1^m,25^{cm}$.

Le vide que laissent les bûches entre elles est égal, en moyenne, aux $\frac{35}{100}$ du volume total. Il varie selon leur forme et leur arrangement.

§ V.

Mesures de Capacité.

336. Les mesures de CAPACITÉ servent à mesurer les *liquides*, comme le vin, l'huile, et les *matières sèches*, comme les grains, les farines.

337. L'unité des mesures de capacité est le LITRE.

338. Le litre est une mesure de la contenance d'un décimètre cube (1).

339. Les *multiples* du litre sont :

Le DÉCALITRE, qui égale 10 litres.

L'HECTOLITRE, qui égale 10 décalitres ou 100 litres.

Le KILOLITRE, qui égale 10 hectolitres, 100 décalitres, ou 1000 litres.

Le MYRIALITRE qui égale 10 kilolitres, 100 hectolitres, 1000 décalitres, ou 10.000 litres.

---

(1) On donne ordinairement au *litre* la forme cylindrique, qui est plus commode que la forme cubique et moins sujette à se déformer.

340. Les *sous-multiples* du litre sont :

Le DÉCILITRE, qui est la 10ᵉ partie du litre.

Le CENTILITRE, qui est la 10ᵉ partie du décilitre et la 100ᵉ partie du litre.

Le MILLILITRE, qui est la 10ᵉ partie du centilitre, la 100ᵉ partie du décilitre, et la 1000ᵉ partie du litre.

341. Le *kilolitre* et le *myrialitre* donnant des mesures trop grandes, ne s'emploient pas ordinairement ; il en est de même du *millilitre*, pour une raison contraire.

L'*hectolitre* et le *décalitre* servent pour le commerce en gros ; le *litre* et ses *sous-multiples* servent pour le détail.

On dit, par exemple, 60 hectolitres 45 litres de vin de Bordeaux ; 100 hectolitres 6 décalitres de froment ; 20 litres, 7 décilitres de petits pois.

342. Les mesures EFFECTIVES pour les liquides se subdivisent en trois classes :

1° L'*hectolitre* et le *décalitre*, avec leur double et leur moitié, pour le commerce en gros. Ces mesures, établies en *cuivre*, en *fonte* ou en *tôle*, doivent être *étamées* et avoir la forme d'un cylindre dont la profondeur égale le diamètre.

En voici le tableau et les dimensions :

NOMS DES MESURES.	PROFONDEUR ET DIAMÈTRE, d'après les instructions ministérielles.	
Double-hectolitre.	633 millimètres	9 dixièmes.
HECTOLITRE.	503	1
Demi-hectolitre.	399	3
Double-décalitre.	294	2
DÉCALITRE.	233	5
Demi-décalitre.	185	3

Le nom de chaque mesure est inscrit à la surface extérieure, et le nom ou la marque du fabricant est appliquée sur le fond. Il en est de même pour les autres mesures de capacité.

MESURES DE CAPACITÉ.

2° Les mesures depuis le *double-litre* jusqu'au *centilitre*, inclusivement, pour le commerce en détail. Ces mesures ont aussi la forme d'un cylindre, mais la profondeur est double du diamètre. On les fabrique en *étain*, ayant au moins 82 centièmes d'étain et le reste de plomb. Elles doivent avoir une anse et conserver sur le bord supérieur la venue du moule, afin de prévenir toute altération de la capacité. Il y en a aussi en *fer-blanc*.

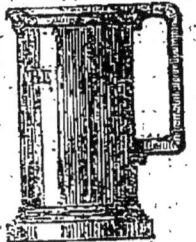

En voici le tableau et les dimensions :

NOMS des MESURES.	PROFONDEUR intérieure.		DIAMÈTRE intérieur.		POIDS avec anses sans couvercles.
	millim.	dixièm.	millim.	dixièm.	
Double-litre	216	7	108	4	1700 gr.
LITRE	172	0	86	0	1100
Demi-litre	136	6	68	3	650
Double-décilitre	100	6	50	3	335
DÉCILITRE	79	9	39	9	180
Demi-décilitre	63	4	31	7	110
Double-centilitre	46	7	23	4	60
CENTILITRE.	37	1	18	5	35

3° Il y a, en outre, une série de mesures qui ne peuvent être établies qu'en *fer-blanc*, et qui sont exclusivement destinées pour le *lait* et pour *l'huile*. Elles ont, comme les mesures en cuivre, la forme d'un cylindre dont la profondeur égale le diamètre.

SYSTÈME MÉTRIQUE.

En voici le tableau et les dimensions.

NOMS DES MESURES.	PROFONDEUR ET DIAMÈTRE, d'après les instructions ministérielles.	
Double-hectolitre.	633 millimètres 9 dixièmes.	
HECTOLITRE.	305	1
Demi-hectolitre.	399	3
Double-décalitre.	294	2
DÉCALITRE.	233	5
Demi-décalitre.	185	3
Double-litre.	136	6
LITRE.	108	4
Demi-litre.	86	0
Double-décilitre	63	4
DÉCILITRE.	50	3
Demi-décilitre.	39	9
Double-centilitre.	29	5
CENTILITRE.	23	4

La série des mesures pour le *lait* commence au double-litre et finit au demi-décilitre.

Les mesures pour *l'huile* sont marquées extérieurement de la lettre M ou B, suivant qu'elles servent pour l'huile à manger ou l'huile à brûler.

344. Les mesures effectives pour les *matières sèches* sont l'*hectolitre*, le *décalitre*, le *litre* et le *décilitre*, avec leur double et leur moitié. Elles sont, ordinairement, en bois de chêne avec une bordure de tôle rabattue, pour en conserver les dimensions; et elles ont aussi la forme d'un cylindre dont la profondeur égale le diamètre.

On a ci-dessus le tableau et les dimensions de ces mesures, en s'arrêtant au demi-décilitre.

Quand ces mesures sont intérieurement garnies de potences, la hauteur doit être augmentée de manière que la contenance soit toujours la même.

§ VI.

Mesures de Poids.

345. Les mesures de POIDS servent à peser les corps.

346. L'unité principale des mesures de poids est le GRAMME.

Le GRAMME est le poids d'un centimètre cube d'eau pure, à la température de 4 degrés au dessus de zéro et pesée dans le vide.

348. Les *multiples* du gramme sont :

Le DÉCAGRAMME, qui égale 10 grammes.

L'HECTOGRAMME, qui égale 10 décagrammes et 100 grammes.

Le KILOGRAMME, qui égale 10 hectogrammes, 100 décagrammes et 1000 grammes.

Le MYRIAGRAMME, qui égale 10 kilogrammes, 100 hectogrammes, 1000 décagrammes et 10.000 grammes.

349. Les *sous-multiples* du gramme sont :

Le DÉCIGRAMME, qui est la 10e partie du gramme.

Le CENTIGRAMME, qui est la 10e partie du décigramme et la 100e partie du gramme.

Le MILLIGRAMME, qui est la 10e partie du centigramme, la 100e partie du décigramme, et la 1000e partie du gramme.

350. L'expression *myriagramme* est peu usitée ; on dit plutôt 10 kilogrammes.

Le *kilogramme* est l'unité ordinairement employée dans le commerce, et les multiples inférieurs en sont les parties décimales : un hectogramme est un dixième de kilogramme, un décagramme, un centième, etc.

135. Un poids de 100 kilogrammes forme le *quintal métrique*, et celui de 1000 kilogrammes forment le *millier*, la *tonne* ou le *tonneau de mer*. Un navire de 200 tonneaux est un navire qui peut être chargé de 200.000 kilogrammes. On dit : 1500 tonnes de charbon, wagon chargé de 1500

tonnes de minerai ; ce qui exprime un poids de 15.000.000 de kilogrammes.

Le gramme et ses sous-multiples sont employés dans l'évaluation des choses précieuses. On dit par exemple, 26 grammes 5 décigrammes d'argent ; 8 grammes 325 milligrammes d'or.

352. Les mesures EFFECTIVES de poids sont en fonte ou en cuivre.

353. Les poids en fonte sont les poids de 50, 20, 10, 5, 2, 1, 1/2 kilogrammes ; 2, 1, 1/2 hectogrammes.

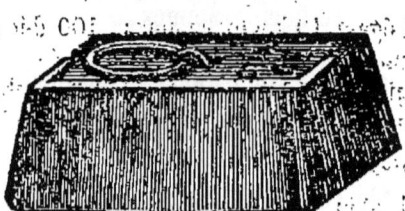

La forme de ces poids est une pyramide tronquée dont la base est un rectangle à angles arrondis, pour les deux premiers, et un hexagone régulier pour les autres.

354. Les poids en cuivre sont de deux sortes. 1° Les poids compris depuis 20 kilogrammes jusqu'au gramme ont la forme d'un cylindre surmonté d'un bouton. La hauteur du cylindre égale son diamètre, et celle du bouton en est la moitié. Cependant, les poids d'*un* et *deux* grammes ont un diamètre plus grand, afin qu'on puisse y graver le nom du poids.

2° Les poids d'un demi-gramme et au-dessous sont des lames minces de cuivre, d'argent ou de platine, ayant une forme carrée ou octogonale. Quelquefois, l'un des angles est relevé, ce qui permet de saisir le poids plus facilement.

MESURES DE POIDS. 143

355. Il y a aussi des poids en forme de godets coniques, qui s'emboîtent les uns dans les autres.

Chaque série forme un poids d'un kilogramme ou d'un de ses sous-multiples, et chaque pièce correspond à l'un des poids cylindriques.

Une *série usuelle* de poids de 1 kilogramme se compose d'un poids de 1 gramme, de deux poids de 2 gram., d'un poids de 5 gram., de deux poids de 10 gram., d'un poids de 20 gram. d'un poids de 50 gram., de deux poids de 100 gram., d'un poids de 200 gram., et d'un poids de 500 gram.

Celle de deux kilogrammes comprend, en outre, un poids de 1 kilog.

Il faut deux poids de 2 gram., de 10 gram. et de 100 gram.; sans cela, on ne pourrait pas peser 4 gram., ni de 41 gram. à 49 gram., ni de 401 gram. à 499 gram., à moins de mettre des poids avec les marchandises. Ainsi, pour peser 4 gram., il faudrait mettre le poids de 5 grammes sur l'un des plateaux, et mettre celui de 1 gramme avec la marchandise.

356. Les poids, soit en fer, soit en cuivre, se divisent en trois classes : 1° Les poids de 50 kilogrammes et au-dessous, jusque et y compris le kilogramme, sont appelés GROS POIDS.

2° Les poids au-dessous du kilogramme y compris le gramme, sont appelés POIDS MOYENS.

3° Enfin, les poids inférieurs au gramme, sont appelés PETITS POIDS.

357. Pour peser un corps, on se sert le plus souvent de la balance, que tout le monde connaît. On met le corps à peser dans l'un des bassins de la balance, et l'on charge l'autre bassin avec des poids jusqu'à ce que l'équilibre soit établi : alors on dit que le corps pèse autant que les poids.

Pour vérifier une balance, on établit l'équilibre entre le corps à peser et les poids; puis, on change de plateau le corps et les poids; si l'équilibre subsiste encore, la balance est bonne.

Lorsque la balance n'est pas juste, on peut y remédier par la méthode des *doubles-pesées*. Pour cet effet, après avoir placé dans l'un des bassins l'objet que l'on doit peser, on fait l'équilibre en mettant du sable, de la grenaille de plomb, ou quelque autre corps dont le volume soit facile à augmenter et à diminuer; ensuite l'on retire l'objet que l'on veut peser, et on le remplacé par des poids jusqu'à ce que l'équilibre soit établi de nouveau : alors, on est sûr que l'objet à peser égale ce poids, puisqu'il fait équilibre à la même résistance que lui, et dans les mêmes conditions.

§ VII.

Mesures Monétaires.

358. Les mesures MONÉTAIRES servent à évaluer le prix des choses.

359. L'unité principale des monnaies est le FRANC.

360. Le FRANC est une pièce d'argent du poids de 5 grammes, contenant neuf dixièmes d'argent et un dixième de cuivre. Cet alliage a pour but de donner plus de solidité à la monnaie.

361. La quantité d'argent pur contenue dans la monnaie, évaluée en millièmes, est ce qu'on appelle le *titre* de la monnaie. Le titre du franc est donc de $\frac{900}{1000} = \frac{9}{10}$, ce qui signifie qu'il est formé de 900 parties d'argent pur et 100 parties de cuivre, ou comme nous l'avons dit : $\frac{9}{10}$ d'argent et $\frac{1}{10}$ de cuivre.

362. Le mot *franc* ne se lie à aucun des mots multiples ; pour les sous-multiples, on dit : *décime* et *centime*.

363. Les mesures EFFECTIVES ou les pièces de monnaie sont en or, en argent ou en bronze.

364. Comme il est très-difficile de donner exactement le titre et le poids fixés pour chaque pièce, la loi tolère une légère erreur en plus ou en moins ; c'est ce qu'on appelle la *tolérance*.

La monnaie d'or ou d'argent est au titre de $\frac{900}{1000}$, avec une tolérance de $\frac{2}{1000}$. On excepte les pièces de 50 et de 20 centimes qui sont au titre de $\frac{835}{1000}$, avec une tolérance de $\frac{3}{1000}$.

La monnaie de bronze est composée de $\frac{95}{100}$ de cuivre, $\frac{4}{100}$ d'étain et $\frac{1}{100}$ de zinc, avec une tolérance de $\frac{1}{100}$ pour le cuivre et $\frac{5}{100}$ pour l'étain et le zinc.

365. La série des pièces de monnaie, composée de 5 pièces

MESURES MONÉTAIRES.

en or, 5 en argent, 4 en bronze, se trouve détaillée dans le tableau suivant :

DÉNOMINATION et valeur DES PIÈCES.	POIDS EXACT ou DROIT.	Tolérance		Poids avec la tolérance		DIAMÈTRE ou module EN MILLIMÈTRES.
		EN MILLIÈMES du poids DE LA PIÈCE.	EN GRAMMES.	EN PLUS.	EN MOINS.	
OR.	gramme.	millième.	gramme.	gramme.	gramme.	millim.
100 fr.	32,258	1	0,03226	32,29026	32,22574	35
50	16,129	2	0,03226	16,16126	16,09674	28
20	6,4516	2	0,01290	6,4645	6,4387	21
10	3,2258	2,5	0,00806	3,23386	3,21773	19
5	1,6129	3	0,00484	1,61774	1,60806	17
ARGENT						
5	25	3	0,075	25,075	24,925	37
2	10	5	0,05	10,05	9,95	27
1	5	5	0,025	5,025	4,975	23
0,50	2,50	7	0,0175	2,5175	2,4825	18
0,20	1	10	0,01	1,01	0,99	15
BRONZE ou cuivre.						
0,10	10	10	0,1	10,10	9,9	30
0,05	5	10	0,05	5,05	4,95	25
0,02	2	15	0,03	2,03	1,97	20
0,01	1	15	0,015	1,015	0,985	15

366. Le poids de toutes ces pièces est réglé par la loi, d'après celui du franc, et la valeur intrinsèque des métaux dont elles se composent.

367. En prenant l'argent pour unité, cette valeur est 15,50 pour l'or et $\frac{1}{20}$ pour le bronze.

On voit, en effet, dans le tableau précédent :

1° Que les diverses pièces d'argent pèsent autant de fois 5 grammes qu'elles contiennent de fois un franc; la pièce de

5 francs, par exemple, pèse 5 fois 5 grammes, et 100 fr. pèseront 100 fois 5 grammes ou 500 grammes.

2° Que la pièce de 100 fr. en or pèse 15 fois 1/2 moins que 100 fr. en argent c'est-à-dire $\frac{500}{15,5} = 32^{gr}, 258$.

3° Que la pièce de 10 centimes, qui est le 10ᵉ du franc, pèse 20 fois plus que le 10ᵉ du franc ou le 10ᵉ de 5 grammes, c'est-à-dire $0^{gr}, 5 \times 20 = 10$ grammes, et ainsi des autres.

D'où il suit :

1° Qu'à poids égal une somme en or vaut 15 fois et demi plus qu'en argent, et une somme en argent vaut 20 fois plus qu'en bronze.

2° Qu'un gramme d'argent monnayé vaut le 5ᵉ de 1 franc ou 0,20ᶜ; qu'un gramme d'or monnayé vaut 15 fois et demi plus, ou $0,20 \times 15,50 = 3^{fr}, 10^c$; et qu'un gramme de bronze vaut 20 fois moins ou $\frac{20\,c}{20} = 1$ centime.

3° Qu'une somme en argent pèse autant de grammes qu'elle vaut de fois 20 centimes; une somme en or, autant de grammes qu'elle vaut de fois 3 fr. 10; et une somme en bronze, autant de grammes qu'elle contient de centimes.

§ VIII.

Relations des mesures métriques.

368. Les mesures métriques, étant toutes basées sur le mètre, ont entre elles des relations qui permettent d'en retrouver une quelconque au moyen d'une autre, ou de les employer l'une pour l'autre.

369. Ces relations peuvent se déduire facilement des définitions mêmes de chaque mesure. Voici les principales.

On obtient le mètre en mettant bout à bout :

1° 25 pièces de 20 fr. et 25 pièces de 10 fr. : $\qquad 25 \times 21 + 25 \times 19 = 1000$

2° 20 pièces de 2 fr. et 20 pièces de 1 fr. : $\qquad 20 \times 27 + 20 \times 23 = 1000$

3° 40 pièces de 5 cent. ou 50 de 2 cent. : $\qquad 40 \times 25$ ou $50 \times 20 = 1000$

4° 20 pièces de 10 cent. et 20 pièces de 2 cent. : $\qquad 20 \times 30 + 20 \times 20 = 1000$

5° 25 pièces de 5 cent. et 25 pièces de 1 cent. : $\qquad 25 \times 25 + 25 \times 15 = 1000$

POIDS SPÉCIFIQUE.

Le mètre carré = 1 centiare.
Le décamètre carré = 1 are.
L'hectomètre carré = 1 hectare.
Le mètre cube = 1 stère.
10 mètres cubes = 1 décastère.
10 décimètres cubes = 1 décistère.

1 décimètre d'eau pure remplirait un litre et pèserait 1 kilogr., autant que 200 fr. en argent ou 10 fr. en bronze. D'où l'on a le tableau suivant :

1 mètre cube	1 kilolitre	1 tonneau		200.000 f.	10000 f.
100 déci. cube	1 hectol.	1 quintal		20.000 fr.	1000 fr.
10 décim. cube	1 décal.	1 myriagr.		2.000 fr.	100 fr.
1 décim. cube	1 litre	1 kilogr.		200 fr.	10 fr.
100 centi. cube	1 décil.	1 hectogr.		20 fr.	1 fr.
10 centim. cube	1 centil.	1 décagr.		2 fr.	10 c.
1 centim. cube	1 millil.	1 gram.		20 c.	1 c.

(Un volume d'eau égalant... Remplirait... Et pèserait... Autant que, en argent... Autant que, en bronze.)

330. Par ce qui précède on voit : 1° qu'il est facile d'obtenir le mètre et les divers poids au moyen des pièces de monnaie ; 2° que le poids d'une somme peut faire connaître sa valeur et réciproquement ; 3° que si l'on connaît le nombre de litres qu'il y a dans une quantité d'eau, on peut en déterminer le volume et le poids, et réciproquement.

371. Le poids de l'eau ordinaire diffère un peu de celui de l'eau pure ; mais, dans la pratique, on peut négliger cette différence.

POIDS SPÉCIFIQUE.

372. Le *poids spécifique* ou la *densité* d'un corps est le quotient du poids de ce corps divisé par celui d'un égal volume d'eau.

Par exemple, si un bloc de marbre de 5 décimètre cubes pèse 14 kilogr., comme 5 décimètres cubes d'eau pèsent

148 SYSTÈME MÉTRIQUE.

5 kilogr., la densité de ce marbre sera $\frac{14}{5} = 2,8$; ce qui signifie, qu'à volume égal, ce marbre pèse 2 fois et 8 dixièmes de fois autant que l'eau.

373. Voici le poids spécifique des principaux corps :

NOMS DES CORPS.	Densité.	NOMS DES CORPS.	Densité.
1° SOLIDES		**2° LIQUIDES.**	
Platine	21,53	Mercure	13,598
Or	19,258	Acide sulfurique	1,841
Plomb	11,352	— chlorhydrique	1,24
Argent	10,474	— azotique	1,217
Cuivre	8,788	Lait	1,03
Fer	7,788	Eau de mer	1,0263
Etain	7,29	Vin	0,993
Zinc	6,86	Huile d'olive	0,915
Marbre	2,80	Essence de térébenthine	0,870
Houille	1,329	Alcool absolu	0,792
Chêne sec	1,67	Éther sulfurique	0,715
Hêtre	0,852		
Frêne	0,845	**3° GAZ.**	
Orme et aune	0,800		
Pommier	0,793	Air	1/770 de l'eau
Noyer	0,671	Chlore	2,44 de l'air
Sapin	0,657	Oxigène	1,1056 id.
Peuplier commun	0,589	Azote	0,9713 id.
Liége	0,240	Hydrogène	0,0692 id.

374. Au moyen du poids spécifique, on arrive facilement à déterminer, d'une manière suffisamment exacte, le volume, la capacité et le poids des principaux corps, quand on connaît l'une de ces trois choses. Voici quelques exemples :

I. Trouver le poids de 2^{dm^3}, 270 $^{cm^3}$ de plomb.
Un décimètre cube de plomb pèse 11 K^g 352 ^{gr}.
Donc 2^{dm^3}, 270 pèseront $11,352 \times 2,270$ ou 25 kilog. 767 grammes.

II. Trouver le volume d'un morceau de plomb qui pèse 25 K^g 767 ^{gr}.

Un kilogr. d'eau a un volume de 1 dm^3.

POIDS SPÉCIFIQUE.

11 ^{kg},352 de plomb ont un volume de 1 dm³.

1 ^{kg} de plomb aura un volume de $\frac{1\ \text{dm}^3}{11,352}$ et 25 ^{kg} 767 gr. auront un volume de $\frac{1 \times 25,767}{11,352} = 2$ dm³, 270 cm³.

Ainsi, le poids d'un corps s'obtient en multipliant son volume par sa densité; et le volume, en divisant le poids par la densité.

III. Trouver le poids de 40 litres d'huile d'olive.

Un litre d'huile pèse 0^{kg},993 , 40 litres pèseront 40 fois plus, ou 0,9993 × 40 = 39 kilog. 720 gram.

IV. Quel est le poids d'un litre d'air ?

Un litre d'eau pèse un kilog. L'air sec à la température de zéro pèse 770 fois moins que l'eau : donc, un litre d'air pèse 1 kilog. ou 1000^{gr}/770 = 1^{gr},2987.

V. Quel est le volume de 45 gram. d'oxigène ?

45 grammes d'eau ont un volume de 45 centim. cubes. 45 grammes d'air auraient un volume 770 fois plus grand ou 45 × 770, et celui de l'oxigène sera :

$$\frac{45 \times 770}{1,1056} = 31 \text{ dm}^3,34045.$$

VI. Un morceau d'étain de 3$^{dm^3}$,250 pèse 23 ^{kg},6925. Quelle en est la densité ?

Un volume d'eau égal à celui de l'étain pèse 3^{kg},250^{gr}. Donc (372), la densité de l'étain est 23,6925/3,250 = 7,29.

CHAPITRE VI.

PUISSANCES ET RACINES.

375. Nous avons déjà vu (n°s 122, 123, 124), ce qu'on entend par puissance et racine, et comment on indique l'une et l'autre.

376. La seconde puissance d'un nombre s'appelle encore *carré*, parce qu'elle exprime la surface d'un carré dont le côté aurait ce nombre d'unités. Par exemple, la surface d'un carré de 25 mètres de côté est exprimée par $25 \times 25 = 625$ mètres carrés.

377. La troisième puissance d'un nombre s'appelle encore *cube*, parce qu'elle exprime le volume d'un cube dont une arête aurait ce nombre d'unités. Un cube de 2 mètres d'arête aurait un volume exprimé par $2 \times 2 \times 2 = 8$ mètres cubes.

378. Lorsque le nombre dont il faut extraire une racine est formé de plusieurs termes, on étend le signe sur tous ces termes.

L'expression $\sqrt{49 + 20 - 5}$, par exemple, annonce qu'il faut prendre la racine carrée du nombre exprimé par $49 + 20 - 5$ ou 64; sans cette précaution, on pourrait croire qu'il ne s'agit que du nombre 49.

§ I.

Formation des Puissances.

379. La formation des puissances d'un nombre ne présente aucune difficulté; il suffit de multiplier par lui-même, d'après les règles connues et selon le degré de la puissance, un nombre entier ou fractionnaire.

Ainsi, la 3e puissance de 7 est $7 \times 7 \times 7 = 343$;
la 3e puissance de 0,7 est $0,7 \times 0,7 \times 0,7 = 0,343$;
la 3e puissance de $\frac{4}{7}$ est $\frac{4}{7} \times \frac{4}{7} \times \frac{4}{7} = \frac{64}{343}$.

FORMATION DES PUISSANCES.

380. Voici les trois premières puissances des dix premiers nombres ; il est indispensable de les savoir par cœur, pour la facilité des opérations.

1re puissance. 1 2 3 4   5   6   7   8   9   10
2e puissance. 1 4 9 16 25 36 49 64 81 100
3e puissance. 1 8 27 64 125 216 343 512 729 1000

381. On peut encore, en multipliant deux ou plusieurs puissances d'un nombre, obtenir une nouvelle puissance dont l'exposant est la somme des autres.

On a, par exemple, $5^2 \times 5^3 = 5^5$; car $5^2 \times 5^3$ revient à $(5 \times 5) \times (5 \times 5 \times 5) = 5 \times 5 \times 5 \times 5 \times 5 = 5^5$.

382. Réciproquement, en divisant une puissance d'un nombre par une autre, on obtient une nouvelle puissance dont l'exposant est la différence des deux premières.

Par exemple, $\frac{5^5}{5^3} = 5^{5-3} = 5^2$; $\frac{5^5}{5^5} = 5^{5-5} = 5^0 = 1$:

car tout nombre divisé par lui-même donne 1 pour quotient.

383. Pour avoir une puissance d'un produit indiqué, il suffit d'élever les facteurs à cette puissance, en multipliant les exposants des facteurs par le degré de la puissance indiquée.

Par exemple, $(3 \times 5 \times 7)^2 = 3^2 \times 5^2 \times 7^2$; $(3 \times 5 \times 7)^3 = 3^3 \times 5^3 \times 7^3$; $(3^2 \times 5^3)^2 = 3^4 \times 5^6$.

En effet, $(3 \times 5 \times 7)^2 = (3 \times 5 \times 7)(3 \times 5 \times 7) = 3 \times 3 \times 5 \times 5 \times 7 \times 7 = 3^2 \times 5^2 \times 7^2$.

$(3^2 \times 5^3)^2 = (3 \times 3 \times 5 \times 5 \times 5)(3 \times 3 \times 5 \times 5 \times 5) = 3^4 \times 5^6$, et ainsi des autres.

384. Les puissances d'une somme décomposée en plusieurs parties s'obtiennent en multipliant cette somme d'après le n° 137. Ainsi, soit, en général, $a+b$, une somme décomposée en deux parties a et b, on aura :

$$(a+b)^2 = (a+b) \times (a+b)$$
$$= aa + ab + ab + bb = a^2 + 2ab + b^2.$$

Par où l'on voit *que le carré de la somme de deux nombres se compose du carré du premier, plus deux fois le produit du premier par le second, plus le carré du second.*

385. Un nombre de deux chiffres au moins peut toujours se décomposer en deux parties, et renferme, conséquemment, les divers produits ci-dessus.

Par exemple, $67 = 60 + 7$ ou 6 dizaines et 7 unités ; $467 = 460 + 7$ ou 46 dizaines plus 7 unités, etc.

En faisant le carré comme ci-dessus, on aura :

$$
\begin{array}{r}
60 + 7 \\
60 + 7 \\
\hline
49 = 7 \times 7, \text{ carré des unités.} \\
420 = 60 \times 7, \text{ produit des dizaines par les unités.} \\
420 = 7 \times 60, \text{ produit des unités par les dizaines.} \\
3600 = 60 \times 60, \text{ carré des dizaines.} \\
\hline
4489 = (60+7)^2 = 67 \times 67 = 60^2 + 2(60 \times 7) + 7^2,
\end{array}
$$

carré total.

Ainsi, *le carré d'un nombre composé de dizaines et d'unités renferme le carré des dizaines, plus deux fois le produit des dizaines par les unités, plus le carré des unités.*

386. Une seconde multiplication nous donnera le cube ou la 3ᵉ puissance.

$$(a^2 + 2ab + b^2)(a+b) = a^3 + 3a^2 b + 3ab^2 + b^3$$

$$
\begin{array}{r}
60^2 + 2(60 \times 7) + 7^2 \\
60 + 7 \\
\hline
60^3 + 2(60 \times 7) 60 + 7^2 \times 60 \\
\quad\quad 60^2 \times 7 \quad + 2(60 \times 7) 7 + 7^3 \\
\hline
(60+7)^3 = 60^3 + 3(60^2 \times 7) + 3(60 \times 7^2) + 7^3
\end{array}
$$

Par où l'on voit que *le cube d'un nombre composé de dizaines et d'unités renferme 4 parties, savoir : le cube des dizaines, trois fois le carré des dizaines par les unités, trois fois les dizaines par le carré des unités, et le cube des unités.*

387. Quand la seconde partie de la somme donnée égale 1, les deux puissances ci-dessus deviennent respectivement :

$$(a+1)^2 = a^2 + 2a + 1 \; ; \; (a+1)^3 = a^3 + 3a^2 + 3a + 1$$

$$(60+1)^2 = 60^2 + 2(60 \times 1) + 1^3 = 60^2 + 2 \times 60 + 1$$

$$(60+1)^3 = 60^3 + 3(60^2 \times 1) + 3(60 \times 1^2) + 1^3 =$$
$$60^3 + 3 \times 60^2 + 3 \times 60 + 1.$$

Ce qui prouve 1° que *la différence des carrés de deux nombres entiers consécutifs est égale au double du plus petit nombre plus 1*, et que *la différence des cubes de deux nombres entiers consécutifs égale trois fois le carré du plus petit, plus trois fois le plus petit, plus un.*

2° Que la plupart des nombres entiers ne sont pas des carrés ou des cubes *parfaits*, c'est-à-dire, des carrés ou des cubes de nombres entiers.

388. Voici l'énoncé de quelques caractères auxquels on peut connaître qu'un nombre n'est pas un carré ou un cube parfait.

Un nombre n'est pas un carré parfait :
1° Quand il est terminé par 2, 3, 7, 8.
2° Lorsqu'étant terminé par 5, le chiffre des dizaines n'est pas 2.
3° Lorsqu'il est terminé par un nombre impair de zéros.
4° Lorsqu'étant divisible par un *facteur premier*, il n'est pas en même temps divisible par le carré de ce facteur.
5° Lorsqu'étant décomposé en facteurs premiers, les exposants de ces facteurs ne sont pas tous pairs. D'où il suit qu'en multipliant un nombre par le produit des facteurs premiers dont les exposants sont impairs, on le rend un carré parfait. Ainsi, $1400 = 2^3 \times 5^2 \times 7$ deviendra un carré parfait si on le multiplie par 2×7 ou 14.

Un nombre n'est pas un cube parfait :
1° Lorsqu'il n'est pas terminé par un nombre de zéros égal à 3 ou un multiple de 3.
2° Lorsqu'étant divisible par un facteur premier, il n'est pas en même temps divisible par le cube de ce facteur.
3° Lorsqu'étant décomposé en facteurs premiers, les exposants de ces facteurs ne sont pas tous 3 ou un multiple de 3. D'où il suit qu'un nombre devient un cube parfait si on le multiplie par le produit des facteurs nécessaires pour remplir la condition ci-dessus. Par exemple, $1701 = 3^5 \times 7$ devient un cube parfait si on le multiplie par 3×7^2 ou 147.

§ II.

Extraction des Racines.

389. Si la formation des puissances d'un nombre peut s'obtenir sans difficulté par une simple multiplication, il n'en est pas de même de l'extraction des racines, qui exige une opération spéciale que nous allons faire connaître.

EXTRACTION DE LA RACINE CARRÉE.

NOMBRES ENTIERS.

390. Lorsque le nombre dont il faut extraire la racine ne dépasse pas 100, le tableau des puissances (n° 380) en indique la racine.

On voit, en effet, que les secondes puissances 4, 9, 16, 25, etc, ont, respectivement, pour racine la suite des nombres 2, 3, 4, 5, etc., ce qui prouve qu'il n'y a que neuf nombres inférieurs à 100 qui aient pour racine un nombre entier.

Tous les autres nombres inférieurs à 100 ont pour racine un nombre fractionnaire. Le nombre 23, par exemple, étant compris entre 16 et 25, a pour racine carrée 4 plus une fraction ; c'est-à-dire, un nombre dont la partie entière est la racine du plus grand carré contenu dans le nombre proposé.

391. Quand un nombre a pour racine un nombre entier, on dit que ce nombre est un carré parfait. Dans le cas contraire, la racine s'appelle nombre *incommensurable* ou *irrationnel*, parce que cette racine exprime une quantité qui ne peut être mesurée exactement au moyen de l'unité. Ainsi, $\sqrt{23}$ est un nombre incommensurable, parce qu'il n'y a pas de nombre entier ou fractionnaire dont le carré égale 23.

En effet, pour qu'un nombre fractionnaire exact pût exprimer la racine d'un nombre entier, il faudrait qu'en le multipliant par lui-même, on pût obtenir un nombre entier.

Or, cela est impossible, parce que, en supposant, ce qui est toujours permis, que l'expression fractionnaire soit irréductible, ou que ses deux termes soient premiers entre eux, il en sera de même de leurs carrés, de leurs cubes ; et par suite, on aura une expression fractionaire qui ne saurait égaler un nombre entier.

392. Quand on sait trouver la partie entière de la racine carrée d'un nombre inférieur à 100, on peut trouver celle de tout nombre entier au moyen de la règle suivante :

Pour trouver la racine carrée d'un nombre entier, il faut :
1° le partager en tranches de deux chiffres chacune, en commençant par la droite ; la dernière tranche à gauche peut n'avoir qu'un seul chiffre.

RACINE CARRÉE.

2° Chercher la racine du plus grand carré contenu dans la dernière tranche à gauche, écrire cette racine à droite du nombre proposé, comme si c'était un diviseur, puis, soustraire son carré de la tranche sur laquelle on opère, et, à côté du reste, abaisser la tranche suivante.

3° Séparer par un point le premier chiffre à droite du nombre ainsi formé, et diviser la partie qui reste à gauche par le double de la racine trouvée; écrire le quotient, que l'on réduit à 9 s'il se trouvait plus fort, à côté du double de la racine; multiplier le nombre ainsi obtenu par ce même quotient, et retrancher le produit du nombre sur lequel on opère. Si la soustraction est possible, le quotient est le second chiffre de la racine, et on l'écrit à la droite du précédent; dans le cas contraire, le quotient doit être diminué d'une ou plusieurs unités.

4° Abaisser la tranche suivante à côté du reste de la dernière soustraction, et opérer sur le nombre qui en résulte comme sur le précédent.

5° Continuer ainsi jusqu'à ce qu'il n'y ait plus de tranches à abaisser.

Soit à extraire la racine carrée de 86436.

Opération.

```
 8.64.36 | 294
 4       | 49    584
 ─────   | 9     4
 46.4    | ───   ────
 441     | 441   2336
 ─────   |
 233.6   |
 2336    |
 ─────   |
 0000    |
```

Après avoir partagé le nombre en tranches de deux chiffres et tiré deux traits comme pour une division, on dit : la racine carrée de 8 est 2 pour 4 qui est le plus grand carré contenu dans 8. On écrit 2 à la place du diviseur, on retranche son carré de 8, et à côté du reste, 4, on abaisse la tranche 64 ce qui donne 464.

On écrit ensuite le double de la racine trouvée, 4, au-dessous du trait horizontal et l'on dit : en 46 combien de fois 4? il y est 11 fois; mais il faut réduire ce quotient à 9. On écrit donc 9 à côté de 4, ce qui donne 49 que l'on multiplie par 9 : le produit 441 étant retranché de 464, donne pour reste 23, ce qui prouve que 9 est le second chiffre de la racine, et on l'écrit à la droite du 2 déjà trouvé.

Abaissant à côté du reste 23 la tranche suivante 36 et divisant le nombre 233 par 58 double de la racine trouvée, on obtient 4 pour quotient. On multiplie 584 par 4, et retranchant le produit 2336 de 2336, on trouve 0 pour reste. D'où l'on conclut que 86,436 est un carré parfait et que sa racine est 294.

393. Pour se rendre compte de cette opération, on peut raisonner de la manière suivante :

Soit d'abord à extraire la racine carrée de 4489.

```
Opération.
44.89 | 67
36    | 127
 88.9 |   7
 88.9 | 889
  000
```

Le nombre proposé étant plus grand que 100, a une racine plus grande que 10 et renferme par conséquent les divers produits mentionnés au n° 385. Si l'on pouvait mettre ces produits en évidence, il serait facile de trouver la racine cherchée.

Or, le carré des dizaines de la racine, donnant un nombre exact de centaines, se trouve renfermé dans les 44 centaines du nombre donné. On sépare donc par un point les deux chiffres à droite qui n'en font point partie ; et, après avoir tiré deux traits comme pour une division à effectuer, on prend la racine du plus grand carré contenu dans 44, ce qui donne 6 pour le chiffre des dizaines de la racine cherchée.

Cette racine doit avoir 6 dizaines ; car le carré de 6 dizaines ou 36 centaines, est contenu dans les 44 centaines du nombre proposé, et à plus forte raison dans 4489 ; mais elle ne peut pas en avoir une de plus, parce que le carré de 7 dizaines, ou 49 centaines, est plus fort que 44 centaines : donc, 6 est le vrai chiffre des dizaines de la racine.

On écrit 6 à la place ordinaire du diviseur, on retranche son carré, 36, de 44, et à côté du reste 8 on abaisse les deux chiffres 89. On a ainsi 889 qui renferme les deux autres parties du carré, savoir : le double produit des dizaines par les unités et le carré des unités.

Or, le double des dizaines par les unités donne un nombre exact de dizaines qui ne peut se trouver que dans les 88 dizaines du nombre 889. Donc, en divisant 88 par 12, double de la racine trouvée, 6, on aura le chiffre des unités.

Ce chiffre ne sera pas trop petit, car le dividende 88 renferme en outre des dizaines qui proviennent du carré des unités, plus du reste, s'il y en a un ; mais il pourrait être

RACINE CARRÉE.

trop grand. On le vérifie en l'écrivant à la droite de 12, double de la racine trouvée, et en multipliant le nombre qui en résulte par ce même chiffre, ce qui donne, évidemment, le produit du double des dizaines par les unités, plus le carré des unités. Si ce produit ne surpasse pas 889, le chiffre trouvé n'est pas trop fort ; dans le cas contraire, il devrait être diminué.

En effectuant la division de 88 par 12, que l'on écrit préalablement à la place du quotient, on trouve 7 ; ce chiffre mis à la droite de 12, donne 127 ; et, comme 127×7, ou 889, retranché de 889 donne pour reste zéro, on en conclut que 7 n'est pas trop fort, et que 4489 est un carré parfait dont la racine est 67.

394. Soit encore à trouver la racine carrée de 13687549.

Opération.

```
13.68.75.49 | 3699
 9          | ─────
 ──         | 66×6
 46.8       |
 396        | 729×9
 ─────      |
 727.5      |
 6561       | 7389×9
 ─────      |
 7144.9     |
 66591      |
 ─────      |
  4948      |
```

Ce nombre étant plus grand que 100, sa racine renferme des dizaines et des unités. Les deux premiers chiffres à droite ne faisant point partie du carré des dizaines on les sépare par un point, et comme la partie qui reste à gauche donne un nombre plus grand que 100, on en conclut que la racine renferme plus de 10 dizaines. Mais, si l'on prend la racine du plus grand carré contenu dans 136875, cette racine exprimera le nombre des dizaines de la racine totale.

D'abord, on aura toutes les dizaines, car 136875 renferme, outre le carré des dizaines, des centaines provenant des autres parties du carré total plus du reste s'il y en a un, et ainsi on prend la racine d'un nombre trop grand. D'un autre côté, on en aura pas une de plus, car si on l'augmentait seulement d'une unité, son carré donnerait un nombre plus grand que 136875, et par conséquent cette racine surpasserait celle de 13687549.

Ainsi, la question est ramenée à extraire la racine de 136875 ; mais un raisonnement semblable au précédent nous conduirait à séparer encore les deux chiffres 75, pour avoir les dizaines de dizaines ou les centaines de la racine totale, puis les deux chiffres 68, et à prendre enfin la racine de 13 pour avoir les dizaines de centaines ou les mille de la racine cherchée.

D'où l'on conclut que la racine renferme autant de chiffres

que le nombre proposé renferme de tranches de deux chiffres à partir de la droite. Ce que l'on trouverait encore en observant que le nombre proposé est compris entre un million, carré de 1000, et 100 millions, carré de 10000 : donc sa racine est comprise entre 1000 et 10000. On opère, d'ailleurs, comme dans l'exemple précédent, c'est-à-dire qu'après avoir trouvé la racine de la dernière tranche à gauche, on retranche son carré de cette tranche et à côté du reste on abaisse la tranche suivante. On divise les dizaines du nombre qui en résulte par le double de la racine trouvée. Du nombre total on retranche le produit de la double racine trouvée plus le quotient multipliés par ce quotient même, et ainsi de suite. Pour abréger, on peut opérer comme dans la division, c'est-à-dire, effectuer, tout à la fois, la multiplication et la soustraction.

On trouve ainsi que le nombre 13687549 a pour racine 3699 avec un reste 4948.

395. Comme le reste 4948 est assez considérable, on pourrait croire que la racine est trop faible.

Or, dans le cours, comme à la fin de l'opération, on reconnaît que la racine trouvée n'est pas trop faible, lorsque le reste ne surpasse pas le double de cette racine, parce que les carrés de deux nombres consécutifs diffèrent entre eux de *deux fois le plus petit de ces nombres, plus une unité* (387).

396. Pour faire la preuve de l'opération, il faut multiplier par lui-même le nombre trouvé pour racine, et, s'il y a un reste, l'ajouter au produit. Il est évident, d'après la définition même de la racine carrée, qu'on doit retrouver le nombre donné.

FRACTIONS.

397. Pour extraire la racine carrée d'une fraction ordinaire dont les deux termes sont des carrés parfaits, il faut extraire séparément la racine carrée du numérateur et celle du dénominateur.

Ainsi, $\sqrt{\dfrac{9}{16}} = \dfrac{\sqrt{9}}{\sqrt{16}} = \dfrac{3}{4}$, et cela doit être en effet, puisqu'on a : $\left(\dfrac{3}{4}\right)^2 = \dfrac{3}{4} \times \dfrac{3}{4} = \dfrac{3^2}{4^2} = \dfrac{9}{16}$.

398. Lorsque les deux termes de la fraction ne sont pas des

carrés parfaits, on les multiplie par le dénominateur, pour rendre ce dernier un carré parfait, puis on opère comme ci-dessus.

Soit la fraction 5/12. En multipliant les deux termes par le dénominateur, on a $\frac{5 \times 12}{12 \times 12} = \frac{60}{144}$. La racine de 60 est comprise entre 7 et 8 : donc la racine demandée est 7/12 ou 8/12, à moins de 1/12 près. Le carré de 8 étant plus près de 60 que le carré de 7, on en conclut que 8/12 est aussi plus près de la vraie racine que 7/12.

499. Cette règle s'applique de tout point aux fractions décimales, en observant que le dénominateur de ces fractions est un carré parfait, lorsque les chiffres décimaux sont en nombre pair, ce qu'on obtient facilement, au besoin, en ajoutant un zéro à leur droite.

Soit à prendre la racine carrée de 0,327.

Cette fraction égale $0{,}3270 = \frac{3270}{10000}$, et la racine carrée de $\frac{3270}{10000}$ est $\frac{\sqrt{3270}}{\sqrt{10000}} = \frac{57}{100} = 0{,}57$ à 1 centième près.

400. En d'autres termes, pour obtenir la racine carrée d'une fraction décimale, il faut d'abord rendre pair le nombre des chiffres décimaux, s'il ne l'est pas, en plaçant un zéro à sa droite; opérer ensuite comme sur un nombre entier et séparer à la droite de la racine la moitié moins de chiffres décimaux qu'il y en a dans le nombre sur lequel on opère.

D'après cette règle, on trouvera que les nombres 0,357 — 0,123456 — 98,7654 ont, respectivement, pour racine carrée, 0,51 — 0,351 — 9,98.

RACINE CARRÉE PAR APPROXIMATION.

401. Il n'est pas possible d'obtenir exactement la racine d'un nombre qui n'est pas un carré parfait, mais on peut avoir une valeur de cette racine aussi approchée que l'on veut, soit en fractions ordinaires soit en fractions décimales.

402. Pour avoir la racine carrée d'un nombre quelconque avec une approximation exprimée par une fraction ordinaire, il faut multiplier ce nombre par le carré du dénominateur de la fraction, prendre la racine du produit et lui donner pour dénominateur celui de la fraction elle-même.

160   PUISSANCES ET RACINES.

Soit à extraire la racine de 57 à $\frac{1}{12}$ près.

Le nombre donné peut se mettre sous la forme $\frac{57 \times 12^2}{12^2} =$ $\frac{8208}{12^2}$. Or, la racine de cette expression fractionnaire est $\frac{\sqrt{8208}}{\sqrt{12^2}}$ $= \frac{90}{12}$ à un douzième près.

De même, la racine de 8,3 à $\frac{1}{15}$ près est $\sqrt{\frac{8,3 \times 15^2}{15^2}} =$ $\frac{\sqrt{1867,5}}{\sqrt{15^2}} = \frac{43}{15}$, en négligeant la fraction qui accompagne le numérateur, parce que, évidemment, elle ne peut avoir aucune influence sur la partie entière de sa racine.

On trouverait de la même manière que la racine du nombre $7\frac{2}{3}$ à $\frac{1}{20}$ près est $\sqrt{\frac{7\frac{2}{3} \times 20^2}{20^2}} = \sqrt{\frac{\frac{23}{7} \times 400}{20^2}} =$ $\frac{\sqrt{3066\frac{2}{7}}}{\sqrt{20^2}} = \frac{55}{20}$.

403. Pour approcher de la vraie racine d'un nombre au moyen des décimales, il faut mettre à sa droite deux fois autant de zéros qu'on veut avoir de décimales à la racine, opérer ensuite comme à l'ordinaire et séparer, à droite de la racine, autant de chiffres qu'on a ajouté de fois deux zéros.

Soit à extraire la racine de 34 à $\frac{1}{100}$ près.

D'après la règle du n° 402, le nombre donné peut se mettre sous la forme $\frac{34 \times 100^2}{100^2} = \frac{340000}{100^2}$.

La racine de cette expression fractionnaire est $\frac{\sqrt{340000}}{\sqrt{100^2}} =$ $\frac{583}{100} = 5,83$ suivant la règle donnée.

On peut dire encore que le produit d'une mutiplication doit avoir autant de décimales qu'il y en a dans ses deux facteurs : donc un carré doit en avoir deux fois autant que sa racine.

404. Au lieu d'écrire tout d'abord les zéros à la droite du nombre proposé, il est plus simple de mettre une virgule à la droite de sa racine, d'écrire deux zéros à la droite du reste, et de continuer l'opération en ajoutant deux zéros à la droite de chaque nouveau reste, autant de fois qu'on veut avoir de chiffres décimaux à la racine. Cette manière d'opérer revient évidemment à la précédente.

Quand le nombre proposé est accompagné de chiffres décimaux, on les écrit successivement à la place des zéros ajoutés.

405. Pour approcher en décimales de la racine d'une fraction ordinaire, il faut d'abord réduire cette fraction en décimales, en poussant l'opération jusqu'à ce qu'on ait deux fois autant de chiffres qu'on veut en avoir à la racine, puis opérer comme ci-dessus.

Ainsi, $\sqrt{\frac{3}{7}} = \sqrt{0,4285} = 0,64$ à $\frac{1}{100}$ près.

$\sqrt{18,\frac{3}{7}} = \sqrt{18,42} = 4,2$ à $\frac{1}{10}$ près.

406. La racine d'un nombre qui n'est pas un carré parfait ne pouvant être exprimée exactement par aucun nombre entier ou fractionnaire, il en résulte que l'approximation de cette racine en décimales donnerait lieu à une fraction d'un nombre illimité de chiffres. Or, cette fraction ne peut cependant pas devenir *périodique*, car s'il en était ainsi, sa valeur pouvant être exprimée exactement par une fraction ordinaire, on aurait un nombre incommensurable égal à un nombre commensurable ce qui impliquerait contradiction.

EXTRACTION DE LA RACINE CUBIQUE.

NOMBRES ENTIERS.

407. Lorsque le nombre dont il faut extraire la racine cubique ne dépasse pas 100, sa racine se trouve dans le tableau des puissances n° 380.

On voit, en effet, que les 3e puissances 1, 8, 27, 64, ont respectivement, pour racine cubique la suite des nombres 1, 2, 3, 4, etc., ce qui prouve que parmi les nombres inférieurs à 1000, il n'y en a que 9 qui soient des cubes parfaits.

408. Tous les nombres qui ne sont pas des cubes parfaits ont pour racine cubique un nombre fractionnaire *incommensurable*, ce que l'on peut démontrer de la même manière que pour les carrés imparfaits (391).

Ainsi, le nombre 89, par exemple, qui est compris entre 64 et 125 a pour racine cubique 4, qui est la racine du plus grand cube contenu dans 89, plus une fraction.

409. Pour trouver la racine cubique d'un nombre plus grand que 1000, il faut :

1° Le partager en tranches de trois chiffres chacune en commençant par la droite : la dernière tranche peut n'avoir qu'un ou deux chiffres ;

2° Chercher la racine du plus grand cube contenu dans la dernière tranche à gauche, écrire cette racine à la droite du nombre proposé en la séparant par un trait vertical, soustraire son cube de la tranche sur laquelle on opère, et à côté du reste abaisser la tranche suivante ;

3° Séparer par un point les deux premiers chiffres à droite du nombre ainsi formé, et diviser la partie qui reste à gauche par le triple carré de la racine trouvée ; écrire ce quotient, que l'on réduit à 9 s'il se trouvait plus fort, à droite de la racine trouvée ; former le cube du nombre qui en résulte et le retrancher de l'ensemble des tranches déjà employées. Si la soustraction est possible, le quotient est le second chiffre de la racine ; dans le cas contraire, il faut le diminuer d'une ou plusieurs unités.

4° Abaisser la tranche suivante à côté du reste de la dernière soustraction et opérer sur le nombre qui en résulte comme sur le précédent.

5° Continuer ainsi jusqu'à ce qu'il n'y ait plus de tranche à abaisser.

Soit à extraire la racine cubique de 33076161.

Opération :

```
33.076.161 | 321           32            321
27         |               32            321
-----      | 27           ----           ----
 6076      | 3072          64            321
32768      |               96            642
           |              1024           963
 3081.61   |               32          ------
33076161   |             ------        103041
--------   |              2048          -321
00000000   |              3072         ------
           |             ------        103041
           |             32768          206082
                                        309123
                                       --------
                                       33076161
```

Après avoir partagé le nombre en tranches de trois chiffres et tiré deux traits comme pour une division, on dit : la racine cubique de 33 est 3 pour 27, qui est le plus grand cube contenu dans 33. On écrit 3 à la place du diviseur, on retranche son cube de 33, et à côté du reste 6 on abaisse la tranche 076; ce qui donne 6076, dont on sépare les centaines par un point.

On écrit ensuite le triple carré de la racine trouvée 27 au-dessous du trait horizontal, et l'on dit : en 60 combien de fois 27? il y est deux fois. On écrit 2 à droite du chiffre 3, ce qui donne 32, dont on forme le cube pour le retrancher de l'ensemble des deux tranches à gauche. Cette soustraction donnant un reste 308, on en conclut que 2 est le second chiffre de la racine et on le place à droite de celui qui est déjà trouvé.

On abaisse enfin la dernière tranche à côté du reste 308, ce qui donne 308161, dont on sépare les centaines; au-dessous du second trait horizontal on écrit le triple carré de la racine trouvée, 3072, carré qu'on a déjà fait en formant le cube de 32, et l'on dit : en 3081 combien de fois 3072? il y est une fois. On écrit 1 à côté de 32, et l'on forme le cube de 321 que l'on retranche du nombre total.

Cette soustraction, donnant pour reste 0, on en conclut que le nombre proposé est un cube parfait et que sa racine est 321.

410. On se rend compte du procédé ci-dessus, en raisonnant de la manière suivante :

Le nombre 33.076.161, étant plus grand que mille, a une racine plus grande que 10 et il renferme les divers produits mentionnés au n° 385. Si l'on pouvait mettre ces produits en évidence, il serait facile de trouver la racine cherchée.

Or, le cube des dizaines de la racine, étant un nombre exact de mille, doit se trouver dans les mille du nombre proposé, et l'on sépare par un point les trois chiffres à droite qui n'en font point partie. Si donc on prend la racine du plus grand cube contenu dans 33076 considéré comme des unités simples, cette racine exprimera les dizaines de la racine totale.

D'abord, cette racine ne peut pas être trop petite, puisque 33076 renferme outre le cube des dizaines des mille qui proviennent des autres parties du cube total, et qu'ainsi on prend la racine d'un nombre trop grand.

D'un autre côté, elle ne peut pas être trop grande : car si on l'augmentait seulement d'une unité, son cube donnerait un nombre de mille plus grand que 33076, et, par conséquent, elle surpasserait celle du nombre total.

Ainsi, la question est ramenée à extraire la racine de 33076. Comme ce nombre est plus grand que 1000, on en conclut que la racine renferme plus de 10 dizaines ; mais un raisonnement semblable au précédent nous conduirait encore, pour avoir les dizaines de dizaines, à séparer les trois chiffres de droite, et à prendre enfin la racine de 33 qui forme la dernière tranche à gauche.

Cette racine est 3 que l'on écrit à la place du diviseur ; on retranche son cube, 27, de 33 ; et, à côté du reste, 6, on écrit la tranche 076. Le nombre 6076, qui en résulte, ne renferme plus que les trois autres parties du cube des dizaines, savoir : le triple carré des dizaines par les unités, le triple des dizaines par le carré des unités, et le cube des unités (dizaines et unités qui sont des dizaines et unités de dizaines, ou les centaines et les dizaines de la racine totale).

Or, le triple carré des dizaines par les unités donne un nombre exact de centaines qui ne peut se trouver que dans les centaines de 6076 : donc en divisant 60 par le triple carré des dizaines, 27, le quotient, 2, sera le chiffre des unités.

Ce chiffre ne sera pas trop faible, car 60 renferme en outre des centaines qui proviennent des autres parties du cube ; mais il pourrait être trop fort, et on le vérifie en l'écrivant à côté de la racine trouvée, 3, et en élevant au cube le nombre, 32, qui en résulte. Si ce cube ne surpasse pas l'ensemble des tranches employées, 33.076, le chiffre n'est pas trop fort ; dans le cas contraire il devrait être diminué.

On pourrait encore vérifier le chiffre 2 en formant à l'aide du chiffre 3 déjà trouvé, les trois parties du cube qui entrent dans 6.076 ; mais, généralement, il est plus simple d'opérer comme ci-dessus.

Le cube de 32, retranché de 33076 donne pour reste 308 : donc 2 est le second chiffre de la racine ; on l'écrit à droite de celui qui est déjà trouvé, et l'on a ainsi 32 pour les dizaines de la racine totale.

Si l'on abaisse à côté du reste, 308, la tranche suivante 161, le nombre 308161 qui en résulte renferme encore les trois dernières parties du cube de la racine totale.

Or, en raisonnant sur ce nombre comme on a fait sur 6076, on sera conduit à séparer par un point les deux chiffres à droite et à diviser 3081 par le triple carré de 32, racine trouvée, pour avoir le chiffre des unités.

Le quotient de cette division est 1; on vérifie ce chiffre comme les précédents et le cube de 321 retranché du nombre proposé donnant pour reste 0, on en conclut que 33076161 est un cube parfait dont la racine est 321. On voit d'ailleurs que la racine doit avoir autant de chiffres qu'on a formé de tranches dans le nombre donné. Ce que l'on reconnaît encore à l'inspection du nombre lui-même, lequel, étant compris entre 1.000.000 et 1.000.000.000, doit avoir une racine comprise entre celles de ces deux nombres, c.-à-d., entre 100 et 1000.

411. Dans le cours comme à la fin de l'opération, on reconnaît que la racine trouvée n'est pas trop faible, lorsque le reste ne surpasse pas le triple carré de la racine trouvée plus le triple de cette même racine; parce que les cubes de deux nombres consécutifs diffèrent entre eux de *trois fois le carré du plus petit de ces nombres plus trois fois ce même nombre plus un* (387).

412. Pour faire la preuve de l'opération, il faut faire le cube du nombre trouvé pour racine, et s'il y a un reste, l'ajouter au produit. Il est évident que, si l'opération a été bien faite, on doit retrouver le nombre donné.

FRACTIONS.

413. Pour extraire la racine cubique d'une fraction ordinaire dont les deux termes sont des cubes parfaits il faut extraire séparément la racine du numérateur et celle du dénominateur.

Ainsi, $\sqrt[3]{\frac{27}{64}} = \frac{\sqrt[3]{27}}{\sqrt[3]{64}} = \frac{3}{4}$, et cela doit être en effet, puisqu'on a : $\left(\frac{3}{4}\right)^3 = \frac{3}{4} \times \frac{3}{4} \times \frac{3}{4} = \frac{3^3}{4^3} = \frac{27}{64}$.

Si les deux termes ne sont pas des cubes parfaits, on les multiplie par le carré du dénominateur, afin de rendre ce dernier un cube parfait, puis on opère comme ci-dessus.

Par exemple, la fraction $\frac{6}{15} = \frac{6 \times 15^2}{15 \times 15^2} = \frac{1350}{15^3}$. La racine cubique de 1350 est comprise entre 11 et 12 : donc la racine demandée est 11/15, à moins de 1/15 près.

414. Cette règle s'applique de tout point aux fractions déci-

males, en observant que le dénominateur de ces fractions est un cube parfait, lorsque le nombre des chiffres décimaux est divisible par trois; ce que l'on obtient facilement, au besoin, en ajoutant des zéros à leur droite.

Soit à prendre la racine de 0,4567.

Cette fraction égale $0,456700 = \frac{456700}{1000000}$; dont la racine cubique égale $\frac{\sqrt[3]{456700}}{\sqrt[3]{1000000}} = \frac{77}{100} = 0,77$.

415. En d'autres termes, pour obtenir la racine cubique d'une fraction décimale, il faut d'abord rendre le nombre de ses chiffres multiple de trois, s'il ne l'est pas, en ajoutant à sa droite un ou deux zéros; opérer ensuite comme sur un nombre entier et séparer à la droite de la racine trois fois moins de chiffres décimaux qu'il y en a dans le nombre sur lequel on opère.

D'après cette règle, on trouvera que les nombres $0,027 - 0,042875 - 1,0609 - 86,63436$ ont respectivement pour racine cubique : $0,3 \quad - \quad 0,35 \quad - \quad 1,23 \quad - \quad 4,321$

RACINE CUBIQUE PAR APPROXIMATION.

416. Il n'est pas possible d'obtenir exactement la racine cubique d'un nombre qui n'est pas un cube parfait; mais on peut avoir une valeur de cette racine aussi approchée que l'on veut, soit en fractions ordinaires, soit en décimales.

417. Pour avoir la racine cubique d'un nombre quelconque avec une approximation exprimée en fraction ordinaire, il faut multiplier ce nombre par le cube du dénominateur de la fraction, prendre la racine du produit et lui donner pour dénominateur celui de la fraction elle-même.

Soit à extraire la racine de 28 à $\frac{1}{40}$ près.

Le nombre donné peut se mettre sous la forme $\frac{28 \times 40^3}{40^3} = \frac{179200}{40^3}$, dont la racine est $\frac{\sqrt[3]{179200}}{\sqrt[3]{40^3}} = \frac{56}{40}$ à $\frac{1}{40}$ près.

De même, la racine de 2,8 à $\frac{1}{9}$ près est $\sqrt[3]{\frac{2,8 \times 9^3}{9^3}} = \frac{\sqrt[3]{2041,2}}{\sqrt[3]{9^3}} = \frac{12}{9}$; celle de $4\frac{3}{7}$ à $\frac{1}{20}$ près est $\sqrt[3]{\frac{4\frac{3}{7} \times 20^3}{20^3}}$

20/23, en négligeant la fraction du numérateur qui ne peut influer sur la partie entière de sa racine.

418. Pour approcher de la vraie racine cubique d'un nombre au moyen des décimales, il faut ajouter à sa droite trois fois autant de zéros qu'on veut avoir de chiffres décimaux à la racine, opérer ensuite comme à l'ordinaire, et séparer à la droite de la racine autant de chiffres qu'on a ajouté de fois trois zéros.

Soit à extraire la racine de 29 à $\frac{1}{100}$ près.

Le nombre donné peut se mettre sous la forme $\frac{29 \times 100^3}{100^3} = \frac{29000000}{100^3}$ dont la racine cubique est $337/100 = 3{,}37$ suivant la règle donnée.

On peut dire encore que le produit d'une multiplication doit avoir autant de chiffres décimaux qu'il y en a dans ses facteurs, donc un cube doit en avoir trois fois autant que sa racine.

419. Au lieu d'écrire tout d'abord les zéros à la droite du nombre proposé, il est plus simple de mettre une virgule à la droite de sa racine, d'écrire trois zéros à la droite du reste et continuer l'opération en ajoutant trois zéros à la droite de chaque nouveau reste autant de fois qu'on veut avoir de chiffres décimaux à la racine. Cette manière d'opérer revient évidemment à la précédente. Quand le nombre donné est accompagné de chiffres décimaux, on les écrit successivement à la place des zéros qu'on devrait ajouter.

420. Pour approcher en décimales de la racine d'une fraction ordinaire, il faut la réduire en décimales en poussant l'opération jusqu'à ce qu'on ait trois fois autant de chiffres décimaux qu'on veut en avoir à la racine, et opérer comme ci-dessus.

Ainsi, $\sqrt[3]{\frac{3}{7}} = \sqrt[3]{0{,}428571} = 0{,}76$ à $\frac{1}{100}$ près.

421. L'approximation en décimales de la racine cubique donne lieu à une fraction d'un nombre illimité de chiffres qui ne peut cependant devenir périodique ; autrement il s'ensuivrait (406) qu'un nombre incommensurable serait égal à un nombre commensurable, ce qui est contradictoire.

RACINES D'UN DEGRÉ SUPÉRIEUR.

422. Pour obtenir les racines d'un degré supérieur au 3ᵉ, il faut connaître les puissances des neuf premiers nombres, et

les deux premières parties des puissances d'un nombre de deux chiffres.

Il est toujours facile de former une table des puissances des neuf premiers nombres. Quant aux deux premiers termes des puissances, ils suivent la loi qu'on a déjà pu remarquer pour les carrés et les cubes, c'est-à-dire que l'on a $(a+b)^m = a^m + m(a^{m-1} b) +$ etc., et a^m se trouve compris dans la partie qui reste sur la gauche du nombre donné après en avoir retranché m chiffres sur la droite.

Par exemple, la 5ᵉ puissance de 32 ou $30 + 2$ est $30^5 + 5 (30^4 \times 2) +$ etc. $= 33.544.432$, et 30^5 donne un nombre terminé par cinq zéros. Donc, pour obtenir le chiffre des dizaines de la racine, il suffit de prendre la racine 5ᵉ de 335 que l'on détermine au moyen de la table des puissances. L'opération se continue ensuite d'une manière analogue au procédé de la racine cubique; mais l'on conçoit que les calculs deviennent de plus en plus longs et difficiles à mesure que le degré augmente.

Quand le degré de la racine à extraire est le produit de plusieurs facteurs, on peut l'obtenir plus simplement par l'extraction successive des racines indiquées par ces facteurs.

Ainsi, la racine 15ᵉ de 6561 s'obtiendra en prenant d'abord la racine cubique de 6561, puis la racine 5ᵉ de cette racine cubique; parce que 15 égale 3×5; la racine 45ᵉ de 17714 s'obtiendra en prenant, successivement, deux racines cubiques et une racine cinquième, parce que $45 = 3^2 \times 5 = 3 \times 3 \times 5$.

Si le degré de la racine n'a pas d'autres facteurs que 2 et 3, on n'aura à extraire que des racines carrées ou cubiques. Par exemple,

$$\sqrt[8]{6561} = \sqrt{\sqrt{\sqrt{6561}}}; \quad \sqrt[6]{4096} = \sqrt[3]{\sqrt{4096}};$$

$$\sqrt[9]{512} = \sqrt[3]{\sqrt[3]{512}}; \quad \sqrt[12]{531441} = \sqrt[3]{\sqrt{\sqrt{531441}}}.$$

On trouvera au chapitre des logarithmes un moyen facile de former les puissances et d'extraire les racines de tous les degrés.

DEUXIÈME PARTIE

CHAPITRE I.

RAPPORTS ET PROPORTIONS.

423. On appelle *rapport* ou *raison* le résultat de la comparaison de deux quantités.

424. On peut comparer deux quantités ou pour en connaître la différence ou pour en avoir le quotient. Dans le premier cas, on a un rapport par différence, et dans le second cas, on a un rapport par quotient.

Ainsi, le rapport par différence entre 12 et 4 est $12 - 4 = 8$; et le rapport par quotient est $12/4 = 3$.

$12 - 4$ et $12/4$ expriment le *rapport* des nombres 12 et 4, le mot *raison* s'applique plus spécialement au résultat connu, calculé, 8 et 3.

425. Les deux nombres que l'on compare s'appellent les deux termes du rapport ; le premier est l'*antécédent*, et le second est le *conséquent*.

426. D'après la définition, un rapport par quotient n'est autre chose qu'une expression fractionnaire ou une division indiquée ; par conséquent, les mots *dividende*, *numérateur* et *antécédent* sont équivalents ; de même que *diviseur*, *dénominateur* et *conséquent*. Donc, les propriétés des n°s 155, 156, 205 et suiv. sont applicables aux rapports par quotient.

427. On dit que deux rapports sont égaux, lorsqu'ils ont des raisons égales : ils forment alors une proportion.

428. On distingue deux espèces de proportions : la *proportion par différence*, appelée aussi *équidifférence*, et la *proportion par quotient*, qu'on appelle simplement *proportion*.

RAPPORTS ET PROPORTIONS.

§ I.

Proportions par différence.

429. On appelle *proportion par différence* ou *équidifférence*, l'égalité de deux rapports par différence.

Ainsi 12 et 8, 9 et 5 forment une équidifférence, parce que la différence de 12 à 8 est la même que celle de 9 à 5.

430. L'équidifférence s'écrit : 12 . 8 : 9 . 5, et se prononce 12 *est à* 8 *comme* 9 *est à* 5 ; on peut encore l'écrire ainsi :
12 — 8 = 9 — 5.

431. Le premier et le troisième terme d'une proportion sont appelés *antécédents* ; le deuxième et le quatrième sont les *conséquents*.

432. Le premier et le dernier terme sont les *extrêmes* de la proportion, le deuxième et le troisième sont les *moyens*.

433. PROPRIÉTÉ FONDAMENTALE. *Dans toute équidifférence la somme des extrêmes est égale à celle des moyens.*

Par exemple, dans l'équidifférence 12 . 8 : 9 . 5, on a :
12 + 5 = 8 + 9 = 17.

En effet, si l'on avait l'équidifférence identique :
$$12 . 12 : 9 . 9$$
la proposition serait évidente ; mais, pour obtenir ce résultat, il suffit d'ajouter à chaque conséquent la différence commune 4, qui existe entre les termes de chaque rapport ; ce qui revient à augmenter un moyen et un extrême de la même quantité. Or, puisqu'après cette opération la somme des extrêmes égale celle des moyens, il faut en conclure qu'elles étaient égales avant l'addition.

N. B. Si les antécédents étaient moindres que les conséquents, il faudrait ajouter la différence aux antécédents, et le raisonnement serait le même que ci-dessus.

434. *Réciproquement.* Si l'on a quatre nombres tels que la somme du premier et du dernier égale celle du second et du troisième, ces quatre nombres forment une équidifférence dans l'ordre où ils sont indiqués.

PROPORTIONS PAR DIFFÉRENCE.   171

Car, s'ils ne formaient pas une équidifférence, il faudrait ajouter un nombre différent à l'un des termes qui forment chaque rapport pour le rendre égal à l'autre et obtenir ainsi une équidifférence identique ; ce qui prouverait qu'avant cette addition la somme des extrêmes n'était pas égale à celle des moyens, contrairement à l'énoncé de la proposition.

435. CONSÉQUENCE 1. *On peut toujours trouver un terme inconnu d'une équidifférence, quand on connaît les trois autres.*

Si l'inconnu est un extrême, on fait la somme des moyens, et l'on en retranche l'extrême connu.

Si l'inconnu est un moyen, on fait la somme des extrêmes, et l'on en retranche le moyen connu.

Le reste donne le terme inconnu.

Par exemple, dans l'équidifférence suivante, en désignant par x le terme inconnu,

$$9 \,.\, 7 : 13 \,.\, x$$

on a : $\qquad 9 + x = 7 + 13$

d'où l'on tire : $\quad x = (7 + 13) - 9 = 20 - 9 = 11$

ce qui donne : $\quad 9 \,.\, 7 : 13 \,.\, 11$

Pareillement, $\quad 9 \,.\, 7 : x \,.\, 11$

donne : $\qquad 7 + x = 9 + 11,$

d'où l'on tire : $\quad x = (9 + 11) - 7 = 13$

436. Quelquefois, les deux moyens sont égaux, alors on a une *équidifférence continue*, et l'un des moyens est la demi-somme des extrêmes.

Par exemple, dans l'équidifférence continue

$$7 \,.\, x : x \,.\, 19$$

on a : $\quad x + x = 7 + 19$; d'où, $2x = 7 + 19.$

Donc, $\qquad x = \dfrac{7 + 19}{2} = 13.$

Cette valeur de x est ce qu'on appelle un *moyen différentiel* entre les nombres 7 et 9.

437. CONSÉQUENCE II. *On peut, sans détruire l'équidifférence, opérer toute transformation qui ne rend pas*

inégales la somme des moyens et celle des extrêmes de la nouvelle disposition (136).

Ainsi, l'on peut intervertir l'ordre des moyens ou des extrêmes, mettre les derniers à la place des premiers et réciproquement; on peut augmenter ou diminuer d'un même nombre soit les deux antécédents ou les deux conséquents; soit les deux premiers termes ou les deux derniers, parce qu'il est évident que, dans tous ces changements, la somme du premier et du quatrième terme est égale à celle du second et du troisième.

§ II.

Proportions par quotient.

438. On appelle *proportion par quotient* ou simplement *proportion* l'égalité de deux rapports par quotient.

Ainsi, 12 et 4, 9 et 3 forment une proportion, parce que 12 divisé par 4 donne le même quotient que 9 divisé par 3.

439. La proportion s'écrit : 12 : 4 :: 9 : 3, et se prononce 12 *est à* 4 *comme* 9 *est à* 3, ce qui signifie que 12 divisé par 4 donne le même quotient que 9 divisé par 3. Donc, la proportion par quotient peut encore s'écrire : $\frac{12}{4} = \frac{9}{3}$ et se définir : l'égalité de deux fractions ou de deux expressions fractionnaires. D'où il suit que les propriétés suivantes conviennent aussi aux fractions égales.

440. Les termes d'une proportion par quotient ont les mêmes noms que ceux d'une équidifférence.

441. Propriété fondamentale. *Dans toute proportion le produit des extrêmes est égal à celui des moyens.*

Par exemple, dans la proportion 12 : 4 :: 9 : 3, on a :
$12 \times 3 = 4 \times 9 = 36$.

En effet, si l'on avait la proportion identique
12 : 12 :: 9 : 9,
la proposition serait évidente ; mais, pour obtenir ce résultat, il suffit de multiplier chaque conséquent par la rai-

PROPORTIONS PAR QUOTIENT. 173

son, 3, de chaque rapport; ce qui revient à multiplier l'un des moyens et l'un des extrêmes, et conséquemment leurs produits, par le même nombre (136). Or, puisqu'après cette opération le produit des extrêmes égale celui des moyens, il faut en conclure qu'ils étaient égaux avant cette multiplication.

On peut dire encore que si l'on réduit au même dénominateur les deux fractions égales $\frac{12}{4} = \frac{9}{3}$ qui composent la proportion, on aura $\frac{12 \times 3}{4 \times 3} = \frac{9 \times 4}{3 \times 4}$. Or, en supprimant le dénominateur 4×3 dans les deux membres de cette égalité, il reste $12 \times 3 = 9 \times 4$, C. Q. F. D.

242. *Réciproquement.* Si l'on a quatre nombres tels que le produit du premier par le dernier égale celui du deuxième par le troisième, ces quatre nombres forment une proportion dans l'ordre où ils sont indiqués.

Car, s'ils ne formaient pas une proportion, il faudrait multiplier par un nombre différent, l'un des termes de chaque rapport pour le rendre égal à l'autre, et obtenir une proportion identique; ce qui prouverait qu'avant cette multiplication le produit des extrêmes n'était pas égal à celui des moyens, contrairement à l'énoncé de la proposition.

Autrement. Si l'on a $12 \times 3 = 9 \times 4$, on peut mettre cette égalité sous la forme $\frac{12 \times 3}{4 \times 3} = \frac{9 \times 4}{4 \times 3}$ qui se réduit évidemment à $\frac{12}{4} = \frac{9}{3}$. C. Q. F. D.

443. CONSÉQUENCE 1. *On peut toujours trouver un terme inconnu d'une proportion, quand on connaît les trois autres.*

Si l'inconnu est un extrême, on fait le produit des moyens, et on le divise par l'extrême connu.

Si l'inconnu est un moyen, on fait le produit des extrêmes, et on le divise par le moyen connu.

Le quotient est le terme inconnu.

Par exemple, dans la proportion $12 : 4 :: 9 : x$
on a : $12 \times x = 4 \times 9$, d'où l'on tire : $x = \frac{4 \times 9}{12} = 3$, qui donne : $12 : 4 :: 9 : 3$.

Pareillement, $12 : 4 :: x : 3$.
donne : $4 \times x = 12 \times 3$; d'où : $x = \frac{12 \times 3}{4} = 9$.

444. Quelquefois, les deux moyens de la proportion sont égaux, alors on a une *proportion continue*, et l'un des moyens est la racine carrée du produit des extrêmes.

Par exemple, dans la proportion continue
$$27 : x :: x : 3$$
on a : $\quad x \times x = 27 \times 3$ ou $x^2 = 27 \times 3$.
Donc, $\quad x = \sqrt{27 \times 3} = 9$.

Cette valeur de x est ce qu'on appelle un *moyen proportionnel* entre les nombres 27 et 3.

445. Conséquence II. *On peut, sans détruire la proportion, opérer toute transformation qui ne rend pas inégaux le produit des extrêmes et celui des moyens de la nouvelle disposition* (136).

Ainsi, l'on peut intervertir l'ordre des moyens et celui des extrêmes, mettre les moyens à la place des extrêmes et réciproquement; on peut multiplier ou diviser par un même nombre, soit les deux antécédents ou les deux conséquents, soit les deux premiers termes ou les deux derniers, etc.

Dans ces changements, le rapport commun peut différer de l'un à l'autre; mais chaque disposition nouvelle forme réellement une proportion ; car il est évident que, dans toutes, on a le produit des extrêmes égal à celui des moyens.

446. Seconde propriété. *Dans toute proportion la somme ou la différence des deux premiers termes est au premier ou au second terme, comme la somme ou la différence des deux derniers termes est au troisième ou au quatrième.*

Ainsi, dans la proportion $12 : 4 :: 9 : 3$ $\qquad$ (1)
on doit avoir : $\qquad 12 \pm 4 : 4 :: 9 \pm 3 : 8 \quad$ (2)
et : $\qquad$ (*) $12 \pm 4 : 12 :: 9 \pm 3 : 9$ $\quad$ (3)

La proportion (2) ci-dessus est évidente : car, en augmentant ou en diminuant chaque antécédent de son conséquent, on ne fait qu'augmenter ou diminuer d'une unité la raison de chaque rapport; donc, après ces opérations, les raisons sont encore égales.

(*) Lisez : 12 plus ou moins 4 : 4.

PROPORTIONS PAR QUOTIENT. 175

Quant à la proportion (3), elle se déduit des deux précédentes. En effet, en changeant de place les moyens de ces deux proportions, on a : $12 \pm 4 : 9 \pm 3 :: 4 : 3$ (4)
et : $12 : 9 :: 4 : 3$ (5)
or, à cause du rapport commun 4 : 3, on a aussi :
$$12 \pm 4 : 9 \pm 3 :: 12 : 9$$
et, en changeant les moyens de place :
$$12 \pm 4 : 12 :: 9 \pm 3 : 9.\ \text{C. Q. F. D.}$$

447. Troisième propriété. *La somme ou le différence des antécédents est à la somme ou à la différence des conséquents, comme un antécédent est à son conséquent.*

Ainsi, dans la proportion $12 : 4 :: 9 : 3$ (1)
on doit avoir : $12 \pm 9 : 4 \pm 3 :: 12 : 4 :: 9 : 3$ (2)

En effet, si, dans la proportion (1), on change les moyens de place, il vient : $12 : 9 :: 4 : 3$; et, en appliquant à cette nouvelle proportion la seconde propriété, on a :
$$12 \pm 9 : 9 :: 4 \pm 3 : 3 ;$$
d'où l'on tire, en changeant les moyens de place, la proportion (2) ci-dessus :
$$12 \pm 9 : 4 \pm 3 :: 9 : 3 : 12 : 4.$$

448. Conséquence I. *La somme des antécédents est à leur différence, comme la somme des conséquents est à leur différence.*

En effet, la double proportion ci-dessus donne :
$$12 + 9 : 4 + 3 :: 9 : 3$$
$$12 - 9 : 4 - 3 :: 9 : 3$$
donc, à cause du rapport commun, 9 : 3, on a aussi :
$$12 + 9 : 4 + 3 :: 12 - 9 : 4 - 3.$$
et, en changeant les moyens de place :
$$12 + 9 : 12 - 9 :: 4 + 3 : 4 - 3,\ \text{C. Q. F. D.}$$

449. Conséquence II. *Dans une suite de rapports égaux, la somme des antécédents est à la somme des conséquents, comme un antécédent est à son conséquent.*

Soit la suite de rapports égaux :
$$12 : 4 :: 9 : 3 :: 15 : 5 :: 21 : 7, \text{etc.}$$
on a d'abord : $12 + 9 : 4 + 3 :: 9 : 3$; mais ce dernier rapport peut être remplacé par son égal, 15 : 5, ce qui donne :
$$12 + 9 : 4 + 3 :: 15 : 5.$$

et, en appliquant à cette proportion la même propriété on a :

12 + 9 + 15 : 4 + 3 + 5 :: 15 : 5, et ainsi de suite.

Donc, en d'autres termes, *si l'on a une suite de fractions égales et qu'on fasse la somme des numérateurs et celle des dénominateurs, on obtiendra une nouvelle fraction égale à chacune des proposées.*

450. Quatrième propriété. *Si l'on multiplie ou si l'on divise une proportion par une autre, terme à terme, les produits ou les quotients seront en proportion.*

Soient les deux proportions :

12 : 4 :: 9 : 3
15 : 5 :: 6 : 2

on doit avoir d'abord : 12 × 15 : 4 × 5 :: 9 × 6 : 3 × 2.

En effet, les deux proportions peuvent se mettre sous la forme

12/4 = 9/3
15/5 = 6/2

Si l'on multiplie ces égalités, membre à membre, les produits seront nécessairement égaux; et il viendra :

$$\frac{12 \times 15}{4 \times 5} = \frac{9 \times 6}{3 \times 2}$$

Mais chaque membre de cette nouvelle égalité est un rapport, donc on a aussi :

12 × 15 : 4 × 5 : 9 × 6 : 3 × 2, c. q. f. d.

De même, étant donnée, la dernière proportion, si on la divise, terme à terme, par l'une des deux premières, on retrouvera l'autre, et ainsi les quotients seront en proportion, comme nous l'avons énoncé.

451. Conséquence I. *Si l'on multipliait terme à terme, la dernière proportion par une troisième, il en résulterait encore une proportion.* Donc, la propriété ci-dessus est vraie pour un nombre quelconque de proportions multipliées terme à terme.

452. Conséquence II. *Si quatre nombres sont en proportion, leurs puissances et leurs racines de même degré sont aussi en proportion;* car ces puissances ne sont que la multiplication de plusieurs proportions semblables, et les racines multipliées par elles-mêmes reproduisent les nombres donnés.

153. Cinquième propriété. *Quand deux proportions ont des antécédents ou des conséquents, des extrêmes ou des moyens égaux, les autres termes sont en proportion.*

Par exemple, les deux proportions
$$12:4::9:3 \text{ et } 8:4::6:3,$$
doivent donner : $\quad 12:9::8:6.$

En effet, si l'on change les moyens de place dans les proportions données, on a :
$$12:9::4:3 \text{ et } 8:6::4:3;$$
d'où, à cause du rapport commun, $4:3$:
$$12:9::8:6.$$

De même, les proportions
$$\left\{\begin{array}{l}12:4::9:3\\12:20::9:15\end{array}\right\} \quad \text{donnent} \quad \left\{\begin{array}{l}12:9::4:3\\12:9::20:15\end{array}\right\}$$
d'où $4:3::20:15.$

Les proportions suivantes :
$$12:6::30:15$$
$$12:18::10:15$$
ayant pour extrêmes des nombres égaux, donnent :
$$12 \times 15 = 6 \times 30$$
$$12 \times 15 = 18 \times 10$$
or, les produits 6×30 et 18×10 étant égaux chacun à 12×15 sont aussi égaux entre eux ; donc les nombres qui les forment sont en proportion et donnent :
$$18:6::30:10.$$

8.

CHAPITRE II.

PROGRESSIONS ET LOGARITHMES.

454. Avec le secours des tables de logarithmes, on exécute en très-peu de temps les calculs les plus compliqués, notamment l'extraction des racines de tous les degrés; il est donc avantageux de connaître ces tables, ainsi que la théorie des progressions qui leur servent de base.

§ I.

Progressions.

455. On appelle *progression* une suite de nombres qui, pris deux à deux consécutivement, ont entre eux le même rapport.

456. On distingue les *progressions par différence* et les *progressions par quotient*. Dans les premières, chaque terme surpasse le précédent ou en est surpassé, d'un nombre constamment le même; dans les secondes, chaque terme est égal au précédent multiplié par un nombre constamment le même.

457. Les unes et les autres sont croissantes ou décroissantes, suivant que les termes vont en augmentant ou en diminuant.

458. A proprement parler, les progressions ne sont qu'une suite de proportions continues, dont chaque terme est à la fois antécédent et conséquent, excepté le premier et le dernier. C'est ce qui explique la manière de les écrire.

459. La progression par différence s'écrit :

$\div$ 2 . 4 . 6 . 8 . 10 . 12 . 14 . 16.....

et la progression par quotient:

$\because$ 81 : 27 : 9 : 3 : 1 : $\frac{1}{3}$: $\frac{1}{9}$: $\frac{1}{27}$.....

PROGRESSIONS PAR DIFFÉRENCE.

On peut lire : *comme* 2 *est à* 4, 4 *est à* 6, 6 *est à* 8, etc.; *comme* 81 *est à* 27, 27 *est à* 9, 9 *est à* 3, etc.; mais l'usage est de dire simplement : 2 *est à* 4, *est à* 6, *est à* 8, etc. ; 81 *est à* 27, *est à* 9, *est à* 3, etc.

459. La différence ou le quotient de deux termes consécutifs est ce qu'on appelle la raison de la progression.

PROPRIÉTÉS DES PROGRESSIONS PAR DIFFÉRENCE.

460. PREMIÈRE PROPRIÉTÉ. *Un terme quelconque est égal au premier* PLUS *ou* MOINS *autant de fois la raison qu'il y a de termes avant lui.*

Soient les progressions $\div$ 2 . 5 . 8 . 11 . 14 . 17 . 20
$\div$ 20 . 17 . 14 . 11 . 8 . 5 . 2

dont la raison est 3. On a pour la première, d'après la définition :

$$5 = 2 + 3$$
$$8 = 5 + 3 = (2 + 3) + 3 = 2 + 2 \times 3$$
$$11 = 8 + 3 = (2 + 2 \times 3) + 3 = 2 + 3 \times 3$$
$$\cdots\cdots\cdots\cdots\cdots\cdots\cdots$$
$$20 = 2 + 6 \times 3 \qquad (1)$$

Pour les progressions décroissantes, on aurait, en changeant les plus en moins :

$$17 = 20 - 3$$
$$14 = 17 - 3 = (20 - 3) - 3 = 20 - 2 \times 3$$
$$\cdots\cdots\cdots\cdots\cdots\cdots\cdots$$
$$2 = 20 - 6 \times 3 \qquad (2)$$

461. Si l'on représente le premier terme d'une progression par P, le dernier par D, le nombre des termes par N, et la raison par R, les égalités (1) et (2) ci-dessus deviennent respectivement :

$$D = P + (N - 1)R \qquad \text{et} \qquad D = P - (N - 1)R$$

De ces égalités on tire successivement la valeur de chacun des autres nombres :

$$P = D - (N - 1) R \quad \text{et} \quad P = D + (N - 1) R$$

$$N = \frac{D - P}{R} + 1 \quad \text{et} \quad N = \frac{P - D}{R} + 1$$

$$R = \frac{D - P}{N - 1} \quad \text{et} \quad R = \frac{P - D}{N - 1}$$

formules que l'on exprime de la manière suivante :

D. Le dernier terme d'une progression croissante s'obtient en ajoutant au premier le produit de la raison par le nombre des termes moins 1. Si la progression est décroissante, il faut retrancher ce même produit du premier terme.

On obtiendrait de la même manière un terme quelconque en le considérant comme le dernier, c'est-à-dire, en augmentant ou diminuant le premier du produit de la raison par le nombre des termes qui précèdent celui que l'on cherche. Par exemple, le 6ᵉ terme de la progression ci-dessus, est : $D = 2 + (6 - 1) 3 = 2 + 5 \times 3 = 17$. La progression décroissante donnerait $D = 20 - (6 - 1) 3 = 20 - 5 \times 3 = 5$.

P. Le premier terme d'une progression est égal au dernier MOINS ou PLUS autant de fois la raison qu'il y a de termes moins 1 dans cette progression. Par exemple, pour la progression ci-dessus, on a : $P = 20 - (7 - 1) 3 = 20 - 6 \times 3 = 2$; et pour la progression décroissante : $P = 2 + (7 - 1) 3 = 2 + 6 \times 3 = 20$.

N. Le nombre des termes d'une progression s'obtient en ajoutant 1 au quotient de la différence du premier au dernier terme par la raison. On aura, par exemple, $N = \frac{20 - 2}{3} + 1 = 7$.

R. Enfin, la raison égale le quotient de la différence des extrêmes par le nombre des termes moins 1. Ainsi $R = \frac{20 - 2}{7 - 1} = \frac{18}{6} = 3$.

462. Cette expression de la raison fournit à son tour le moyen d'insérer entre deux nombres quelconques autant que l'on veut de moyens différentiels, c'est-à-dire, des nombres qui forment avec les deux nombres donnés une progression par différence.

Soit à insérer 6 moyens différentiels entre les deux nombres 3 et 38.

La progression se composera de 8 termes ; la raison égalera

donc $\frac{38-3}{8-1} = 5$. Connaissant la raison, il est facile de former la progression qui est alors :

$$\div 3 \;.\; 8 \;.\; 13 \;.\; 18 \;.\; 23 \;.\; 28 \;.\; 33 \;.\; 38.$$

Si les nombres donnés étaient 38 et 3 on aurait :

$$\div 38 \;.\; 33 \;.\; 28 \;.\; 23 \;.\; 18 \;.\; 13 \;.\; 8 \;.\; 3.$$

463. SECONDE PROPRIÉTÉ. *Si l'on insère un même nombre de moyens différentiels entre tous les termes consécutifs d'une progression, il en résulte une seule et même progression.*

En effet, la différence de deux termes consécutifs étant la même pour toute la progression, et le nombre des termes à insérer entre deux termes consécutifs étant aussi le même, il en résulte que la raison est également la même pour toutes les progressions partielles. De plus, le dernier terme de ces progressions partielles est en même temps le premier de la suivante : donc, elles ne forment toutes ensembles qu'une seule et même progression.

464. TROISIÈME PROPRIÉTÉ. *La somme de deux termes pris à égale distance des extrêmes est égale à la somme des extrêmes.*

Dans la progression ci-dessus, par exemple, on a : $3 + 38 = 8 + 33 = 13 + 28$, etc.

En effet, le second terme 8 égale le premier plus une fois la raison ; le dernier terme 38 égale aussi l'avant-dernier plus la raison. On a donc : $3 \;.\; 8 \;:\; 33 \;.\; 38$, et par conséquent : $3 + 38 = 8 + 33$. (377).

On trouverait de même $3 \;.\; 13 \;:\; 28 \;.\; 38$, et ainsi de suite.

Si le nombre des termes est impair, celui du milieu égale la demi-somme des extrêmes.

465. QUATRIÈME PROPRIÉTÉ. *La somme des termes d'une progression est égale à la moitié de la somme des extrêmes multipliée par le nombre des termes.*

Soit encore la progression $\div 3 \;.\; 8 \;.\; 13 \;.\; 18 \;.\; 23 \;.\; 28 \;.\; 33 \;.\; 38$, et la même renversée $\div 38 \;.\; 33 \;.\; 28 \;.\; 23 \;.\; 18 \;.\; 13 \;.\; 8 \;.\; 3$.

Si l'on ajoute terme à terme ces deux suites de nombres, on aura : $3 + 38, 8 + 33, 13 + 28$, etc., et en désignant par S la somme des termes d'une de ces progressions, nous aurons évidemment

$$2S = (3 + 38) + (8 + 33), \text{etc.}$$

Or, toutes les sommes particulles sont égales entre elles et à la somme des extrêmes (464); de plus, il y en a autant que de termes dans la progression; donc, l'égalité ci-dessus revient à

$$2S = (3 + 38) \times 8$$

d'où l'on tire : $S = \dfrac{(3+38) \times 8}{2}$ ou $S = \dfrac{(P+D)N}{2}$.

PROPRIÉTÉS DES PROGRESSIONS PAR QUOTIENT.

466. **Première propriété.** *Un terme quelconque est égal au premier multiplié par une puissance de la raison marquée par le nombre des termes qui précèdent.*

Soit les progressions $\div\!\!\div$ 3 : 6 : 12 : 24 : 48 : 96 : 192
et $\div\!\!\div$ 192 : 96 : 48 : 24 : 12 : 6 : 3

dont la raison est 2 pour la progression croissante et 1/2 pour la progression décroissante. On a pour la première :

$$6 = 3 \times 2$$
$$12 = 6 \times 2 = (3 \times 2) \times 2 = 3 \times 2^2$$
$$24 = 12 \times 2 = (3 \times 2^2) \times 2 = 3 \times 2^3$$
$$\cdots \cdots \cdots \cdots$$
$$192 = 3 \times 2^6 \qquad (1)$$

La 2ᵉ progression donnerait $3 = 192 \times \left(\tfrac{1}{2}\right)^6$; mais comme multiplier un nombre par 1/2 revient à le diviser par 2, on aurait aussi $3 = \dfrac{192}{2^6}$, 2 étant le quotient du premier terme par le second.

467. En représentant comme au n° 461 les termes de cette égalité par les lettres D, P, N, R, on a d'abord :

$$D = P \times R^{N-1}$$

d'où l'on tire : $P = \dfrac{D}{R^{N-1}}$, $R^{N-1} = \dfrac{D}{P}$, $R = \sqrt[N-1]{\dfrac{D}{P}}$,

et ces quatre formules donnent le moyen de trouver chacun des quatre nombres qui en font partie quand on connaît les trois autres.

D. Le dernier terme d'une progression s'obtient en multipliant le premier par une puissance de la raison marquée par le nombre des termes moins 1.

On obtiendrait de même tout autre terme en multipliant le premier par la raison élevée à une puissance égale au nombre des termes qui précèdent celui que l'on cherche, considéré comme le dernier.

Par exemple, le 6ᵉ terme des progressions ci-dessus serait $D = 3 \times 2^{6-1} = 3 \times 2^5 = 96$ ou $D = 192 \times (\frac{1}{2})^{6-1} = 192 \times (\frac{1}{2})^5 = 192 \times \frac{1}{32} = 6$.

P. Le premier terme d'une progression s'obtient en divisant le dernier par une puissance de la raison égale au nombre des termes moins 1.

Ainsi on aura $P = \frac{192}{2^{7-1}} = \frac{192}{64} = 3$ ou $P = \frac{3}{(\frac{1}{2})^{7-1}} = 3/\frac{1}{64} = 192$.

N. La formule $R^{N-1} = \frac{D}{P}$ ne donne qu'indirectement la valeur de N; mais elle fait connaître que la puissance N — 1 de la raison égale le quotient du dernier terme par le premier : donc, en formant les puissances de la raison jusqu'à celle qui égalera ce quotient, le nombre de fois que la raison entrera comme facteur donnera le nombre des termes de la progression moins 1.

En appliquant cette formule à la progression ci-dessus, on a : $2^{N-1} = \frac{192}{3} = 64$; or, $64 = 2 \times 2 \times 2 \times 2 \times 2 \times 2 = 2^6$: donc, le nombre des termes de la progression est 6 + 1 ou 7.

R. Pour trouver la raison, il faut diviser le dernier terme par le premier et extraire du quotient une racine marquée par le nombre des termes de la progression moins 1. On aurait donc :

$$R = \sqrt[7-1]{\frac{192}{3}} = \sqrt[6]{64} = 2.$$

468. Cette expression de la raison fournit à son tour le moyen d'insérer entre deux nombres quelconques autant que l'on veut de moyens proportionnels, c'est-à-dire, des nombres qui forment avec les nombres donnés une proportion par quotient.

Soit à insérer 5 moyens proportionnels entre les nombres 3 et 192.

La progression se composera de 5 + 2 = 7 termes; la raison

égalera donc $\sqrt[6]{\frac{192}{3}} = 2$. Connaissant la raison, il est facile de former la progression qui est alors :

$$\div 3 : 6 : 12 : 24 : 48 : 96 : 192.$$

Si les nombres donnés étaient 192 et 3 la raison serait

$$\sqrt[6]{\frac{3}{192}} = \sqrt[6]{\frac{1}{64}} = \frac{1}{2}.$$

et l'on aurait la progression décroissante :

$$\div 192 : 96 : 48 : 24 : 12 : 6 : 3$$

469. SECONDE PROPRIÉTÉ. *Si l'on insère un même nombre de moyens proportionnels entre tous les termes consécutifs d'une progression, il en résulte une seule et même progression.*

En effet, le quotient de deux termes consécutifs étant le même pour toute la progression donnée, et le nombre des termes à insérer entre deux termes consécutifs étant aussi le même, il en résulte que la raison est également la même pour toutes les progressions partielles. De plus, le dernier terme de chacune de ces progressions partielles est en même temps le premier de la suivante; donc, elles ne forment toutes ensemble qu'une seule et même progression.

470. TROISIÈME PROPRIÉTÉ. *Le produit de deux termes pris à égale distance des extrêmes est égal au produit des extrêmes.*

Dans la progression ci-dessus, par exemple, on a :
$$3 \times 192 = 6 \times 96 = 12 \times 48, \text{etc.}$$

En effet, le second terme 6 égale le premier multiplié par la raison 2; le dernier terme 192 égale aussi l'avant dernier multiplié par la raison 2; on a donc : $3 : 6 :: 96 : 192$ et par conséquent : $3 \times 192 = 6 \times 96$.

On trouverait de même $3 : 12 :: 48 : 192$ et ainsi de suite.

Si le nombre des termes est impair, celui du milieu égale la racine carrée du produit des extrêmes.

471. QUATRIÈME PROPRIÉTÉ. *Le produit des termes d'une progression est égal à la racine carrée du produit des extrêmes élevé à une puissance marquée par le nombre des termes.*

Soit encore la progression $\div 3 : 6 : 12 : 24 : 48 : 96 : 192$
et la même renversée $\div 192 : 96 : 48 : 24 : 12 : 6 : 3$

si l'on désigne par p le produit de tous les termes de l'une des deux progressions on aura :

$$p = 3 \times 6 \times 12 \times 24\ldots \text{ ou } p = 192 \times 96 \times 48 \times 24\ldots$$

En multipliant membre à membre ces deux égalités, il vient :

$$p^2 = (3 \times 6 \times 12\ldots) \times (192 \times 96 \times 48\ldots)$$

et en changeant l'ordre des facteurs.

$$p^2 = (3 \times 192) \times (6 \times 96) \times (12 \times 48), \text{ etc.}$$

Or, tous les produits partiels entre parenthèse sont égaux entre eux et au produit des extrêmes (416) ; de plus, il y en a autant que de termes dans la progression ; donc l'égalité ci-dessus revient à

$$p^2 = (3 \times 192)^7$$

d'où l'on tire : $p = \sqrt{(3 \times 192)^7}$ ou $p = \sqrt{(P \times D)^n}$.

472. CINQUIÈME PROPRIÉTÉ. *Pour obtenir la somme des termes d'une progression, il faut multiplier le dernier terme par la raison, retrancher le premier terme du produit et diviser la différence par la raison moins un.*

Soit la progression $\div\div\; 2 : 8 : 32 : 128 : 512 : 2048$ dont la raison est 4, on doit avoir : $S = \dfrac{(2048 \times 4) - 2}{4 - 1}$

En effet, si l'on multiplie tous les termes de la progression par la raison 4, on aura la nouvelle progression :

$$\div\div\; 8 : 32 : 128 : 512 : 2048 : 8192$$

dont la somme des termes contient évidemment 4 fois celle des termes de la première. Si l'on retranche la première progression de la seconde, les termes communs 8, 32, 128, 512, 2048 s'annuleront, et il restera seulement $8192 - 2$. Ce reste égale encore la triple somme des termes de la première progression, et l'on a :

$$3S = 8192 - 2 ; \text{ d'où l'on tire : } S = \dfrac{8192 - 2}{3}$$

mais $8192 = 2048 \times 4$ et $3 = 4 - 1$; en mettant ces valeurs dans l'égalité ci-dessus, il vient

$$S = \dfrac{(2048 \times 4) - 2}{4 - 1} = 2730, \text{ ou } S = \dfrac{(D \times R) - P}{R - 1}$$

expression conforme à l'énoncé de la proposition.

Si l'on avait la progression décroissante

$$\div\div\; 2048 : 512 : 128 : 32 : 8 : 2$$

le plus simple serait de la renverser d'abord puis d'opérer

comme ci-dessus ; mais en lui appliquant le raisonnement fait pour la progression croissante on arrive à l'égalité :

$$S = \frac{2 \times 1/4 - 2048}{1/4 - 1} = \frac{-8190}{-3} = 2730.$$

473. En comparant les propriétés des progressions par différence avec celles des progressions par quotient, on ne tarde pas à s'apercevoir que dans les dernières la multiplication, la division, la formation des puissances et l'extraction des racines répondent, respectivement, à l'addition, à la soustraction, à la multiplication et à la division des premières.

C'est cette correspondance d'opérations plus compliquées d'une part et plus simples de l'autre qui a mis sur la voie des logarithmes.

§ II.

Logarithmes.

474. On appelle *logarithmes*, en général, des nombres en progression par différence qui correspondent, terme à terme, à des nombres en progression par quotient. Ainsi, dans les deux progressions suivantes :

$$\div\!\!\div 4 : 8 : 16 : 32 : 64 : 128 : 256, \text{etc.}$$
$$\div 3 \,.\, 7 \,.\, 11 \,.\, 15 \,.\, 19 \,.\, 23 \,.\, 27, \text{etc.}$$

le logarithme de 4 est 3, celui de 8 est 7, etc. Pour abréger on écrit : *log.* ou *l.* $4 = 3$, $l. 8 = 7$.

475. Il est aisé de voir qu'il y a un grand nombre de logarithmes, parce qu'à une même progression par quotient on peut faire correspondre plusieurs progressions par différence, et réciproquement. Mais on ne considère, ordinairement, que celles qui commencent, respectivement, par 1 et 0, comme, par exemple :

$$\div\!\!\div 1 : 2 : 4 : 8 : 16 : 32 : 64 : 128 : 256 : 512...$$
$$\div 0 \,.\, 1 \,.\, 2 \,.\, 3 \,.\, 4 \,.\, 5 \,.\, 6 \,.\, 7 \,.\, 8 \,.\, 9...$$

Dans cette condition, la progression par quotient est la suite naturelle des puissances de la raison ; et la progression par différence est la suite naturelle des multiples de laraison. Ainsi, en observant que $\frac{2^1}{2^1} = 2^0 = 1$ (382), les progressions ci-dessus reviennent à :

$$\div 2^0 : 2^1 : 2^2 : 2^3 : 2^4 : 2^5 : 2^6$$
$$\div 1 \times 0 \,.\, 1 \times 1 \,.\, 1 \times 2 \,.\, 1 \times 3 \,.\, 1 \times 4 \,.\, 1 \times 5 \,.\, 1 \times 6$$

Ce qui prouve que les termes de même rang sont la raison élevée à une puissance ou un multiple de même degré. Ce degré plus 1 indique en outre le rang du terme que l'on considère. 2^5 et 1×5, par exemple, sont le 6ᵉ terme de la progression dont ils font partie.

476. On appelle *système de logarithmes* les deux progressions qui sont ainsi en rapport ; et l'on appelle *base* du système la première puissance de la raison de la progression par quotient. Dans l'exemple ci-dessus, 2 est la base du système.

477. Comme, d'après la définition, les logarithmes sont indépendants des valeurs particulières des raisons de chaque progression, on conçoit qu'il y a plusieurs systèmes de logarithmes. On s'arrête, ordinairement, aux puissances successives de la raison formant la progression par quotient, et aux exposants de ces puissances formant la progression par différence. Ainsi l'on a, par exemple, (r désignant un nombre quelconque autre que 1) :

$$\div 1 : r : r^2 : r^3 : r^4 : r^5 : r^6 : r^7 : r^8 : r^9 : r^{10}$$
$$\div 0 \,.\, 1 \,.\, 2 \,.\, 3 \,.\, 4 \,.\, 5 \,.\, 6 \,.\, 7 \,.\, 8 \,.\, 9 \,.\, 10$$

Et dans ce cas 1 est le logarithme de la base, qu'il suffit de faire connaître pour déterminer le système.

478. Les principales propriétés des logarithmes sont les suivantes :

479. PREMIÈRE PROPRIÉTÉ. *Le logarithme d'un produit est égal à la somme des logarithmes de ses facteurs.*

Par exemple : 512 qui égal 8×64, a pour logarithme 9, ou la somme des logarithmes 3 et 6 de 8 et 64.

En effet, 8 ou 2^3 multiplié par 64 ou 2^6 égale 2^9 (381) ; les termes correspondants de la progression par différence $1 \times 3 + 1 \times 6$ donnent 1×9, et ainsi le produit de deux facteurs et la somme de leurs logarithmes sont des termes qui se correspondent et occupent le même rang dans les deux progressions (475).

On peut dire encore que si l'on prend à gauche de 64 un terme 512 qui en soit aussi éloigné que 8 l'est du premier terme, et que de plus on suppose la progression arrêtée au terme 512, on aura (464) la proportion 1 : 8 :: 64 : 512 qui donnera $1 \times 512 = 8 \times 64$ ou $512 = 8 \times 64$.

Pour la même raison, les termes correspondants de la progression par différence formeront une équidifférence qui donnera : $log.\ 8 + log.\ 64 = log.\ 512$.

Cette démonstration fait voir que la propriété n'existe que pour les systèmes de logarithmes qui commencent par 1 et 0.

On démontrerait de même que le logarithme d'un produit de plus de deux facteurs est la somme des logarithmes de ses facteurs ; car le $log.\ abc$, par exemple, égale $log.\ ab + log.\ c = l.\ a + l.\ b + l.\ c$.

480. DEUXIÈME PROPRIÉTÉ. *Le logarithme d'un quotient égale le logarithme du dividende moins le logarithme du diviseur.*

Par exemple, si l'on a $\frac{512}{64} = 8$, on doit avoir aussi $l.\ \frac{512}{64} = l.\ 512 - l.\ 64 = l.\ 8$.

En effet, le dividende est le produit du diviseur par le quotient donc (479) si $l.\ 8 + l.\ 64 = l.\ 512$, il en résulte aussi : $l.\ 8 = l.\ 512 - l.\ 64$.

481. TROISIÈME PROPRIÉTÉ. *Le logarithme de la puissance d'un nombre est égal au logarithme de ce nombre multiplié par l'exposant de la puissance.*

Par exemple, $l.\ 1024$, qui est la 5ᵉ puissance de 4, égale 5 fois le logarithme de 4.

En effet, $4^5 = 4 \times 4 \times 4 \times 4 \times 4$; donc, logarithme de $4^5 = l.\ 4 + l.\ 4 + l.\ 4 + l.\ 4 + l.\ 4 = 5 \times l.\ 4$.

482. QUATRIÈME PROPRIÉTÉ. *Le logarithme d'une racine d'un nombre est égal au logarithme de ce nombre divisé par le degré de cette racine.*

Par exemple, $log.\ \sqrt[5]{1024} = \frac{l.\ 1024}{5}$.

En effet, si l'on désigne par x cette racine on a $x^5 = 1024$; donc, $l.\ 1024 = 5 \times l.\ x$ et, par conséquent, $l.\ x = \frac{l.\ 1024}{5}$.

483. Les propriétés ci-dessus font comprendre tout l'avantage d'une table assez étendue, présentant d'une part une série de nombres en progression par quotient, et de l'autre les logarithmes de tous ces nombres.

484. Pour former cette table on a d'abord choisi, comme plus avantageuses, les progressions suivantes, dont la base est la même que celle du système de numération.

$$\div 1 : 10 : 10^2 : 10^3 : 10^4 : 10^5 : 10^6, \text{etc.}$$
$$\div 0 \,.\, 1 \,.\, 2 \,.\, 3 \,.\, 4 \,.\, 5 \,.\, 6, \text{etc.}$$

L'une est formée des diverses puissances de 10, et l'autre des exposants de ces puissances.

Entre tous les termes de cette progression on a inséré un nombre assez grand de moyens proportionnels pour que tout nombre entier (compris entre les extrêmes) s'il n'est pas un des termes de la nouvelle progression, soit compris entre deux de ces termes, ou en diffère si peu qu'il puisse leur être substitué.

On a de même inséré, entre tous les termes de la progression par différence, un nombre de moyens différentiels égal à celui de la progression par quotient dont ils ont formé les logarithmes.

485. Sauf la longueur des calculs, on conçoit que ces insertions aient pu se faire d'après le n° 468 ou par l'insertion successive de moyens proportionnels et différentiels (435 et 445); mais les hautes parties de la science donnent pour cela des moyens plus expéditifs; il suffit d'ailleurs de calculer directement les logarithmes des nombres premiers.

486. De tous les termes ainsi obtenus, on n'a conservé que la suite des nombres entiers pour la progression par quotient, et les termes correspondants aux nombres entiers pour la progression par différence.

487. Les logarithmes trouvés d'après cette méthode s'appellent logarithmes *vulgaires* ou logarithmes de Briggs, du nom de l'auteur qui en a donné les premières tables.

488. Or, la seule inspection des deux progressions fondamentales fait connaître :

1° Que le logarithme de 1 est 0, celui de 10 est 1, celui de 100 est 2 ; ou, en d'autres termes, que les puissances de 10 ont leur exposant pour logarithme.

2° Que le logarithme des autres nombres renferme autant

d'unités moins une que le nombre a de chiffres, plus une fraction qui, dans les tables, est évaluée en décimales.

Ainsi, le nombre 564 a pour log. 2,7512791; de même, le nombre 32,58 a pour log. 1,5129511, qui a autant d'unités moins une qu'il y de chiffres dans la partie entière du nombre fractionnaire.

489. La partie entière d'un logarithme s'appelle *caractéristique*, parce qu'elle fait connaître combien il y a de chiffres dans la partie entière du nombre auquel il appartient.

490. Le système des logarithmes de Briggs a cela de particulier que le logarithme d'un nombre étant donné, on obtient celui d'un nombre 10, 100, 1000 fois plus grand ou plus petit en augmentant ou diminuant sa caractéristique de 1, 2, 3..... unités, sans rien changer à la partie décimale.

Par exemple, les logarithmes des nombres

	254	2540	2,54
sont :	2,4048337	3,4048337	0,4048337

qui ne diffèrent que par la caractéristique.

En effet, $2540 = 254 \times 10$; or on a (479), l. $254 \times 10 =$ l. $254 +$ l. $10 =$ l. $254 + 1$. De même $2,54 = 254/100$, or (480) l. $254/100 =$ l. $254 -$ l. $100 =$ l. $254 - 2$.

USAGE DES TABLES.

491. Une table de logarithmes ne contenant qu'une quantité limitée de nombres entiers, il faut, pour en faire usage, savoir trouver le logarithme d'un nombre donné et réciproquement, double problème que nous allons résoudre pour les nombres plus grands que 1.

Nous supposons qu'on a sous la main des tables dont la limite soit de 1 à 10000 avec des logarithmes calculés jusqu'à 7 décimales, telles sont les tables par de la Lande étendues par F.-C.-M. Marie.

1° DÉTERMINER LE LOGARITHME D'UN NOMBRE DONNÉ.

492. Si le nombre est entier et moindre que 10000, il suffit de le chercher dans la colonne intitulée *nombres* et l'on trouve son logarithme à côté, dans la colonne intitulée *logarithmes*. Ainsi le log. de 457 est 2,65991620.

493. Quand le nombre est moindre que 10000, mais accompagné d'une fraction décimale, on cherche le logarithme de la partie entière ; on prend la différence de ce logarithme avec celui du nombre immédiatement supérieur (que l'on trouve à partir de 1000 dans une colonne intitulée *différence*) on multiplie cette différence par la fraction décimale du nombre donné et l'on ajoute le produit au logarithme de la partie entière du nombre donné.

Soit à chercher le logarithme de 6357,25.

Le logarithme de ce nombre est évidemment compris entre celui de 6357 et celui de 6358 dont la différence est 0,0000683 ; il égale le premier plus une partie qui répond à la fraction 0,25. Or, si pour une unité de différence entre les nombres 6357 et 6358 on a 0,0000683 de différence dans leurs logarithmes, pour 0,25 on doit avoir une différence proportionnelle que l'on obtiendra par la proportion

$$1 : 0,0000683 :: 0,25 : x$$

d'où l'on tire $x = 0,0000683 \times 0,25 = 0,000017075$; ainsi le logarithme de 6357,25 $= 3,8032522 + 0,000017075 = 3,8032693$

Dans la pratique on considère la différence donnée par les tables comme un nombre entier et l'on ne prend que la partie entière du produit de la multiplication, que l'on ajoute à la droite du logarithme. Dans l'exemple ci-dessus on aurait eu d'abord 683 $\times$ 0,25 $= 170,75$, puis 3,8032522
$$+ 170$$
Total: 3,8032693
en forçant le chiffre de droite à cause du 7 qui suit la virgule, dans le produit 170,75.

494. La proportion ci-dessus n'est qu'approximative ; mais elle est d'autant plus exacte que les nombres donnés sont plus grands. Si donc, il s'agissait de trouver le logarithme d'un nombre dont la partie entière fût moindre que 1000, il conviendrait d'avancer la virgule vers la droite de manière que cette partie fût comprise entre 1000 et 10000 puis d'opérer comme ci-dessus, sauf à retrancher une ou plusieurs unités à la caractéristique du logarithme obtenu.

495. Si le nombre donné était accompagné d'une fraction ordinaire, on pourrait la réduire en fraction décimale et opérer ensuite comme il vient d'être dit ; mais on pourrait aussi réduire le tout en une seule expression fractionnaire, et le logarithme cherché serait la différence des logarithmes du numérateur et du dénominateur (480).

Soit le nombre $37 \frac{25}{64}$ ce nombre revient à $\frac{37 \times 64 + 25}{64}$ $= \frac{2393}{64}$; et l'on a logarithme $\frac{2393}{64} =$ log. 2393 — log. 64 $= 3,3789427 - 1,8061799 = 1,5727628$.

496. Enfin, quand le nombre est plus grand que 10000, on sépare par une virgule autant de chiffres qu'il est nécessaire pour que la partie à gauche soit comprise entre 1000 et 10000 (494); on cherche ensuite comme ci-dessus le logarithme du nombre fractionnaire qui en résulte et l'on ajoute à sa caractéristique autant d'unités qu'on a séparé de chiffres (490).

Soit à trouver le log. de 568317.

On cherche le log. de 5683,17 que l'on trouve égal à 3,7545907; mais le nombre donné étant 100 fois plus grand, son logarithme doit avoir deux unités de plus, ce qui donne 5,7545907.

2° DÉTERMINER LE NOMBRE AUQUEL APPARTIENT UN LOGARITHME DONNÉ.

497. Afin d'avoir plus exactement un plus grand nombre de chiffres du nombre cherché, il faut ramener la caractéristique de son logarithme à la plus grande des tables et chercher ce logarithme ainsi préparé (490).

Si on le trouve exactement, le nombre correspondant est le nombre cherché, après toutefois qu'on l'a multiplié ou divisé comme l'indiquent les unités dont on a diminué ou augmenté la caractéristique.

Dans le cas contraire, ce logarithme se trouve compris entre deux logarithmes consécutifs, et alors on en prend la différence avec le plus petit, on la divise par la différence tabulaire, on écrit ce quotient à côté du nombre qui correspond au plus petit logarithme; et, dans le nombre ainsi formé, on dispose la virgule de manière que la partie à gauche ait le nombre de chiffres indiqué par la caractéristique du logarithme donné.

Soit à trouver le nombre qui correspond au logarithme 1,9822260.

On cherche le logarithme 3,9822260 qui donne le nombre 9599; mais, comme on a ajouté 2 à la caractéristique, ce nombre est 100 fois trop fort, donc le nombre cherché est 95,99.

Par un raisonnement analogue on trouverait 963000 pour le nombre correspondant au logarithme 5,9836263.

Soit maintenant, pour le second cas, à trouver le nombre qui correspond au logarithme 2,7986968.

On cherche le logarithme 3,7986968 que l'on trouve compris entre 3,7986506 et 3,7987197. La différence avec le premier est 0,0000462 ou simplement 462; la différence tabulaire est 691. En raisonnant comme au n° 493 on établira la proportion

$$691 : 1 :: 462 : x \text{ qui donne } x = \frac{462}{691} = 0,66.$$

Cette fraction, écrite comme entier à la suite du nombre 6290 qui répond au logarithme 3,7986506, forme le nombre 629066; mais la caractéristique du logarithme donné étant 2, le nombre cherché doit avoir trois chiffres dans sa partie entière, donc il égale 629,066.

On trouverait de même 629066, pour le nombre correspondant au logarithme 5,7986968.

APPLICATIONS.

498. Trouver le produit de plusieurs facteurs, par exemple: $371 \times 781 \times 25$.

La somme des logarithmes de plusieurs nombres répondant au produit de ces nombres (479) nous auront:

$$\begin{aligned}\log. 371 &= 2,56937391 \\ \log. 781 &= 2,89265103 \\ \log. 25 &= 1,39794001\end{aligned}$$

Somme 6,85996495 ou logarithme du produit qu'il faut chercher comme il est dit au n° 497 et l'on trouve 7.243.776 pour le produit demandé à moins d'une unité près.

499. Trouver le quotient de 8862 par 82.

Le logarithme d'un quotient est la différence des logarithmes du dividende et du diviseur (480)

$$\begin{aligned}\log. \text{ de } 8862 &= 3,9475317 \\ \log. \text{ de } 82 &= 1,9138138\end{aligned}$$

La différence 2,0337179 est le logarithme du quotient cherché, lequel est 108,0731.

500. Former la 5ᵉ puissance de 13.

Pour obtenir cette puissance, il faut multiplier entre eux 5 nombres égaux à 13 ; donc, le logarithme de cette puissance égale 5 fois le logarithme de 13 (481).

Or, le log. de 13 = 1,11394335 ; donc 1,11394335 × 5 ou 5,56971675 est le logarithme de la puissance demandée. On trouve 371,293.

501. Trouver la racine 7ᵉ de 1.801.088.541.

Le logarithme d'une racine s'obtient en divisant le logarithme de la puissance donnée par le degré de la racine à extraire (482).

Or, le log. de 1.801.088.541 = 9,2555341. Donc $\frac{9,2555341}{7}$ ou 1,3222191 est le logarithme de la racine que l'on trouve égale à 21.

502. Calculer l'expression $x = \frac{64 \times 278 \times 32}{25 \times 22}$.

D'après les nᵒˢ 479 et 480 on doit avoir :

$$log.\ 64 + l.\ 278 + l.\ 32 - l.\ 25 - l.\ 22.$$

Or, log. 64 = 1,80617997 ;   log. 25 = 1,39794001
log. 278 = 2,44404480   log. 22 = 1,34242268
log. 32 = 1,50514998   2,74036269
          ─────────
          5,75537475
        − 2,74036269

donc, log. x = 3,01501206 qui donne 1035,17 pour la valeur de x.

503. On peut simplifier les calculs ci-dessus par l'emploi des *compléments arithmétiques*.

On appelle ainsi, en général, ce qui manque à un nombre pour qu'il égale 10 de ses plus fortes unités ; et comme les logarithmes arrivent rarement à 10, on dit que le complément d'un logarithme est ce qui lui manque pour faire 10 unités. Le complément du logarithme 6,3748219, par exemple, est 10 − 6,3748219 = 3,6251781. Résultat que l'on obtient, d'après l'inspection seule du logarithme, en retranchant chaque chiffre de 9, excepté le premier chiffre significatif à droite, qu'on retranche de 10.

504. Pour obtenir la différence de plusieurs logarithmes par le moyen des compléments, il faut joindre aux logarithmes additifs les compléments des logarithmes soustractifs et retrancher

LOGARITHMES DES FRACTIONS. 195

du résultat autant des dizaines qu'on a pris de compléments. Dans l'exemple ci-dessus on aurait :

$$\begin{align}
log.\ 64 &= 1{,}80617997\\
log.\ 278 &= 2{,}44404480\\
log.\ 32 &= 1{,}50514998\\
\text{Comp. du } log.\ 25 &= 8{,}60205999\\
\text{Comp. du } log.\ 22 &= 8{,}65757732\\
\hline
\text{Total} & \quad 23{,}01301206
\end{align}$$

Somme qui égale la différence déjà trouvée, plus les vingt unités qu'il faut retrancher, parce qu'on a pris deux compléments.

En effet, désignons, pour abréger, les logarithmes du problème par les lettres a, b, c, d, e, et le résultat de l'opération par D. On a évidemment $D = a + b + c + (10 - d) + (10 - e) - 20$, ce qui revient à $D = a + b + c + \text{comp.}\ d + \text{comp.}\ e - 20$.

APPLICATIONS DES LOGARITHMES AUX FRACTIONS.

505. Le logarithme de l'unité étant 0, il en résulte qu'il n'y a pas de nombre qui ne puisse être regardé comme le logarithme d'un nombre plus grand que l'unité. Donc, on ne peut appliquer les logarithmes aux fractions que par une nouvelle manière d'envisager les nombres.

En effet, dans les progressions fondamentales des tables chaque terme de la progression par quotient égale celui qui est à sa gauche multiplié par la raison; et chaque terme de la progression par différence égale celui qui est à sa gauche augmenté de la raison; mais on peut dire aussi que chaque terme égale celui qui est à sa droite divisé par la raison ou diminué de la raison. Donc, si l'on continuait à gauche ces deux progressions, on aurait les nouveaux termes :

$$\ldots \frac{1}{10^5} : \frac{1}{10^4} : \frac{1}{10^3} : \frac{1}{10^2} : \frac{1}{10} : 1 : 10 : 10^2 : 10^3 : 10^4 : 10^5$$

$$\ldots -5 .\ -4 .\ -3 .\ -2 .\ -1 .\ 0 .\ 1 .\ 2 .\ 3 .\ 4 .\ 5.$$

Ce qui prouve 1° que les nombres inférieurs à l'unité ont pour logarithmes des nombres négatifs (128 et suiv.); 2° que les nombres réciproques 10 et $\frac{1}{10}$, 100 et $\frac{1}{100}$, et, en général, $\frac{m}{n}$ et $\frac{n}{m}$ ont des logarithmes égaux, mais de signes contraires.

506. On aurait pu établir des tables pour les logarithmes des

fractions, comme on a fait pour les nombres plus grands que l'unité; mais cela n'est pas nécessaire, parce que, d'après la remarque précédente, on peut obtenir ces logarithmes au moyen des tables ordinaires. Il suffit, en effet, de prendre le logarithme du nombre réciproque et de lui donner le signe moins.

Soit à trouver, par exemple, le logarithme de la fraction décimale 0,357, qui revient à $\frac{357}{1000}$.

On cherche, d'après la règle n° 480, le logarithme de $\frac{1000}{357}$ que l'on trouve égal à 0,44733178; donc, — 0,44733178 est le logarithme demandé.

On trouverait de même que le logarithme de 13/17 = — log. 17/13 = — 0,11650557.

507. On peut donner aux logarithmes des fractions une autre forme, qui est généralement plus commode dans le calcul.

En effet, soit d'abord la fraction décimale $0,357 = \frac{357}{1000}$. On a, d'après le n° 480, l. $\frac{357}{1000}$ = l. 357 — l. 1000 = 2,5526682 — 3 = 2 — 3 + 0,5526682 = — 1 + 0,5526682; valeur que l'on représente ainsi $\bar{1},5526682$, avec le signe moins sur la caractéristique, pour annoncer qu'elle est seule négative.

On aurait de même pour les fractions 0,093, 0,0087 les log. $\bar{2}$,96848295 et $\bar{3}$,92941893. Par où l'on voit que la caractéristique négative de cette forme donne l'ordre décimal du premier chiffre significatif à droite de la virgule.

Pour une fraction ordinaire, $\frac{13}{17}$, par exemple, on aurait aussi l. $\frac{13}{17}$ = l. 13 — l. 17 = 1,11394335 — 1,23044892 = 1,11394335 — 0,23044892 — 1 = $\bar{1}$,88349443; de même l. $\frac{47}{1989}$ = $\bar{2}$,5293956.

Du reste, il est facile de passer de l'une à l'autre forme, car $\bar{1}$,55266822 = + 0,55266822 — 1,00000000 = — (1,00000000 — 0,55266822) = — 0,44733178; réciproquement, — 0,44733178 = 1,00000000 — 0,44733178 — 1 = 0,55266822 — 1 = $\bar{1}$,55266822.

On trouverait de même $\bar{3}$,7852278 = — (3,0000000 — 0,7852278) = — 2,2147722 et, réciproquement, — 2,2147722 = 3,0000000 — 2,2147722 — 3 = $\bar{3}$,7852278.

508. Pour retrouver la fraction à laquelle appartient un logarithme entièrement négatif, il faut prendre le réciproque du nombre auquel appartient ce logarithme abstraction faite de son signe.

LOGARITHMES DES FRACTIONS.

Soit à trouver la fraction dont le log. est $-0,44733178$.

On cherche, comme à l'ordinaire, le nombre qui répond au log. $0,44733178$ ou mieux $3,44733178$: on trouve $2,801$. Donc, le log. donné est celui du nombre réciproque (505), c'est-à-dire, de la fraction $\frac{1}{2,801}$ ou $\frac{1000}{2801}$, laquelle réduite en décimale donne $0,357$ à moins d'un millième près.

De même, le log. $0,1165055$ répondant au nombre $1,3077$, le log. $-0,1165055$ est celui de la fraction $\frac{10000}{13077} = \frac{13}{17}$ à $\frac{1}{222309}$ près.

509. Lorsque le logarithme a sa caractéristique seule négative, on ajoute assez d'unités pour la rendre positive et égale à 3. Le nombre qui correspond à ce nouveau logarithme est la réponse, après toutefois en avoir retranché autant de chiffres qu'on a ajouté d'unités à la caractéristique.

Soit, par exemple, à trouver la fraction dont le logarithme est $\bar{2},4683473$.

On ajoute 5 unités à la caractéristique, ce qui donne $3,4683473$. Le nombre correspondant à ce logarithme est 2940; mais ce nombre est 100000 fois trop fort, à cause des 5 unités ajoutées au logarithme; donc, la fraction cherchée est $\frac{2940}{100000}$ ou $0,02940$.

On trouverait de même pour le log. $\bar{1},8834944$ la fraction $\frac{7647,06}{10000} = \frac{764706}{1000000} = \frac{13}{47}$ à $\frac{2}{17000000}$ près.

510. Un moyen presque semblable permet de trouver immédiatement en décimale la valeur d'une fraction quelconque dont on connait le logarithme négatif.

Ce moyen consiste à retrancher le logarithme proposé d'autant d'unités plus 4 que sa caractéristique en renferme ; à chercher ensuite le nombre correspondant au résultat de cette opération, et à retrancher sur la droite de ce nombre autant de chiffres qu'on a pris d'unités pour faire la soustraction.

Soit donné le logarithme $-1,3469395$.

Ce logarithme peut se mettre sous la forme $5 - 1,3469395 - 5 = 3,6530605 - 5$: mais $3,6530605$ est le logarithme de $4498,41$, donc le nombre cherché est $0,0449841$.

Ce moyen est plus simple que celui du n° 508 et il donne de la fraction une valeur plus exacte.

511. On voit, par ce qui précède, qu'on peut appliquer les logarithmes au calcul des fractions, et qu'il n'y a pour cela d'autres règles à suivre que celles qui ont été données pour les nombres plus grands que l'unité, sauf l'emploi des logarithmes négatifs qu'il faut traiter d'après les règles des nos 131 et suiv.

512. Toutefois, lorsqu'on applique le calcul logarithmique à l'extraction des racines des fractions, il arrive assez souvent que la **caractéristique négative** n'est pas divisible par l'indice de la racine. On élude alors la difficulté en augmentant la partie négative et la partie positive du logarithme d'un nombre d'unités qui rende la première partie divisible.

Soit à calculer l'expression $\sqrt[5]{0,093}$. On a d'abord $l.\ 0,093 = \bar{2},96848295$, d'où $l.\ \sqrt[5]{0,093} = \frac{\bar{2},96848295}{5} = \frac{-2 + 0,96848295}{5}$. Comme 2 n'est pas divisible par 5, on augmente de 3 chaque partie du dividende, ce qui revient à ajouter et retrancher la même quantité ; on a alors $\frac{-5 + 3,96848295}{5} = -1 + 0,79369659 = \bar{1},79369659$, qui est le logarithme de la racine cherchée.

513. Au reste, dans bien des cas, on peut se dispenser d'employer les logarithmes négatifs, au moyen de quelques transformations opérées sur les expressions fractionnaires.

Par exemple, $\frac{5}{7} \times \frac{9}{13}$ se calculera comme si l'on avait $\frac{50}{7} \times \frac{60}{13}$, et le résultat final sera divisé par 100. De même $\frac{58}{467}$ se calculera comme $\frac{580}{467}$, et le résultat sera divisé par 10. $(\frac{3}{4})^6$ donne le même résultat que $(\frac{30}{4})^6$ divisé par 1000000, et réciproquement, $\sqrt[6]{\frac{3}{4}}$ égale la racine 6e de $\frac{3000000}{4}$ divisée par 10.

514. En terminant cet article, nous ferons remarquer que les calculs logarithmiques ne sont pas toujours rigoureusement exacts.

Les erreurs peuvent venir : 1° de ce que chaque logarithme des tables n'est calculé qu'à moins d'une demi-unité de l'ordre du dernier chiffre à droite de la fraction décimale ; 2° de ce que les proportions employées aux n°s 493 et 497 ne sont pas rigoureuses, et que dans le 4e terme qu'elles donnent on ne peut compter au plus que sur autant de chiffres décimaux moins un qu'il y en a dans la différence tabulaire.

Ces erreurs se font surtout remarquer lorsqu'il faut trouver un nombre dont le logarithme a une forte caractéristique, parce que alors les tables ne sont pas assez étendues ; mais pour les nombres ordinaires, l'approximation est suffisante, et dans les nombres très-grands, les plus hautes unités sont souvent les seules qu'il soit important de connaître.

CHAPITRE III.

APPLICATIONS DES PROPORTIONS.

515. Les usages des proportions sont extrêmement nombreux, car elles peuvent servir à résoudre une infinité de problèmes dans lesquels les nombres représentent des grandeurs proportionnelles. La plupart de ces problèmes sont des questions qui touchent aux intérêts commerciaux, industriels, financiers, etc, et les moyens donnés pour les résoudre sont généralement désignés sous les noms divers de *règle de trois, règle d'intérêt, d'escompte, de société*, etc. Toutes ces règles se font par les proportions; mais on pourrait aussi les traiter par la méthode de l'unité : nous en donnerons quelques exemples.

§ I.

Règle de Trois.

516. La règle de trois a généralement pour but de trouver un terme inconnu d'une proportion, quand on connaît les trois autres.

517. La propriété du n° 441 fournit le moyen de déterminer ce terme, et toute la difficulté consiste à savoir quand et comment il faut employer cette opération.

518. Dans toutes les questions, pouvant se résoudre par les proportions, il y a au moins quatre quantités qui sont toujours de même espèce deux à deux.

Par exemple, lorsque 24 chapeaux coûtent 120 francs, combien paiera-t-on pour 38 ? Il y a deux nombres de chapeaux, 24 et 38 ; il y a aussi deux prix, celui de 24 chapeaux, qui est 120 fr., et celui de 38 chapeaux, qui est inconnu.

519. Les deux quantités connues de même espèce sont appelées *quantités principales.*

520. Les deux autres quantités, dont l'une est inconnue, s'appellent *quantités relatives*, parce qu'elles sont liées aux principales et qu'elles en dépendent.

521. Une principale avec sa relative s'appellent *quantités correspondantes.*

522. La première quantité principale est celle qui correspond à la quantité relative connue ; celle qui correspond à l'inconnue est la seconde principale.

523. Il y a *rapport direct* ou *relation directe*, lorsqu'un des nombres de la proportion augmentant ou diminuant son correspondant augmente ou diminue dans le même rapport. On dit alors que ce nombre est en *raison directe* de son correspondant ou que les nombres sont *directement proportionnels.*

524. Il y a *relation indirecte* ou *inverse*, lorsque un nombre augmentant son correspondant diminue, et réciproquement lorsque le premier diminuant le second augmente. Les nombres sont alors en *raison inverse* de leurs correspondants, ou bien encore ils sont *indirectement proportionnels.*

525. De là, les dénominations de règle de trois *directe* ou *inverse*, suivant la relation qui existe entre les nombres.

De plus, lorsque le problème ne présente que quatre nombres pouvant former une seule proportion, il donne lieu à une règle de trois *simple.*

Si le problème présente plus de quatre nombres pouvant former plus de deux rapports, on a une règle de trois *double* ou *composée.*

526. Or, comme plusieurs proportions multipliées terme à terme donnent des produits qui sont encore en proportion, on peut toujours ramener une règle de trois composée à une règle de trois simple : il suffit donc de connaître cette dernière.

527. Voici comment il faut établir la proportion, qui n'est autre chose que l'équation du problème.

On dispose d'abord les quantités de même espèce les unes sous les autres, en remplaçant par x celle qui est inconnue.

On forme ensuite le premier rapport avec les deux quantités principales, et le second rapport avec les deux relatives, que l'on écrit dans le même ordre si la relation est directe, et dans l'ordre inverse si la relation est indirecte.

Ou bien encore, on observe la règle suivante applicable aux deux espèces de relation :

La plus petite quantité principale EST *à la plus grande* COMME *la plus petite quantité relative* EST *à la plus grande.*

La nature de la question fait aisément connaître si la relative inconnue est plus grande ou plus petite que l'autre.

Exemple. 15 mètres de drap coûtent 180 francs. Combien coûteront 27 mètres du même drap ?

Disposition des données $\begin{cases} 15 \text{ mètres} & 180 \text{ francs} \\ 27 \text{ id.} & x \text{ id.} \end{cases}$

Puisque 15 mètres coûtent 180 francs, il est clair que si le nombre de mètres devient un certain nombre de fois plus grand ou plus petit, le prix de ces mètres deviendra ce nombre de fois plus grand ou plus petit ; ainsi, les deux nombres de mètres sont entre eux dans le même rapport que leurs prix respectifs, et, comme la relation est directe, on écrit :

$$15 : 27 :: 180 : x \text{ ; d'où } x = \frac{27 \times 180}{15} = 324.$$

Les 27 mètres de drap coûteront 324 francs.

Pour résoudre ce problème par la règle de l'unité, on dirait : Puisque 15 mètres coûtent 180 francs, un seul mètre coûtera 15 fois moins ou $\frac{180}{15}$, et 27 mètres coûteront 27 fois plus ou $\frac{180 \times 27}{15} = 324$ francs.

II. *Exemple.* 15 ouvriers ont mis 180 jours pour faire un ouvrage. Combien faudrait-il de jours à 27 ouvriers pour faire le même ouvrage ?

Disposition des données $\begin{cases} 15 \text{ ouvriers} & 180 \text{ jours} \\ 27 & x \end{cases}$

Si le nombre des ouvriers devient un certain nombre de fois plus grand, le nombre des jours nécessaires pour faire l'ouvrage devient ce même nombre de fois plus petit ; il y a donc

9.

proportion avec relation indirecte, et l'on doit écrire : *le plus petit nombre d'ouvriers est au plus grand comme le plus petit nombre de jours est au plus grand*, ou :

$$15 : 27 :: x : 180 ; \text{ d'où } x = \frac{15 \times 180}{27} = 100$$

Ainsi, les 27 ouvriers mettront 100 jours pour faire l'ouvrage.

III. *Exemple.* Pour faire 200 mètres d'ouvrage, 20 ouvriers ont employé 10 jours. Combien en aurait-il fallu à 15 ouvriers ?

Disposition des données { 20 ouvriers 10 jours.
15   x

Le nombre de mètres étant le même pour les deux cas, il est inutile d'en tenir compte dans la résolution du problème.

Après avoir reconnu, comme ci-dessus, qu'il y a proportion entre les nombres donnés, on voit de plus que le nombre de jours inconnu doit être plus grand que l'autre ; car moins il y a d'ouvriers plus il faut de temps pour faire le même ouvrage. Donc, il faut écrire, suivant la règle n° 527 : *le plus petit nombre d'ouvriers est au plus grand comme le plus petit nombre de jours est au plus grand*, ou :

$$15 : 20 :: 10 : x ; \text{ d'où } x = \frac{20 \times 10}{15} = 13 \frac{1}{3}.$$

Les ouvriers emploieront 13 jours et $\frac{1}{3}$.

Par la règle de l'unité, on dirait : Pour faire 200 mètres d'ouvrage, 20 ouvriers ont mis 10 jours ; un seul ouvrier aurait mis 20 fois plus de temps ou 10×20, et 15 ouvriers en mettront 15 fois moins, c'est-à-dire, $\frac{10 \times 20}{15} = 13$ jours 1/3.

IV. *Exemple.* 15 ouvriers, travaillant pendant 10 journées de 12 heures, ont fait 900 mètres d'un certain ouvrage. Combien 18 ouvriers en feraient-ils pendant 8 journées de 9 heures.

Disposition { 15 ouvriers 10 jours 12 heures 900 mètres.
des données { 18   8   9 x

Ce problème, ayant plus de deux rapports, appartient à la règle de trois composée, et il faut d'abord établir les proportions qu'il renferme, en examinant séparément chacune des données.

Si l'on ne considère que les deux nombres d'ouvriers et

qu'on les compare aux deux nombres de mètres, dont l'un est inconnu, on aura la proportion :

$$15 : 18 :: 900 : x \qquad (1)$$

Dans cette proportion, x représente non pas l'inconnue du problème, mais le nombre de mètres faits par les 18 ouvriers, en les supposant dans les mêmes conditions que les premiers. On pourrait déterminer la valeur de x dans cette proportion; mais cela n'est pas nécessaire, il suffit de le considérer comme connu.

Or, en supposant x connu et considérant le rapport des jours, on dira : si un certain nombre d'ouvriers ont fait x mètres en 10 jours, combien en feraient-ils en 8 jours, ce qui donne la proportion

$$10 : 8 :: x : x' \qquad (2)$$

dans laquelle x' représente le nombre des mètres faits en 8 jours par les mêmes ouvriers.

En supposant encore x' connu, et comparant enfin les nombres d'heures, on dira : moins les mêmes ouvriers travailleront d'heures, moins ils feront de mètres, ce qui fournira encore cette proportion

$$12 : 9 :: x' : x'' \qquad (3)$$

dans laquelle x'' représente l'inconnue du problème.

En multipliant terme à terme les proportions 1, 2, 3 ci-dessus, on a :

$$15 \times 10 \times 12 : 18 \times 8 \times 9 :: 900 \times x \times x' : x \times x' \times x''$$

et, en supprimant les facteurs x et x' qui se trouvent dans les deux termes du second rapport, il reste :

$$15 \times 10 \times 12 : 18 \times 8 \times 9 :: 900 : x'';$$

et la question est ainsi ramenée à une règle de trois simple qui donne enfin : $x'' = \frac{18 \times 8 \times 9 \times 900}{15 \times 10 \times 12}$, expression qui, toute simplification faite, revient à :

$$x = \frac{1 \times 4 \times 9 \times 18}{1 \times 1 \times 1} = 4 \times 9 \times 18 = 648$$

donc, les 18 ouvriers feront 648 mètres d'ouvrage.

V. *Exemple.* 20 ouvriers ont employé 6 journées de 8 heures pour creuser un canal de 45 mètres de long sur 2 de large. Combien faudrait-il de journées de 10 heures à 15 ouvriers pour creuser un second canal ayant 60 mètres

APPLICATION DES PROPORTIONS.

de long sur 3 de large, la profondeur étant de 2 mètres pour les deux canaux ?

Disposition des données { 20 ouvriers 6 jours; 8 heures, 45^m long. 2^{in} larg.
15   x 10   60   3

En examinant séparément les données et faisant d'abord abstraction des trois dernières, il reste les deux nombres d'ouvriers et les deux nombres de jours, dont l'un est inconnu, et la question revient à celle-ci : *20 ouvriers ont fait un ouvrage en 6 jours ; combien 15 ouvriers mettront-ils de jours pour faire le même ouvrage.* Il y a ici proportion avec relation indirecte, et en désignant par x le nombre de jours inconnu de ce nouvel énoncé on a la proportion :

$$15 : 20 :: 6 : x. \qquad (1)$$

En examinant maintenant la condition des heures et supposant toutes les autres égales de part et d'autre, on dit : les ouvriers en travaillant 8 heures ont mis x jours pour faire un ouvrage ; combien auraient-ils mis de jours s'ils avaient travaillé 10 heures. Cet énoncé donne la proportion :

$$10 : 8 :: x : x'. \qquad (2)$$

dans laquelle x' représente le nombre de jours relatif aux heures.

Pour la condition des longueurs des canaux on dit : si les ouvriers ont creusé un canal de 45 mètres en un nombre de jours exprimé par x', il leur faudra plus de jours pour en creuser un de 60 mètres, et l'on a encore la proportion :

$$45 : 60 :: x' : x''. \qquad (3)$$

Enfin, s'il faut un nombre de jours exprimé par x'' pour creuser un canal de 2 mètres de large, pour en creuser un de 3 mètres, il faudra un nombre de jours qui est le quatrième terme de la proportion.

$$2 : 3 :: x'' : x'''. \qquad (4)$$

Les proportions 1, 2, 3, 4, multipliées terme à terme, donnent :

$$15 \times 10 \times 45 \times 2 : 20 \times 8 \times 60 \times 3$$
$$:: 6 \times x \times x' \times x'' : x \times x' \times x'' \times x'''$$

ou, en supprimant les facteurs communs aux deux termes du second rapport :

$$15 \times 10 \times 45 \times 2 : 20 \times 8 \times 60 \times 3 :: 6 : x'''.$$

d'où $\qquad x''' = \frac{20 \times 8 \times 60 \times 3 \times 6}{15 \times 10 \times 45 \times 2} = 12 \frac{4}{5}$

Les 15 ouvriers mettront 12 journées de 10 heures et 4/5 de journée pour creuser le second canal.

Par la règle de l'unité on dirait : Si 20 ouvriers emploient 6 jours pour creuser le premier canal, un seul ouvrier emploierait un nombre de jours égal à 6×20, et les 15 ouvriers en mettront 15 fois moins ou $\frac{6 \times 20}{15}$.

Si les ouvriers ne travaillaient qu'une heure par jour, il leur faudrait 8 fois plus de temps ou $\frac{6 \times 20 \times 8}{15}$; mais comme ils travaillent 10 heures, ils en emploieront 10 fois moins, c'est-à-dire, $\frac{5 \times 20 \times 8}{15 \times 10}$.

L'expression $\frac{6 \times 20 \times 8}{15 \times 10}$ représente le temps nécessaire aux 15 ouvriers pour faire le premier canal. Or, si ce canal n'avait qu'un mètre de long, il leur faudrait 45 fois moins de temps; c'est-à-dire, $\frac{6 \times 20 \times 8}{15 \times 10 \times 45}$, et s'il a 60 mètres de long, il leur faudra 60 fois plus de temps ou $\frac{6 \times 20 \times 8 \times 60}{15 \times 10 \times 45}$.

Enfin, si le premier canal n'avait qu'un mètre de large, il faudrait $\frac{6 \times 20 \times 8 \times 60}{15 \times 10 \times 45 \times 2}$ de jour; et le second canal ayant 3 mèt. de large demandera 3 fois plus de temps ou $\frac{6 \times 20 \times 8 \times 60 \times 3}{15 \times 10 \times 45 \times 2}$, expression qui, toute simplification faite, revient à $\frac{2 \times 8 \times 4}{5} =$ 12 jours 4/5.

528. Si l'on examine l'expression fractionnaire qui est la valeur de l'inconnue dans les exemples 4 et 5 ci-dessus on voit qu'elle revient respectivement à :

$$900 \times \frac{18}{15} \times \frac{8}{10} \times \frac{9}{12} \quad \text{et} \quad 6 \times \frac{20}{15} \times \frac{8}{10} \times \frac{60}{45} \times \frac{3}{2}$$

c'est-à-dire, au nombre qui est de même nature que l'inconnue multiplié par tous les autres rapports. D'où l'on tire la règle suivante pour résoudre les règles de trois composées.

Pour trouver l'inconnue d'une règle de trois composée, il faut multiplier le nombre qui exprime des unités de même espèce que cette inconnue par les rapports directs renversés, et par les rapports indirects tels qu'ils sont dans la disposition des données.

529. On peut encore raisonner de la manière suivante :
20 ouvriers, travaillant 6 jours et 8 heures par jour, sont la même chose que $20 \times 6 \times 8 = 960$ heures de travail

d'un seul homme ; et un ouvrage de 45 mètres de long sur 2 de large revient à un ouvrage de 45 × 2 = 90 mètres de long sur 1 de large.

D'un autre côté, 15 ouvriers qui travaillent pendant x jour et 10 heures par jour font un total d'heures exprimé par le produit 15 × x × 10 = 150 × x ; et un ouvrage de 60 mètres de long sur 3 de large donne le même résultat qu'un ouvrage de 60 × 3 = 180 mètres de long sur un de large.

La question se trouve ainsi réduite à quatre quantités entre lesquelles on établit la proportion :

20 × 6 × 8 : 15 × x × 10 :: 45 × 2 : 60 × 3

qui donne $x = \frac{20 \times 6 \times 8 \times 60 \times 3}{15 \times 10 \times 45 \times 2} = 12\frac{4}{5}$ comme ci-dessus.

530. On voit par là, que pour résoudre une règle de trois composée on peut encore multiplier entre eux tous les nombres qui concourent au même but, en remplaçant le nombre inconnu par x, ce qui donne quatre quantités entre lesquelles on établit la proportion, en plaçant au premier rapport les deux quantités qui sont comme la cause des deux autres, que l'on écrit au second rapport dans le même ordre que leurs causes.

§ II.

Règle d'intérêt.

531. La règle d'intérêt a pour but de déterminer l'*intérêt* ou bénéfice que l'on doit retirer d'une somme d'argent prêtée ou placée pendant un certain temps.

La somme prêtée se nomme *capital*.

532. L'intérêt se calcule ordinairement d'après celui que l'on est convenu de faire rapporter à une somme de 100 fr. prêtée pour un an. Ce bénéfice est ce qu'on appelle le *taux d'intérêt*.

Ainsi, quand on dit qu'une somme est placée à 5 pour cent, cela signifie que chaque cent francs de cette somme produit un intérêt ou bénéfice de 5 francs, et 5 francs est le taux d'intérêt.

533. Le taux d'intérêt varie suivant les circonstances, il est ordinairement de 5 francs en matière civile et de 6 francs en matière commerciale.

534. On dit que l'intérêt est *simple*, quand il ne s'ajoute jamais au capital ; il est *composé*, quand il s'ajoute chaque année au capital pour porter aussi intérêt.

535. D'après les définitions précédentes, il est évident que les intérêts sont proportionnels aux capitaux et au temps pendant lequel ces capitaux sont placés, par conséquent la règle d'intérêt n'est qu'un cas particulier de la règle de trois.

I. *Exemple.* On demande l'intérêt de 500 francs prêtés à 5 0/0 pendant 6 ans (5 0/0 signifie 5 pour cent).

Puisque 100 francs rapportent 5 francs en un an, ils rapporteront 6 fois plus, ou 30 francs, en 6 ans, et les 500 francs doivent rapporter proportionnellement autant, donc on aura :

$$100 : 500 :: 5 \times 6 : x ; \text{ d'où } x = \frac{500 \times 5 \times 6}{100} = 150.$$

Les 500 francs rapporteront 150 francs d'intérêts.

536. Dans une règle d'intérêt, il y a quatre nombres qui peuvent être tour à tour inconnus, savoir : le *capital*, le *taux*, le *temps*, et l'*intérêt* ; de là quatre cas particuliers pour ces sortes de questions.

Or, si l'on représente les quatre nombres cités, respectivement, par a, i, t et I, la valeur de x trouvée ci-dessus devient :

$$I = \frac{a \times i \times t}{100} \text{ ou } \frac{ait}{100}.$$

Cette expression s'appelle une *formule*, parce qu'elle représente, d'une manière très-abrégée, les opérations à faire pour chaque cas particulier.

En effet, elle donne successivement :

$$a = \frac{100 I}{it} \quad i = \frac{100 I}{at} \quad \text{et } t = \frac{100 I}{ai}.$$

II. *Exemple.* Quel capital faut-il placer à 5 0/0, pour avoir un intérêt de 2000 francs au bout de 8 ans ?

La formule donne $a = \frac{100 \times 2000}{5 \times 8} = 5000$ francs.

208 APPLICATIONS DES PROPORTIONS.

III. *Exemple.* On a placé 15.000 francs pendant 4 ans et l'on a retiré 2700 francs d'intérêts. A quel taux cet argent a-t-il été placé?

La formule est pour ce cas : $i = \frac{100 \times 2700}{15000 \times 4} = 4$ fr. 50 c.

IV. *Exemple.* On demande pendant combien de temps il faudrait placer 25000 francs à 5 0/0, pour retirer 15000 francs d'intérêts?

La dernière formule donne : $t = \frac{100 \times 15000}{25000 \times 5} = 12$ ans.

V. *Exemple.* On demande l'intérêt de 38000 francs placés à 5 0/0 pendant 3 ans 8 mois?

La formule de l'intérêt devient pour cet exemple :

$$I = \frac{38000 \times 5 \times 3^a 8^m}{100}$$

expression qu'on peut mettre sous la forme :

$$I = \frac{38000 \times 5}{100} \times 3^a 8^m$$

et cette nouvelle valeur traduite en langage ordinaire annonce que *pour déterminer l'intérêt on peut multiplier le capital par le taux, diviser ce produit par 100 et multiplier le quotient par le temps.*

En opérant d'après cette règle nous aurons d'abord :

$$38000 \times 5 = 190000$$

et en divisant par 100,   1900
qu'il faut multiplier par $3^a 8^m$

Le mois étant la douzième partie de l'année, on pourrait multiplier comme à l'ordinaire par 3 8/12; mais il est souvent plus simple d'opérer par les *parties aliquotes*, de la manière suivante :

Nombre à multiplier	1900
Multiplicateur	$3^a 8^m$
On a d'abord l'intérêt pour 3 ans égal à	5700
pour 6 mois, on aura le 6ᵉ de l'intérêt de 3 ans, ou	950
pour 2 mois, on aura le 1/3 de l'intérêt de 6 mois, ou	316,66
Total ou intérêt pour 3 ans 8 mois	6966,66

Solution par la règle de l'unité. L'intérêt de 100 francs pendant un an étant de 5 francs, celui d'un franc sera $\frac{5}{100}$. Pendant un mois, il serait $\frac{5}{100 \times 12}$, et pendant 3 ans 8 mois ou 44 mois, il sera $\frac{5 \times 44}{100 \times 12}$.

RÈGLE D'INTÉRÊT.

Si l'intérêt d'un franc, pendant le temps donné, égale $\frac{5 \times 11}{100 \times 12}$, celui de 38000 francs sera évidemment 38000 fois plus fort ou $\frac{5 \times 11 \times 38000}{100 \times 12} = \frac{5 \times 11 \times 380}{3} = 6966$ fr. 2/3.

VI. *Exemple.* On demande l'intérêt de 12000 fr. à 4 3/4 pour cent pendant 157 jours ?

Dans cet exemple, on peut appliquer la méthode des parties aliquotes pour les deux multiplications, comme on le voit ci-dessous, en observant que, dans le commerce, l'année est comptée pour 360 jours et chaque mois pour 30 jours.

Nombre à multiplier	12000
Multiplicateur	4 3/4
Intérêt pour 4 francs égale	48000
Intérêt pour 1/2 franc la 1/2 du multiplicande	6000
Intérêt pour 1/4 franc la 1/2 du précédent ou	3000
Total pour 4 francs 3/4	57000
Qu'il faut diviser par 100, ce qui donne :	570
Pour 4 mois ou 120 jours, on prend le 1/3 de l'intérêt d'un an ou de 570	190
Pour 30 jours, le 1/4 du précédent	47,50
Pour 5 jours, le 1/6 du précédent	7,91 4/6
Pour 1 jour, le 1/5 du précédent	1,58 2/6
Pour 1 jour, le même	1,58 2/6
Total pour 120 + 30 + 5 + 1 + 1 ou 157 jours	248,58 2/6

On voit que cette méthode consiste à décomposer le multiplicateur en parties qui soient contenues exactement dans l'une des précédentes, et à prendre des parties correspondantes dont l'ensemble compose le produit total.

537. On peut encore employer la méthode suivante qui est très-usitée dans le commerce.

Soit à chercher l'intérêt de 500 francs à 6 pour cent pendant 65 jours ?

La formule ordinaire donne :

$$I = \frac{500 \times 6}{100} \times \frac{65}{360} = \frac{500 \times 6 \times 65}{100 \times 360}$$

or, en supprimant le facteur 6 dans cette expression, il vient :

$$\frac{500 \times 65}{100 \times 60} = \frac{500 \times 65}{6000} \qquad (a)$$

C'est-à-dire que, dans ce cas, il suffit de *multiplier le capital par le nombre de jours et de diviser le résultat par* 6000.

210 APPLICATIONS DES PROPORTIONS.

Dans la formule (a) ci-dessus, le numérateur est ce qu'on appelle le *nombre*, et le dénominateur est appelé le *diviseur*.

Le diviseur varie nécessairement suivant le taux; mais il est toujours 100 fois le quotient de 360 divisé par le taux.

Au lieu de prendre 365, comme on le devrait, puisque l'année a 365 jours, on choisit 360, parce que ce dernier a pour diviseurs les taux les plus usités.

Voici ces taux et leurs diviseurs correspondants :

Taux	1	2	3	4	4 1/2	5	6	8	9
Divis.	36000	18000	12000	9000	8000	7200	6000	4500	4000

538. Quelquefois, l'on évalue aussi l'intérêt d'après le rapport qui est préalablement établi entre cet intérêt et le capital. C'est ce qu'on appelle le *denier*.

Ainsi, prêter au denier 20, au denier 25 ou 40, c'est retirer, chaque année, un franc sur 20, 25 ou 40 francs, c'est-à-dire le 20e, le 25e ou le 40e du capital.

Il suffit alors évidemment, pour avoir l'intérêt, de prendre du capital une partie indiquée par le denier et de la multiplier par le temps.

Cette manière de calculer l'intérêt est peu en usage.

INTÉRÊTS COMPOSÉS OU INTÉRÊTS DES INTÉRÊTS.

VII. *Exemple*. On demande combien vaudront dans 3 ans 35000 francs placés à 5 pour 100, avec les intérêts des intérêts.

La somme de 100 francs valant 105 francs à la fin de la première année, la valeur du capital, à la même époque, sera donnée par la proportion :

$$100 : 35000 :: 105 : x$$

d'où $x = \frac{35000 \times 105}{100} = 35000 \times \frac{105}{100}$ ou $\frac{21}{20}$

Sa valeur à la fin de la seconde année sera donnée par la proportion

$$100 : 35000 \times \frac{105}{100} :: 105 : x$$

d'où $x = \frac{35000 \times \frac{105}{100} \times 105}{100} = 35000 \times \frac{105}{100} \times \frac{105}{100}$

à la fin de la troisième année on aurait :

$$x = 35000 \times \frac{105}{100} \times \frac{105}{100} \times \frac{105}{100} = 35000 \times \left(\frac{105}{100}\right)^3 \text{ ou } \left(\frac{21}{20}\right)^3$$

par où l'on voit que, pour obtenir la valeur d'un capital avec les intérêts composés, il faut former une fraction qui ait 100 pour dénominateur et 100 plus le taux d'intérêt pour numérateur; simplifier cette fraction, s'il est possible, et l'élever à une puissance marquée par le temps, puis multiplier cette puissance par le capital. Le résultat ainsi obtenu est le nombre cherché. Pour l'exemple ci-dessus on aurait 40516 francs 875.

VIII. *Exemple.* On demande en intérêts composés la valeur de 12,000 francs à 6 pour 0/0 pendant 4 ans et 5 mois?

On cherche d'abord, comme ci-dessus, cette valeur pour 4 ans. On trouve 12000 $\times \left(\frac{108}{100}\right)^4 =$ 15149,72.

Ensuite, on cherche pour 5 mois l'intérêt simple de 15149,72 que l'on ajoute à ce nouveau capital.

Cet intérêt $= \frac{15149,72 \times 6 \times 5}{100 \times 12} =$ 378,74.

La somme demandée est donc 15149,72 + 378,74 = 15528,46 la différence 15528,46 — 12000 = 3528,46 donne les intérêts seuls.

Solution par la règle de l'unité. Cent francs placés à 6 0/0 rapportent par an $\frac{6}{100}$ du capital. Ainsi, un capital quelconque placé à 6 pour 0/0 vaut à la fin de l'année une fois ce capital plus les 6/100 ou les $\frac{3}{50}$ de ce capital, c'est-à-dire, $\frac{53}{50}$.

Les 12000 fr. vaudront donc, à la fin de la première année:

$$12000 \times \left(1 + \frac{6}{100}\right) \text{ ou } 12000 \times \frac{53}{50}$$

à la fin de la deuxième, ils vaudront :

$$12000 \times \frac{53}{50} \times \frac{53}{50} \text{ ou } 12000 \times \left(\frac{53}{50}\right)^2$$

à la fin de la troisième, ils vaudront :

$$12000 \times \frac{53}{50} \times \frac{53}{50} \times \frac{53}{50} \text{ ou } 12000 \times \left(\frac{53}{50}\right)^3$$

et, à la fin de la quatrième, ils vaudront :

$$12000 \times \left(\frac{53}{50}\right)^4 = 15149,72.$$

L'intérêt de ce nouveau capital pendant 5 mois est :

$$\frac{15149,72 \times 6}{100} \times \frac{5}{12} = 378,74.$$

Donc, au bout de 4 ans 5 mois, le capital 12000 francs vaudra, en intérêts composés à 6 0/0, 15149,72 + 378,74 = 15528 fr. 46 c.

539. En représentant par A la valeur du capital réuni aux intérêts composés, la formule générale est :

$$A = a\left(1 + \frac{i}{100}\right)^t = a\left(\frac{100+i}{100}\right)^t \qquad (1)$$

ou, par logarithmes :

$$\log A = \log a + t \times \log\left(1 + \frac{i}{100}\right) \qquad (2)$$

Au moyen de ces formules, on peut résoudre les quatre questions relatives aux intérêts composés, suivant la quantité inconnue. La valeur de t se trouve par la formule (2); les trois autres se déduisent plus facilement de cette même formule, mais on peut aussi les obtenir par la formule (1).

540. A la règle d'intérêt se rattachent les questions sur les *fonds publics*, les *escomptes*, les *assurances* et autres, dans lesquelles il faut également trouver un bénéfice ou une retenue, qui se calcule aussi à raison de tant pour cent.

FONDS PUBLICS.

541. On appelle fonds publics les titres qui donnent droit à un certain revenu ou bénéfice, quand on prête de l'argent au gouvernement, à une ville, à une compagnie industrielle ou commerciale.

542. Dans ces sortes de prêts, c'est le capital qui varie tandis que le taux reste fixe.

Ainsi, pour avoir 3 francs de rente, par exemple, il faut donner tantôt plus tantôt moins, suivant l'abondance des capitaux ; c'est ce qu'on appelle le *cours de la rente*.

543. Le gouvernement qui veut contracter un emprunt, traite avec le banquier ou la société de banquiers qui offre le plus fort capital pour la même quantité de rente indiquée d'avance, ou bien il pose les conditions de l'emprunt et chacun peut souscrire comme il est indiqué.

544. Les banquiers ou les souscripteurs reçoivent des titres qui donnent droit à une partie proportionnelle de la rente totale.

545. Lorsque l'emprunt est fait par le gouvernement, les titres de rente prennent le nom de *rente sur l'État* ou d'*inscription* de rente sur l'État, parce qu'on inscrit sur le

RENTES, OBLIGATIONS.

grand livre de la dette publique le nom du prêteur, le capital qu'il fournit ou est censé fournir et le taux de l'intérêt.

564. Les rentes sur l'Etat sont actuellement de trois sortes en France : le 4 et 1/2, le 4 et le 3 pour 0/0. Chacun de ces taux indique la quantité de rente pour laquelle le gouvernement donnerait 100 francs en cas de remboursement.

545. Ce remboursement peut être offert par l'Etat; mais le rentier ne peut pas le réclamer. Toutefois, lorsque les titres sont libérés, c'est-à-dire, lorsqu'on a payé la somme pour laquelle ils ont été livrés, on peut les vendre à d'autres et retirer de cette manière ce qu'on a déboursé, plus ou moins suivant le cours de la rente.

548. Cette vente des titres ne peut avoir lieu qu'à la *Bourse* et au moyen des *agents de change*, qui prélèvent un droit ou *courtage* de 1/8 pour 0/0 du prix de la rente achetée.

549. Lorsque l'emprunt est fait par une ville ou une compagnie, les titres de rente prennent le nom d'*obligations*, parce qu'ils doivent être remboursés par l'emprunteur dans une période de temps plus ou moins longue.

550. Le remboursement s'effectue chaque année pour un certain nombre d'obligations désignées par la voie du sort.

551. Les obligations indiquent le mode de remboursement, la somme ou le *capital nominal* qui doit être remboursé et la quantité de rente à laquelle elles donnent droit.

552. L'emprunteur émet une quantité plus ou moins grande d'obligations, suivant la somme dont il a besoin ; il les vend à des banquiers ou à des particuliers qui les revendent ensuite à la bourse à des cours variables, comme pour les rentes sur l'Etat.

553. Certaines obligations prennent le nom d'*actions*, parce qu'elles donnent en outre un droit proportionnel à un *dividende*, c'est-à-dire, au bénéfice net obtenu dans l'année par la compagnie.

554. Les rentes sur l'Etat se paient tous les trois mois pour le 3 0/0 : le 1er janvier, le 1er avril, le 1er juillet et le 1er octobre ; le 4 et le 4 et 1/2 se paient le 22 mars et le 22

septembre. Les obligations se paient ordinairement tous les six mois.

Telles sont les principales circonstances qui accompagnent les opérations sur les fonds publics ; voici maintenant quelques-uns des problèmes auxquels elles donnent lieu.

I. Quel est le prix de 500 francs de rente 3 0/0 au cours de 67 fr. 50, y compris le courtage ?

Puisqu'on a 3 francs de rente pour 67 fr. 50, nous aurons d'abord la proportion :

$3 : 67,50 :: 500 : x$ donnant $x = \frac{67,50 \times 500}{3} = 11250$ f.

Courtage 1/8 de 112,50 = \quad\quad\quad\quad 14 06

Total 11264 f. 06 c.

Cette rente coûtera 11264 fr. 06 cent.

II. Combien aurait-on de rente 3 pour 0/0, au cours de 68,85, pour 35000 francs, courtage non compris.

Puisqu'on a 3 fr. de rente pour 68 fr. 85, la réponse sera donnée par la proportion

$68,85 : 3 :: 35000 : x$, d'où $x = \frac{35000 \times 3}{68,85} = 1525,20$.

Pour 35000 fr. on aurait 1525 fr. 20 c. de rente.

Si le courtage doit être compris dans le prix de la rente, il faut d'abord le prélever et opérer sur le reste comme ci dessus.

Le 1/800 de 35000 = 4,375 ; 35000 — 4,375 = 34995,625.

$68,85 : 3 :: 34995,625 : x$; d'où $x = \frac{34995,625 \times 3}{68,85}$

III. À quel taux place-t-on son argent en achetant des obligations donnant 15 fr. de rente au cours de 306,25 ?

La réponse est donnée par la proportion :

$306,25 : 15 :: 100 : x$; d'où $x = \frac{15 \times 100}{306,25} =$ R. 4,90, à moins d'un 1/2 centime près.

IV. On veut placer 20000 fr. en obligations rapportant 25 fr. de rente au cours de 480 francs. Combien faut-il prendre d'obligations et à quel taux l'argent sera-t-il placé ?

1° Le nombre des obligations est évidemment 20000/480 = 41 41/48. On prendra 42 obligations et l'on ajoutera 160 francs à la somme à placer : 480 × 42 = 20160 ;

2° Le taux du placement sera, comme dans l'exemple ci-dessus, $\frac{25 \times 100}{480} = 5$ fr. 21 c.

ESCOMPTE.

555. L'escompte est la retenue faite sur un billet ou une somme payée avant l'*échéance*. La somme inscrite sur le billet est ce qu'on appelle sa *valeur nominale*; sa *valeur actuelle* est la valeur nominale diminuée de l'escompte, qui se règle, comme l'intérêt, d'après un taux convenu.

556. On distingue deux sortes d'escompte; l'*escompte en dehors* et l'*escompte en dedans*.

557. L'*escompte en dehors* est l'intérêt de la somme à payer depuis le jour du paiement jusqu'à celui de l'échéance; intérêt que l'on prélève sur la somme elle-même avant de la payer.

I. *Exemple.* Une personne doit 12000 francs payables dans un an. Combien paiera-t-elle aujourd'hui si elle peut jouir d'un escompte de 5 pour 0/0?

L'intérêt de 12000 fr. $= \frac{12000 \times 5}{100} = 600$ fr. donc cette personne paiera aujourd'hui 12000 — 600 $=$ 11400 fr.

Dans le commerce et la banque on opère comme au n° 537.

558. L'*escompte en dedans* est la retenue qu'il faut faire sur une somme à *escompter* pour avoir sa valeur actuelle d'après le temps et le taux convenu.

II. *Exemple.* Soit à escompter en dedans la somme de l'exemple ci-dessus.

Pour trouver la valeur actuelle de 12000 francs payables dans un an, on dit: 100 francs à 5 0/0 donneraient 105 francs dans un an, donc, réciproquement, 105 francs payables dans un an, ne valent que 100 francs aujourd'hui, et la valeur actuelle de 12000 francs sera donnée par la proportion

105 : 100 :: 12000 : x, d'où $x = \frac{12000 \times 100}{105} =$ 11428 4/7, ainsi, l'escompte est de 12000 — 11428 4/7 $=$ 571 fr. 3/7.

559. La différence des deux espèces d'escompte est ici de 28 4/7, c'est-à-dire, de l'intérêt des 571 3/7 prélevés par l'escompte en dedans.

560. L'escompte en dehors est, comme on voit, plus élevé que l'escompte en dedans; il est aussi moins équitable, puisqu'on retient, non-seulement l'intérêt de l'argent que l'on donne, mais encore l'intérêt de l'escompte qu'on devrait retenir sur la somme totale. Néanmoins, c'est l'escompte en dehors qui est généralement employé en France, parce qu'il est plus facile à calculer.

561. Les questions relatives à l'escompte renferment quatre quantités qui peuvent être tour à tour inconnues et donner lieu à quatre cas particuliers, comme les questions d'intérêts.

Pour l'escompte en dehors, les formules sont les mêmes que dans les intérêts.

Pour l'escompte en dedans, si l'on représente par a la valeur actuelle d'un billet, et par A la valeur nominale, la formule devient: $a = \frac{A \times 100}{100 + ii}$, que l'on peut résoudre facilement par rapport au trois nombres A, i, t.

562. L'escompte est en outre simple ou composé dans le même sens que les intérêts.

L'escompte composé en dehors se calcule d'après la formule de l'intérêt composé.

La formule de l'escompte composé en dedans se déduit de celle des intérêts composés. En effet, dans la formule $A = a \left(\frac{100 + i}{100}\right)^t$, si A représente la valeur d'un capital, a, réuni à ses intérêts composés pendant un temps t, réciproquement, a représente la valeur actuelle d'un capital, A, payable dans un temps t. Donc, la valeur actuelle ou l'escompte composé en dedans est donné par la formule:

$$a = \frac{A}{\left(\frac{100+i}{100}\right)^t} \text{ ou par logar. : log. } a = 1. A. - t \times 1. \left(\frac{100+i}{100}\right).$$

ASSURANCES.

563. On appelle assurance un acte par lequel une société ou un capitaliste s'engage à indemniser un propriétaire des pertes qu'il peut éprouver, moyennant une somme appelée *prime d'assurance*.

Les questions sur les assurances n'offrent aucune difficulté. La valeur de l'objet assuré représente un capital, et la prime représente l'intérêt.

ÉCHÉANCE COMMUNE. 217

§ III.

Règle du temps pour les paiements ou de l'échéance commune.

564. Cette règle a pour but de fixer l'époque d'un seul paiement qui doit en remplacer plusieurs à époques différentes, ou compenser des avances déjà faites.

565. Dans le premier cas, il faut multiplier chaque somme par le temps de son crédit, faire le total de ces produits et le diviser par la dette entière. Le quotient donne le temps du paiement.

I. *Exemple.* Une personne doit 200 fr payables dans 3 mois, 150 fr. payables dans 7 mois et 400 fr. payables dans un an. Elle voudrait ne faire qu'un seul paiement ; en quel temps doit-elle le faire pour qu'il y ait compensation des intérêts réciproques ?

Opération. 200 × 3 = 600
150 × 7 = 1050
400 × 12 = 4800
750   6450 | 750
            450 | 8 mois 3/5

Le paiement unique devra se faire dans 8 mois et 3/5 de mois ou 18 jours.

Dans cette opération, on suppose que l'argent rapporte intérêt à celui qui le possède. Or, en avançant le paiement de certaines sommes, le possesseur se fait tort des intérêts de l'argent dont il aurait pu jouir ; mais il gagne aussi l'intérêt des sommes dont il retarde le paiement, et il s'agit d'équilibrer le gain et la perte. Comme le taux est le même dans tous les cas, on peut le négliger et ne considérer que le temps. Toute la question est donc de trouver un temps tel qu'en le multipliant par la dette totale on ait le même produit que la somme des différentes parties de cette dette multipliées par le temps de leur crédit respectif. Donc on doit avoir :

$$750 \times x = 200 \times 3 + 150 \times 7 + 400 \times 12$$
ou $\quad 750 \times x = 6450$
d'où $\quad x = \frac{6450}{750} = 8$ mois 3/5.

566. Dans le second cas, il faut multiplier les sommes avancées par le temps qui reste jusqu'à l'échéance et diviser la somme des produits par ce qui reste à payer. Le quotient donnera de combien il faut retarder le dernier paiement après l'échéance fixée.

II. *Exemple.* Une personne achète pour 1560 francs de marchandise payables dans 9 mois; au bout de 4 mois elle paie 500 francs, et 3 mois après elle paie encore 660 fr. Combien de temps doit-elle garder le reste pour compenser les avances qu'elle a faites ?

Opération.

$$
\begin{array}{llll|l}
500 \times 5 = 2500 & 1560 & 3820 & 400 & \\
660 \times 2 = 1320 & 1160 & 22 & & \\ \hline
1160 & 3820 & 400 & & 9 \text{ m. } 22/40
\end{array}
$$

Il faut retarder le dernier paiement de 9 mois 22/40 ou 11/20 de mois ; par conséquent ne payer les 400 francs que dans 9 mois + 9 m. 11/20 = 18 mois 11/20 après l'achat des marchandises.

La raison de cette règle est que le débiteur perd l'intérêt que produiraient les sommes qu'il avance s'il les gardait jusqu'à l'échéance fixée ; donc, ce qui reste à payer doit être gardé après cette échéance un espace de temps tel qu'on puisse retrouver l'intérêt perdu, et ce temps est donné par l'équation suivante :

$$400 \times x = 500 \times 5 + 660 \times 2$$
ou $\quad 400 \times x = 3820$, qui donne $x = \frac{3820}{400} = 9^m\ 22/40$.

ANNUITÉS ET AMORTISSEMENTS.

567. Au lieu de ne faire qu'un seul paiement pour s'acquitter de plusieurs sommes dues, on peut se proposer d'en faire plusieurs, égaux et équidistants, pour se libérer d'une seule dette ; c'est ce qu'on appelle *amortissement*.

ANNUITÉS.

568. Les paiements se faisant, pour l'ordinaire, d'année en année, pendant un temps limité, prennent pour cela le nom d'*annuités*. On appelle encore annuité les sommes fixes que l'on ajoute chaque année à un capital rapportant intérêt, ou celles que l'on retire d'un capital placé.

Exemple. Une personne emprunte 5000 francs qu'elle s'engage à rembourser en 6 paiements égaux d'année en année. Quelle sera la valeur de l'annuité, eu égard aux intérêts des intérêts, le taux étant 5 0/0 par an ?

Si l'emprunteur ne donnait rien avant la fin de la sixième année, il devrait alors $5000 \times (1{,}05)^6$. Mais il donne une certaine somme chaque année, et les sommes payées, jointes aux intérêts composés qu'elles rapportent au profit de celui qui les reçoit, doivent égaler le capital et ses intérêts composés pendant la durée du prêt.

Soit x l'annuité payée à la fin de la première année; elle rapportera intérêt pendant 5 ans au profit du prêteur et lui vaudra $x(1{,}05)^5$; par la même raison, la seconde annuité vaudra $x(1{,}05)^4$; la troisième, $x(1{,}05)^3$; et ainsi de suite jusqu'à la fin de la sixième année où l'annuité ne portant pas intérêt sera seulement x.

Ces diverses valeurs forment une progression par quotient dont la somme des termes est:

$$\frac{x \times (1{,}05)^5 \times (1{,}05) - x}{1{,}05 - 1} \quad \text{ou} \quad \frac{x[(1{,}05)^6 - 1]}{0{,}05}$$

et, d'après ce qui précède, on doit avoir :

$$\frac{x[(1{,}05)^6 - 1]}{0{,}05} = 5000 \times (1{,}05)^6$$

d'où l'on tire :

$$x = \frac{5000 \times 0{,}05 \times (1{,}05)^6}{(1{,}05)^6 - 1} = 985{,}0887.$$

Ainsi l'annuité sera de 985 fr. 09 cent. à moins d'un demi-centime près.

569. Si l'on désigne par A la somme prêtée, par a l'annuité à payer, par i la fraction décimale donnée par le taux ou l'intérêt annuel d'un franc, et par n le temps ou le nombre des annuités, on aura:

$$a = \frac{A(1+i)^n \times i}{(1+i)^n - 1}$$

pour la formule générale des annuités, de laquelle on tire

$A = \dfrac{a[(1+i)^n - 1]}{i(1-i)^n}$, pour la valeur du capital.

La première formule donne successivement :
$(1+i)^n - a = A(1+i)^n \times i$; $(a-Ai)(1+i)^n = a$;
$+i)^n = \dfrac{a}{a-Ai}$ et par log. : n log. $(1+i) = $ l. $a - $ l. $(a-Ai)$.

D'où $n = \dfrac{\log. a - \log. (a - Ai)}{\log. (1+i)}$,

Quant à la détermination de i, elle donne lieu à une équation dont la résolution sort des limites d'un traité élémentaire.

§ IV.

Règle de Répartition proportionnelle et de Société.

570. La règle de répartition proportionnelle a pour but de partager un nombre donné en parties proportionnelles à d'autres nombres donnés.

571. La règle de société n'est qu'un cas particulier de la règle de répartition ; car, elle a aussi pour but de partager entre plusieurs associés le bénéfice ou la perte qui résulte de leur entreprise, et ce partage est fait proportionnellement à la mise de fonds de chacun et du temps pendant lequel elle est restée dans le commerce.

Pour résoudre ces sortes de questions, il faut faire autant de règles de trois qu'il doit y avoir de parts. Le premier rapport est formé de la somme des nombres proportionnels et du nombre à partager ; le second rapport est formé de l'un des nombres proportionnels et de la part correspondante que l'on représente par x.

I. *Exemple.* Partager le nombre 3600 en parties proportionnelles aux nombres 2, 3 et 4.

D'après la règle ci-dessus, nous devons avoir :

$$2 + 3 + 4 \text{ ou } 9 : 3600 :: \left\{\begin{matrix} 2 \\ 3 \\ 4 \end{matrix}\right\} : x = \left\{\begin{matrix} 800 \text{ 1}^{\text{re}} \text{ part.} \\ 1200 \text{ 2}^{\text{e}} \text{ part.} \\ 1600 \text{ 3}^{\text{e}} \text{ part.} \end{matrix}\right.$$

Total et preuve. 3600

RÈGLE DE RÉPARTITION. 221

La raison de cette manière d'opérer est que les questions de ce genre renferment autant de rapports égaux qu'il y a de parts. L'exemple précédent fournit les trois rapports : 2 : 800 :: 3 : 1200 :: 4 : 1600. Or, dans cette suite de rapports, nous pouvons (449) établir la proportion :

2 + 3 + 4 : 800 + 1200 + 1600 :: 2 : 800 :: 3 : 1200, etc.

qui a pour premier rapport la somme des nombres proportionnels et la somme des parts ; donc, cette proportion doit faire connaître les parts quand elles sont inconnues.

II. *Exemple.* Trois négociants ont à se partager 12000 francs de bénéfice qu'ils ont fait dans une entreprise commune. Le premier avait mis 5000 francs pendant 2 ans ; le second 4000 francs pendant 18 mois, et le troisième 9000 francs pendant 11 mois. Quelle est la part de chacun, sachant que le premier doit avoir une prime de 5 pour 0/0 sur le bénéfice total, comme étant seul chargé des opérations ?

Il faut d'abord chercher la prime qui revient au premier et la retrancher du bénéfice total. Cette prime égale $\frac{12000 \times 5}{100}$ = 600 francs. 12000 — 600 = 11400 francs qu'il faut partager entre les trois associés proportionnellement aux mises et au temps.

Or, 5000 francs placés pendant 2 ans ou 24 mois, sont la même chose que 5000 × 24 ou 120000 fr. placés pendant un mois ; 4000 fr. placés pendant 18 mois reviennent à 72000 fr. placés pendant 1 mois ; 9000 fr. placés pendant 11 mois reviennent à 99000 fr. placés pendant 1 mois, et la question revient à partager 11400 francs proportionnellement aux nombres 120000, 72000 et 99000. Nous aurons donc :

$$120000 + 72000 + 99000 \text{ ou } 291000 : 11400 :: \begin{Bmatrix} 120000 \\ 72000 \\ 99000 \end{Bmatrix} : a = \begin{Bmatrix} 4701 \ 9/291 \\ 2620 \ 180/291 \\ 3878 \ 102/291 \end{Bmatrix}$$

Total et preuve. 11400 »

Solution par la règle de l'unité. On détermine d'abord la prime du premier associé en disant : Puisqu'il faut prélever 5 fr. de prime sur une somme de 100, sur un seul franc on prélèvera 100 fois moins ou $\frac{5}{100}$, et sur 12000 fr. on prélèvera 12000 fois plus ou $\frac{5 \times 12000}{100}$ = 600 fr.

Il ne restera donc plus que 12000 — 600 ou 11400 fr. à partager proportionnellement aux mises multipliées par leur temps, c'est-à-dire, aux nombres 120000, 72000 et 99000, dont la somme est 291000.

222 APPLICATIONS DES PROPORTIONS.

Or, si l'on a gagné 11400 fr. avec 291000 fr., avec un seul franc on aurait gagné 291000 fois moins ou $\frac{11400}{291000}$.

avec 120000 on a gagné $\frac{11400 \times 120000}{291000}$ = 4701   9/291

avec 72000   » $\frac{11400 \times 72000}{291000}$ = 2820   180/291

avec 99000   » $\frac{11400 \times 99000}{291000}$ = 3878   102/291

Total et preuve.   11400 fr.

§ V.

Règle Conjointe ou de Change.

572. Cette règle a pour but de déterminer le rapport de deux choses, connaissant le rapport de ces choses avec d'autres.

573. On l'appelle *conjointe*, parce qu'elle consiste à ramener à un seul plusieurs rapports liés entre eux.

574. On l'appelle encore règle de *change*, parce qu'on l'emploie ordinairement pour le change des monnaies entre les nations.

575. Lorsque deux nations ont un change ouvert, l'une donne à l'autre une quantité fixe de sa monnaie en échange d'une somme qui varie suivant les circonstances.

576. La quantité fixe de monnaie que donne une nation, se nomme le *certain*; la somme variable donnée en retour s'appelle l'*incertain* ou le *prix du change*.

577. Paris se réserve l'incertain et cède le certain à toutes les autres places. Il donne à Londres, par exemple, 25 fr. 20 c., plus ou moins, pour une livre sterling, quantité fixe. En ce cas, 25 fr. 20 est le prix du change de Paris avec Londres.

578. Les cours des changes sont indiqués dans les feuilles publiques; mais on n'y mentionne pas le certain qui est généralement connu des banquiers et des négociants.

I. *Exemple.* Un négociant reçoit de Londres pour 200 livres sterlings de marchandises. Que doit-il donner à un banquier qui lui fournirait une traite de cette somme, le change sur Londres étant de 25 f. 20 c. ?

Opération.

25 fr. 20 c = 1 liv. sterl.
200 l. st. = x francs.

En multipliant membre à membre ces égalités, on a :

25,20 × 200 = 1x; donc, x = 5040 francs.

579. Il est quelquefois plus avantageux de faire ce qu'on appelle un *change indirect* ou un *arbitrage*.

II. *Exemple.* Un négociant doit payer à Londres 250 livres sterlings. Est-il plus avantageux de tirer directement sur Londres, ou de suivre la voie indirecte de Berlin et Hambourg, sachant que 367 fr. 50 c. valent 100 rixdales de Prusse ; 152,04 rixdales, 300 marcs banco de Hambourg ; 100 marcs banco, 123 marcs lubs ; 13 marcs lubs de Hambourg, 1 liv. sterling ?

Opération.

367 fr. 50 = 100 rixd.
152 rix. 04 = 300 marcs b.
100 m. b. = 123 marcs lubs.
13 m. l. = 1 liv. sterl.
250 liv. st. = x francs.

367,50 × 152,04 × 100 × 13 × 250 = 100 × 300 × 123 × 1 × x

d'où $x = \dfrac{367{,}50 \times 152{,}04 \times 100 \times 13 \times 250}{100 \times 300 \times 123} = 4921$ fr. 21 c.

Par la voie indirecte, le négociant paiera 4921 francs 21 cent. Par la voie directe il paierait 250 × 25,20 = 6300 francs. Le change indirect est donc le plus avantageux.

580. Avant de faire les multiplications, on supprime les facteurs communs aux premiers et aux seconds membres des égalités, de la manière suivante :

367 f. 50 c. = ~~100~~ rix.
25,34 ~~152~~ rix. 04 = ~~300~~ m. b.
~~100~~ m. b. = 123 m. l.
13 m. l. = 1 l. st.
5 250 l. st. = x

et l'on a : $x = \dfrac{367{,}50 \times 25{,}34 \times 13 \times 5}{123} = 4921{,}21$

Dans les opérations ci-dessus, on établit les différentes égalités en supposant le nombre des pièces de chaque espèce de monnaie multiplié par la valeur *intrinsèque* de chaque pièce, c'est-à-dire, la valeur rapportée à la même unité. Mais il n'est pas nécessaire d'écrire cette valeur, ni même de la connaître, car elle disparaît comme facteur commun du résultat final.

III. *Exemple*. On demande combien 2620 francs valent de ducats de Hambourg, en supposant que

48 francs vaillent   39 shillings d'Angleterre,
13 shillings,   8 florins d'Allemagne,
50 florins,   9 ducats de Hambourg.

Pour résoudre ce problème par la méthode précédente, on poserait les égalités :

$$48 = 39$$
$$13 = 8$$
$$50 = 9$$
$$x = 2620$$

qui donnent $x = 253$ ducats et 4/5 de ducats.

Mais si on veut le résoudre par la méthode de l'unité, on peut raisonner comme il suit :

Puisque 48 francs valent 39 shillings, un seul franc vaudra les 39/48 du shilling. De même, si 13 shillings valent 8 florins, un shilling vaudra les $\frac{8}{13}$ du florin, et par conséquent un franc vaudra les $\frac{39}{48}$ des $\frac{8}{13}$ du florin. En continuant ces raisonnements, on trouverait que 1 franc vaut les $\frac{39}{48}$ des $\frac{8}{13}$ des $\frac{9}{50}$ de ducat, c'est-à-dire, $\frac{39 \times 8 \times 9}{48 \times 13 \times 50}$, et 2620 francs vaudront 2620 fois plus ou $\frac{39 \times 8 \times 9 \times 2620}{48 \times 13 \times 50} = 253$ ducats et 4/5 de ducat.

On voit que cette règle est un cas particulier des fractions de fractions.

Autre solution. En reprenant le même problème par la fin de son énoncé, on peut dire encore : Si 50 florins valent 9 ducats, un seul florin vaudra $\frac{9}{50}$ de ducat, et 8 florins en vaudront $\frac{9 \times 8}{50}$. Mais 13 shillings valent 8 florins ou $\frac{9 \times 8}{50}$ de ducat, un seul vaudra 13 fois moins ou $\frac{9 \times 8}{50 \times 13}$, et 39 schillings vaudront $\frac{9 \times 8 \times 39}{50 \times 13}$; si 48 francs valent $\frac{9 \times 8 \times 39}{50 \times 13}$, un seul franc vaudra $\frac{9 \times 8 \times 39}{50 \times 13 \times 48}$ et 2620 vaudront $\frac{9 \times 8 \times 39 \times 2620}{50 \times 13 \times 48} = 253$ ducats 4/5, comme ci-dessus.

§ V.

Règle des Moyennes.

581. La *règle des moyennes* a pour but de trouver un nombre moyen entre plusieurs autres nombres donnés. On obtient ce nombre moyen en divisant la somme des nombres donnés par leur nombre.

Exemple. Un voyageur a marché pendant quatre jours ; le premier jour il a parcouru 28 kilom. ; le deuxième, 32 ; le troisième, 40 ; le quatrième, 24. Quelle est la moyenne de sa marche journalière ?

En quatre jours le voyageur a fait $28 + 32 + 40 + 24 = 124$ kilom. ; en un jour il en a fait, en moyenne, 4 fois moins ou $124/4 = 31$ kilom.

582. La considération des moyennes est d'un grand usage dans les statistiques et les sciences d'observation. Mais pour savoir à quel point on peut compter sur une moyenne, c'est-à-dire, quelle est sa proximité de la vérité, il faut tenir compte du degré de certitude des divers résultats obtenus : voir si les circonstances sont les mêmes pour tous, et si l'on y a apporté les mêmes soins, la même habileté, etc, etc.

§ VI.

Règle de Mélange ou d'Alliage.

583. On donne le nom de *mélange* à toute combinaison de choses susceptibles d'être mélangées. Le mélange des métaux fondus ensemble se nomme *alliage*.

584. Les ouvrages d'or ou d'argent contiennent toujours une certaine quantité de cuivre qui les rend plus solides. Le rapport de la matière précieuse au poids total de la pièce, est ce qu'on appelle le *titre*. Quand on dit, par exemple, qu'un lingot d'argent est au titre de 0,885, cela signifie que la quantité d'argent pur égale 885 fois la millième partie du poids total de ce lingot.

585. On trouve le titre d'un alliage en divisant le poids de la matière précieuse par le poids total de l'alliage.

586. La règle de mélange présente deux cas.

587. *Dans le premier*, on cherche la *valeur moyenne* de plusieurs choses dont on connaît la valeur et la quantité. C'est un cas particulier de la *règle des moyennes*.

588. *Dans le second cas*, on cherche les quantités de chaque sorte de choses qui doivent entrer dans le mélange, connaissant la valeur de chaque chose et celle du mélange.

589. Pour résoudre les questions du premier cas, il faut multiplier les unités de chaque chose par leur prix, faire la somme des produits et la diviser par les unités du mélange.

I. *Exemple.* Un marchand de vin a mélangé 15 litres de vin à 40 centimes, 20 litres à 55 centimes et 40 litres à 85 centimes. On demande à combien revient le litre du mélange.

Opération.

15 litres à 40 c. valent 6
20   »   55   »   11
40   »   85   »   34

ce qui donne   75 lit. de mélange valant 51 francs, donc, un seul litre vaudra $51/75 = 0$ fr. 68 cent.

590. Dans les règles de mélange de la seconde espèce, il faut remarquer que l'on gagne sur les objets dont le prix est inférieur au prix donné, tandis que l'on perd sur ceux dont le prix est supérieur. Or, toute la question consiste à prendre de chaque objet une quantité telle que le bénéfice et la perte se balancent.

Pour y parvenir, on écrit sur une ligne et par ordre de grandeur les prix des objets; en face de chacun on écrit sa différence au prix donné. La somme des différences des prix inférieurs indique ce qu'il faut prendre des prix supérieurs et réciproquement.

II. *Exemple.* On a du vin à 50 c. et à 75 c. le litre.

RÈGLE DE MÉLANGE.

Combien en faut-il prendre de chaque espèce pour avoir un mélange à 70 centimes ?

Opération.   50   20
              70
           75   5
           ―――――――
               25

Chaque litre à 50 centimes que l'on vendra 70 centimes donnera 20 centimes de bénéfice ; et chaque litre à 75 centimes donnera 5 centimes de perte. Or, si l'on prend 5 litres à 50 centimes on aura 5 fois vingt ou 100 centimes de bénéfice, et si l'on prend 20 litres à 75 centimes on aura aussi 20 fois 5 ou 100 centimes de perte. Donc, il faut prendre 5 litres à 50 centimes et 20 litres à 75 centimes, ce qui donne 25 litres de mélange.

591. Les problèmes de ce genre peuvent avoir plusieurs réponses, et les nombres 5 et 20 trouvés ci-dessus ne sont une réponse générale que dans le sens qu'ils fixent le rapport des nombres de litres à prendre de chaque espèce de vin, pour former telle ou telle quantité de mélange. Ce rapport est ici :: 5 : 20 ou en simplifiant :: 1 : 4.

D'après cette remarque, si la quantité de mélange est donnée, 60 litres, par exemple, on trouvera ce qu'il faut de chaque espèce par la proportion :

$$25 : 60 :: 5 : x ; \text{ d'où } x = \frac{60 \times 5}{25} = 12$$

Il faudrait prendre 12 litres à 50 centimes et 60 − 12 ou 48 litres à 75 centimes. On a, en effet, 48 × 5 centimes de perte égale 12 × 20 centimes de gain.

La valeur de x ci-dessus revient à $\frac{60}{25} \times 5$, d'où l'on voit qu'on trouverait encore directement la quantité à prendre de chaque espèce de vin, en multipliant les deux termes du rapport 5 : 20 par le rapport, $\frac{60}{25}$, des deux quantités de mélange. $\frac{60}{25} \times 20 = 48$, comme ci-dessus.

592. Si l'on fixait la quantité de l'une des espèces de vin, 30 litres à 50 cent., par exemple, on trouverait ce qu'il faut prendre de l'autre par la proportion :

$$5 : 20 :: 30 : x, \text{ d'où } x = \frac{20 \times 30}{5} = \frac{20}{5} \times 30 = 120$$

il faudrait prendre 120 litres à 75 centimes ; car 30 × 20 = 120 × 5.

L'on voit de plus, qu'on peut encore trouver le nombre cherché en multipliant la quantité de l'espèce donnée par le rapport $\frac{20}{5}$ ou $\frac{5}{20}$, en mettant au numérateur le nombre qui exprime la proportion de l'espèce qu'on demande.

III. *Exemple.* On a du vin à 30, 35, 50, 65 et 75 cent. le litre. Combien faut-il en prendre de chaque espèce pour que le litre revienne à 55 centimes ?

```
Opération.   30     25  ⎫
             35     20  ⎬ 50 ; 50 × 2 = 100
             50      5  ⎭
                   55
             65     10  ⎫
             75     20  ⎬ 30 ; 30 × 3 =  90
                                        ―――
                                        190
```

Il faut prendre 50 litres à 65 et à 75 centimes, et 30 litres à 30, à 35 et à 50 centimes ; en tout 190 litres de mélange.

En effet, 30 × 25 + 30 × 20 + 30 × 5 = 1500 cent. de gain,
et   50 × 10 + 50 × 20 = 1500 cent. de perte.

On multiplie le nombre 50 par 2, parce qu'il y a deux qualités de vin dont il faut prendre 50 litres, ce qui donne 100 litres ; de même on multiplie le nombre 30 par 3, parce qu'il y a trois qualités de vin dont il faut prendre 30 litres, ce qui donne 90 litres, et 100 + 90 ou 190 litres de mélange.

La question se trouve ainsi ramenée au cas de deux espèces de choses à mélanger, et si la quantité de mélange ou la quantité d'une espèce était d'abord fixée, on raisonnerait et l'on opérerait comme ci-dessus, II. Exemple.

Ainsi, soit 80 litres, la quantité de mélange demandée, on aura $\frac{80}{190} \times 50 = 21\ 1/19$ et $\frac{80}{190} \times 30 = 12\ 12/19$ pour les quantités à prendre. En effet (12 12/19) × 3 + (21 1/19) × 2 = 80.

Soit encore 25 litres, la quantité à prendre de l'une des espèces inférieures au prix moyen, on aura alors $\frac{50}{30} \times 25 = 41\ 2/3$ pour ce qu'il faut prendre de chacune des deux autres espèces ; on a effet : 25 × 25 + 25 × 20 + 25 × 5 = 1250 c. de gain
et   (41 2/3) × 10 + (41 2/3) × 20 = 1250 c. de perte.

593. Mais lorsqu'on a plus de deux sortes d'objets à mélanger, il peut arriver que la quantité de mélange et la quan-

RÈGLE DE MÉLANGE. 229

tité d'une espèce soit fixée d'avance ; alors on opère comme il suit :

On compense le bénéfice ou la perte qui résulte de la quantité donnée en prenant un certain nombre d'unités d'une espèce contraire.

On établit ensuite le mélange, comme à l'ordinaire, avec les espèces dont on n'a pas fixé la quantité, y compris celle qui a servi à faire la compensation.

De la quantité totale du mélange on retranche les unités de l'espèce fixée et les unités prises pour faire la compensation. Sur la différence on détermine, comme ci-dessus, le nombre d'unités à prendre de chaque espèce.

IV. *Exemple.* On a du blé à 4, 6, 9 et 11 francs la mesure ; on veut en former 500 mesures à 8 francs, en prenant 87 mesures à 4 francs. Combien faut-il en prendre de chacune des trois autres espèces ?

1ʳᵉ opération : 4   4
              8
           11   3
              ―――
              7

Sur 7 mesures de mélange, il en faudrait prendre 3 à 4 fr. et 4 à 11 fr., pour balancer le gain et la perte. Ces deux espèces de blé doivent donc être dans le rapport de 3 à 4, et ce qu'il faut en prendre à 11 fr. sera donné par la proportion :

$$3 : 4 :: 87 : x, \text{ d'où } x = \frac{87 \times 4}{3} = 116$$

On aura donc d'abord 87 mesures à 4 fr. et 116 à 11 fr., en tout 203 mesures.

2ᵉ opération. 6   2 $2 \times 2 = 4$
              8
           9   1 } 4 ; $4 \times 1 = 4$
          11   3
                        ―――
                         8

Pour 8 mesures de mélange, il faut en prendre 4 à 6 fr., 2 à 9 fr., et 2 à 11 fr. Or, au lieu de 8 mesures, il en faut 500 − 203 ou 297. Nous aurons donc (591), pour le nombre des mesures à prendre de chaque espèce, $\frac{297}{8} \times 2$ et $\frac{297}{8} \times 4$ ou 74 1/4 et 148 1/2.

Pour 297 litres de mélange, il faut 148 mesures 1/2 à 6 fr.,

74 1/4 à 9 fr., et 74 1/4 à 11 fr. En ajoutant celles que nous avons trouvées dans la première opération, on aura pour 500 mesures de mélange :

	87	mesures à	4 fr.
	148 1/2	» à	6
	74 1/4	» à	9
et	116 + 74 1/4 = 190 1/4	» à	11
	Total. 500	mesures.	

Solution par la règle de l'unité. Après avoir trouvé que sur 7 mesures il faut en prendre 3 à 4 francs et 4 à 11 francs, on dit : Pour 3 mesures à 4 fr. il en faut 4 à 11 fr. ; pour une seule mesure il en faudrait 3 fois moins ou $\frac{4}{3}$, et pour 87 il en faudra $\frac{4 \times 87}{3} = 116$ mesures qui, avec les 87 à 4 fr., font un total de 203 mesures.

Dans la seconde opération on trouve que sur 8 mesures il en faut prendre 4 à 6 francs et 2 de chacun des autres prix. Pour une seule mesure de mélange, il en faudrait 8 fois moins ou $\frac{4}{8}$ et $\frac{2}{8}$, et pour $500 - 203 = 297$ mesures, il faut en prendre 297 fois plus, c'est-à-dire, $\frac{4 \times 297}{8}$ et $\frac{2 \times 297}{8}$, expressions qui reviennent respectivement à 148 1/2 et 74 1/2.

V. *Exemple.* Un orfèvre a quatre lingots d'or aux titres de 0,675, 0,750, 0,885 et 0,915. Combien doit-il prendre de chacun pour former un lingot de 600 grammes au titre de 0,840 ?

Opération.
$$\begin{array}{ll} 0{,}675 & 165 \\ 0{,}750 & 90 \end{array} \bigg\} 255\,;\ 255 \times 2 = 510$$
$$0{,}840$$
$$\begin{array}{ll} 0{,}885 & 45 \\ 0{,}915 & 75 \end{array} \bigg\} 120\,;\ 120 \times 2 = \underline{240}$$
$$750$$

Dans ce problème, et autres semblables, il faut opérer comme dans ceux qui précèdent, en considérant la différence des divers titres au titre moyen comme un bénéfice ou une perte pour chaque unité qu'il faudra prendre des quatre lingots. On trouve ainsi qu'il faut prendre 120 unités, soit 120 grammes, au titre de 0,675 et 0,750, et 255 grammes au titre de 0,885 et de 0,915, ce qui donne 750 grammes au titre de 0,840. En effet on a :

$120 \times 0{,}165 + 120 \times 0{,}090 = 30{,}600$ de gain.
et $255 \times 0{,}045 + 255 \times 0{,}075 = 30{,}600$ de perte.

Cette proportion d'alliage une fois trouvée, on déduirait, comme au n° 591, la quantité à prendre de chaque lingot pour 600 grammes d'alliage.

CHAPITRE IV.

PROBLÈMES DIVERS.

594. Les problèmes de ce paragraphe sont quelquefois traités par une règle connue sous le nom de *fausse position simple* ou *double*, parce qu'on y fait une ou deux suppositions, au moyen desquelles on trouve les nombres cherchés; mais cette méthode laissant ordinairement beaucoup de vague dans l'esprit, il nous semble préférable d'employer la méthode de l'unité ou les équations, puisque finalement c'est à une équation qu'aboutit l'analyse de tout problème.

595. La plus grande difficulté qui se rencontre dans la résolution d'un problème, c'est d'en faire la *solution*, ou, en d'autres termes, de *mettre ce problème en équation*. Pour cela il n'y a pas de règle fixe. Tout ce qu'on peut dire à cet égard, c'est qu'il faut *indiquer sur les quantités connues et sur les inconnues représentées par des lettres, les opérations qu'il faudrait faire pour vérifier la valeur des inconnues, si cette valeur était donnée.*

Nous allons voir dans les exemples suivants que cette règle, bien que vague, est d'un puissant secours.

I. Quels sont les deux nombres dont la somme est 48, et la différence 12 ?

Si l'on représente par x le plus petit nombre, le plus grand sera x plus la différence 12, ou $x + 12$, et alors on aura :

$$x + x + 12 = 48$$

pour l'équation du problème; et cette équation donne successivement :

$$x + x = 48 - 12, \quad 2x = 36 \quad \text{et} \quad x = 36/2 = 18.$$

Le petit nombre est 18; et, par conséquent, le plus grand est $18 + 12 = 30$. En effet, $30 + 18 = 48$, et $30 - 18 = 12$.

II. Une personne laisse en mourant le quart de sa fortune à son neveu, le tiers pour une bonne œuvre, et 1800 fr. aux pauvres. Quel est l'héritage et la valeur des deux premières parts.

En représentant par x le bien du défunt, nous aurons
$x/4$ pour la part du neveu;
$x/3$ pour la bonne œuvre;

et ces deux parts, jointes aux 1800 francs légués aux pauvres, doivent égaler la succession totale x; nous aurons donc l'équation :

$$\frac{x}{4} + \frac{x}{3} + 1800 = x$$

qui devient, en supprimant les dénominateurs :

$$3x + 4x + 21600 = 12x$$

ou transposant les termes et réduisant :

$$21600 = 12x - 7x = 5x \text{ ou } 5x = 21600$$

et, enfin, $x = 21600/5 = 4320$ francs.

Le bien total est donc 4320 francs, et par conséquent il y aura

pour le neveu	$4320/4 = 1080$
pour la bonne œuvre	$4320/3 = 1440$
et pour les pauvres	$1800 = 1800$
Total et preuve.	4320

Autrement. Le 1/4 et le 1/3 de l'héritage égalent les 7/12; donc, les 5/12 qui manquent pour avoir l'entier, égalent 1800 fr. Un douzième vaudra 5 fois moins ou $\frac{1800}{5}$ et les $\frac{12}{12}$ vaudront 12 fois plus ou $\frac{1800 \times 12}{5} = 4320$.

III. On veut partager 79000 francs entre trois personnes, de manière que la seconde ait deux fois autant que la première moins 1000 francs, et la troisième autant que les deux autres, plus 3000 francs. Quel sera la part de chacune?

Si l'on désigne la part de la première par x, celle de la seconde sera $2x - 1000$, et celle de la troisième $x + (2x - 1000) + 3000$ ou $3x + 2000$. Or les trois parts doivent égaler 79000 fr.; on aura donc :

$$x + 2x - 1000 + 3x + 2000 = 79000$$

et cette équation, traitée suivant les règles connues, donne :

$$x = 13000 \text{ francs.}$$

La part de la première personne est donc	13000 fr.
celle de la seconde est $13000 \times 2 - 1000$ ou	25000
celle de la troisième est $13000 + 25000 + 3000$ ou	41000
Total et preuve.	79000 fr.

PROBLÈMES A PLUSIEURS INCONNUES. 233

IV. Une personne rencontrant des pauvres se propose de leur donner à chacun 4 décimes; mais s'apercevant qu'il lui manquerait 5 décimes, elle ne leur en donne que 2, et il lui en reste 13. Combien avait-elle de décimes et combien y avait-il de pauvres?

En supposant un nombre x de pauvres, le nombre des décimes serait $4x - 5$ ou $2x + 13$; donc $4x - 5 = 2x + 13$, d'où l'on tire $4x - 2x = 13 + 5$ et $x = \frac{18}{2}$ ou 9.

Il y avait 9 pauvres, et la personne avait $2 \times 9 + 13 = 31$ décimes.

Autrement. Si cette personne avait donné $5 + 13$ ou 18 décimes de plus, les pauvres auraient eu 2 décimes de plus; donc il y avait $\frac{18}{2}$ ou 9 pauvres, et la personne avait :

$$9 \times 4 - 5 \text{ ou } 9 \times 2 + 13 = 31 \text{ décimes.}$$

V. Un père laisse un certain nombre d'enfants et une somme qu'ils doivent se partager ainsi : le premier aura 100 francs et le 1/10 du reste; le deuxième, 200 francs et le 1/10 du reste, et ainsi de suite. On demande le montant de la somme et le nombre des enfants, sachant que les parts sont égales?

Soit x la somme, le premier aura 100 fr. $+ \frac{x-100}{10}$, la part du second sera $200 + \frac{x - (100 + \frac{x-100}{10}) - 200}{10}$
$= 200 + \frac{9x - 2900}{100}$.

Les parts étant égales, on a :

$$100 + \frac{x-100}{10} = 200 + \frac{9x - 2900}{100}$$

qui donne :

$10000 + 10x - 1000 = 20000 + 9x - 2900$ ou $x = 8100$

La somme à partager est donc 8100 francs; par suite, la part de chaque enfant est : $100 + \frac{8100 - 100}{10} = 900$ francs, et le nombre des enfants est $8100/900 = 9$.

PROBLÈMES A PLUSIEURS INCONNUES.

596. Quand un problème renferme plusieurs nombres inconnus, il arrive ordinairement que les conditions de ce problème permettent d'établir autant d'équations distinctes qu'il y a d'inconnues; mais quelquefois aussi il y a moins d'équations que d'inconnues.

597. Dans le premier cas, le problème *est déterminé*, parce qu'on ne trouve qu'une seule valeur pour chaque inconnue.

598. Dans le second cas, le problème *est indéterminé*, parce qu'alors il y a plusieurs valeurs pour chaque inconnue.

599. Pour résoudre les équations et par suite les problèmes à plusieurs inconnues, il faut d'abord *éliminer*, c'est-à-dire, retrancher provisoirement et l'une après l'autre les inconnues de chaque équation, pour n'avoir à traiter qu'une équation à une inconnue, au moyen de laquelle on trouve ensuite toutes les autres.

600. Il y a plusieurs méthodes d'élimination; voici la plus usitée.

On prend la valeur provisoire de l'inconnue qui a le plus petit multiplicateur, et l'on substitue cette valeur à la place de la même inconnue dans les autres équations, qui ne contiennent plus alors cette inconnue. On répète cette opération sur les nouvelles équations par rapport à une autre inconnue, jusqu'à ce qu'il ne reste plus qu'une équation à une inconnue.

On tire la valeur de cette inconnue, et, en la plaçant, de proche en proche, dans les valeurs provisoires des autres inconnues, on parvient à les déterminer.

Soient, par exemple, les trois équations suivantes:

$$2x + 3y - 4z = 14$$
$$4x - 6y + 7z = 37$$
$$8x + 9y + 10z = 214$$

Après avoir trouvé dans la première $x = \frac{14 - 3y + 4z}{2}$, on met cette valeur dans les deux autres, qui deviennent:

$$4\left(\frac{14 - 3y + 4z}{2}\right) - 6y + 7z = 37$$

$$\text{et } 8\left(\frac{14 - 3y + 4z}{2}\right) + 9y + 10z = 214$$

ou, en simplifiant et réduisant:

$$28 - 12y + 15z = 37 \qquad (4)$$
$$56 - 3y + 26z = 214 \qquad (5)$$

PROBLÈMES A PLUSIEURS INCONNUES.   235

En prenant la valeur de y dans l'équation (5), on trouve :
$$y = \frac{26z - 158}{3}$$

et cette valeur, mise dans l'équation (4), donne :

$28 - 12\left(\frac{26z - 158}{3}\right) + 15z = 37$ ou $28 - 104z + 632 + 15z = 37$

d'où l'on tire : $z = 623/89 = 7$.

Cette valeur, mise dans l'expression $y = \frac{26z - 158}{3}$ donne $y = 8$; et la valeur de y et de z, mise dans l'expression $x = \frac{14 - 3y + 4z}{2}$ donne $x = 9$. Ainsi les trois nombres cherchés sont 7, 8 et 9.

VI. Deux sources, coulant, l'une pendant 3 jours, et l'autre pendant 5, ont rempli un bassin de 1200 mètres cubes; les mêmes sources, coulant respectivement pendant 2 et 4 jours, ont rempli un autre bassin de 840 mètres cubes. Quelle est la quantité d'eau que chaque source donne par jour ?

Supposons que cette quantité d'eau soit x pour la première source et y pour la seconde, la première condition donnera :

$$3x + 5y = 1200$$
et la seconde $\quad 2x + 4y = 840$

De cette dernière équation l'on tire $x = \frac{840 - 4y}{2} = 420 - 2y$

et cette valeur, mise dans la première équation, donne :

$$3(420 - 2y) + 5y = 1200$$
ou $\quad 1260 - 6y + 5y = 1200$, ou $y = 60$
et $\quad x = 420 - 2 \times 60 = 300$.

Ainsi la première fontaine donne 300 mètres cubes d'eau par jour, et la seconde en donne 60; ce que l'on peut facilement vérifier.

VII. Trois personnes de société ont acheté un bien de 50000 francs. La première personne paierait seule ce bien si elle avait en plus la moitié de l'argent qu'a la seconde; la seconde le paierait à son tour si elle avait le tiers de l'argent de la première; enfin, la troisième aurait besoin du quart de l'argent de la première. Quel est l'argent de chaque personne ?

En représentant l'avoir de chaque personne par x, y, z, nous aurons les équations suivantes :

$$x + \frac{y}{2} = 50000, \ y + \frac{x}{3} = 50000 \text{ et } z + \frac{x}{4} = 50000$$

qui donnent : $x = 80000$, $y = 40000$ et $z = 42500$.

PROBLÈMES INDÉTERMINÉS.

601. Si l'on applique aux équations d'un problème indéterminé l'élimination des inconnues, on arrivera finalement à une seule équation ayant plusieurs inconnues; et l'on ne pourra avoir la valeur de l'une d'elles qu'en *fonction* des autres, c'est-à-dire, variable à l'infini, suivant les diverses valeurs qu'on peut attribuer arbitrairement aux autres inconnues.

602. Or, toute la difficulté est de déterminer parmi ces valeurs quelles sont celles qui conviennent à l'énoncé du problème, c'est-à-dire, celles qui sont entières et positives.

Pour cela, il faut, après avoir fait l'élimination comme à l'ordinaire, tirer de l'équation finale la valeur de l'inconnue qui a le plus petit multiplicateur.

Ramener cette valeur à la forme entière, en effectuant la division autant que possible et représentant la fraction qui complète le quotient par une nouvelle inconnue ou *indéterminée*.

Egaler cette indéterminée à la fraction qu'elle représente et tirer sa valeur de cette équation aussi en nombre entier, en représentant, s'il y a lieu, la fraction qui complète le quotient par une seconde indéterminée.

Continuer ces opérations jusqu'à ce qu'on ne trouve plus d'expression fractionnaire pour la valeur de la dernière indéterminée.

Enfin, remonter par substitution à toutes les valeurs antérieures pour obtenir la valeur de chaque inconnue en fonction des mêmes indéterminées; et ces valeurs font connaître les limites de la dernière indéterminée.

VIII. On a payé 100 francs pour 100 pièces de volaille, parmi lesquelles il y avait des dindons à 4 francs, des poulets

PROBLÈMES INDÉTERMINÉS.   237

à 1 franc et des alouettes à 5 centimes. Combien y en avait-il de chaque espèce ?

Ce problème donne d'abord les deux équations :

$$x + y + z = 100 \text{ volailles.}$$
$$400x + 100y + 5z = 10000 \text{ centimes.}$$

De la première on tire : $\qquad x = 100 - y - z$

Par l'élimination, la seconde devient, toute réduction faite : $300y + 395z = 30000$, d'où : $y = \dfrac{30000 - 395z}{300}$ et, en réduisant en entier, $y = 100 - z - \dfrac{95z}{300}$ ou $\underline{y = 100 - z - v}$,

v représentant la fraction $\dfrac{95z}{300} = \dfrac{19z}{60}$.

L'équation $\dfrac{19z}{60} = v$ donne $19z = 60v$ ou $z = \dfrac{60v}{19}$ et, en réduisant en entier, $z = 3v + \dfrac{3v}{19}$ ou $\qquad \underline{z = 3v + v'}$,

v' représentant la fraction $\dfrac{3v}{19}$.

L'équation $\dfrac{3v}{19} = v'$ donne à son tour $3v = 19v'$, d'où $v = \dfrac{19v'}{3} = 6v' + \dfrac{v'}{3}$ et $\qquad \underline{v = 6v' + v''}$

$\dfrac{v'}{3} = v''$ donne enfin $v' = 3v''$, valeur entière qu'il faut reporter dans les valeurs provisoires trouvées pour les autres inconnues, et l'on a :

$$v = 6 \times 3v'' + v'' = 18v'' + v'' = 19v''$$
$$z = 3 \times 19v'' + 3v'' = 57v'' + 3v'' = 60v''$$
$$y = 100 - 60v'' - 19v'' = 100 - 79v''$$
$$x = 100 - (100 - 79v'') - 60v'' = 19v''$$

Actuellement, il est facile de fixer les limites de l'indéterminée v'', qui doit être moindre que 2, sans quoi la valeur de y serait négative ; d'un autre côté cette indéterminée doit être plus grande que 0, car $v'' = 0$ rendrait nulles les valeurs de z et x ; donc, on ne peut avoir que $v'' = 1$, et les nombres cherchés sont $x = 19 \times 1 = 19$, $y = 100 - 79 = 21$ et $z = 60$.

IX. On a payé une somme de 51 francs avec des pièces de 2 et de 5 francs. Combien a-t-on donné de chaque espèce de pièce ?

Les nombres respectifs de chaque espèce de pièce étant x et y, on a d'abord l'équation

$$2x + 5y = 51$$

laquelle donne :

$$x = \frac{51 - 5y}{2} = 25 - 2y + \frac{1-y}{2} = \underline{25 - 2y + z}.$$

En faisant $\frac{1-y}{2} = z$, il en résulte $\underline{y = 1 - 2z}$, et cette valeur, portée dans celle de x, donne pour les inconnues du problème :

$$x = 25 - 2(1 - 2z) + z = 23 + 5z$$
$$y = 1 - 2z$$

Il ne reste plus qu'à donner à z les valeurs convenables ; or, pour que la valeur de y soit positive, z ne peut être que 0 ou un nombre négatif. D'un autre côté, si l'on fait $z = -5$, la valeur de x devient négative. Donc, z ne peut avoir que les cinq valeurs : $0, -1, -2, -3, -4$, qui donnent successivement :

$$y = 1,\ 3,\ 5,\ 7,\ 9$$
$$x = 23,\ 18,\ 13,\ 8,\ 3$$

Ainsi, avec des pièces de 5 et de 2 fr., on peut faire 51 fr. de cinq manières différentes.

ÉQUATIONS DU SECOND DEGRÉ.

603. Lorsque les équations d'un problème renferment l'inconnue à la seconde puissance, ou deux inconnues multipliées entre elles, on a des équations dites du *second degré* ; telles sont les deux suivantes :

$$x^2 - 8x + 16 = 55 - 26 \quad \text{et} \quad 4 + xy - 12 = 27$$

604. Dans les problèmes du second degré, la mise en équation, l'élimination et les autres modifications se font comme dans les problèmes du premier degré ; mais après ces modifications, on arrive, ou du moins on peut toujours arriver, à une équation qui renfermera seulement la seconde puissance de l'inconnue dans le premier membre et une quantité toute connue dans le second, ou bien, la seconde puissance de l'inconnue, plus cette inconnue une ou plusieurs fois, dans le premier membre, et une quantité toute connue dans le second membre.

605. Dans le premier cas on a, par exemple :

$$x^2 = 25, \text{ d'où l'on tire } x = \pm \sqrt{25}$$

valeur qui doit être affectée du double signe *plus ou moins*, parce que le carré peut également venir de la multiplication par elle-même d'une quantité positive ou négative. Ainsi, une simple extraction de racine carrée donne ici la valeur de l'inconnue x.

606. Dans le second cas, on a, par exemple :

$$x^2 + 4x = 45$$

Or, pour résoudre cette équation, il faut lui faire subir une nouvelle modification et la ramener à une équation du premier degré.

La modification consiste à rendre le premier membre un carré parfait ; et pour cela il suffit d'y ajouter le carré de la moitié du multiplicateur de x ; on l'ajoute ensuite au second membre pour conserver l'égalité.

Ainsi, l'équation ci-dessus devient :

$$x^2 + 4x + 2^2 = 45 + 2^2 = 49$$

et en prenant la racine carrée de chaque membre, on a l'équation du premier degré $x + 2 = \pm \sqrt{49}$ qu'il est facile de résoudre.

Pour comprendre la raison de ce procédé, il faut se rappeler la composition du carré d'une quantité à deux termes (384). x^2 est le carré du premier terme de la racine, qui n'est autre chose que x ; $4x$ peut être considéré comme le double produit du premier terme par le second, d'où il suit que ce deuxième terme égale la moitié du multiplicateur de x ; donc, en ajoutant son carré aux deux termes qui forment le premier membre de l'équation, on aura les trois parties d'un carré parfait.

X. La somme de deux nombres est 14, et le produit 45 ; quels sont ces nombres ?

En représentant par x l'un de ces nombres, l'autre sera $14-x$, et l'on aura :

$$x(14-x) = 45 \text{ ou } 14x - x^2 = 45$$

Il faut d'abord écrire x^2 au premier rang et le rendre positif. Pour cela, on change le signe de tous les termes, ce qui revient à transporter ces termes d'un membre dans l'autre, et échanger ensuite les membres eux-mêmes ; l'on a ainsi :

$$x^2 - 14x = -45$$

En ajoutant à chaque membre le carré de la moitié de 14, on a :

$$x^2 - 14x + 49 = 49 - 45 = 4$$

équation qui devient :

$$x - 7 = \pm \sqrt{4} = \pm 2$$

D'où $x = 7 \pm 2$, valeur qui donne à la fois les deux nombres cherchés ; le plus grand est $7+2$ ou 9, et le plus petit est $7-2$ ou 5.

En effet, $5 + 9 = 14$ et $5 \times 9 = 45$.

XI. Le produit de deux nombres est 324 ; si l'on retranche de ce produit le plus petit nombre et le double de son carré, on obtient pour reste 132 moins 9 fois le plus petit nombre. Quels sont les deux facteurs de ce produit ?

Les conditions de ce problème donnent :

$$324 - (2x^2 + x) = 132 - 9x$$

équation qu'il faut modifier de manière à lui donner la forme indiquée au n° 616. On obtient d'abord, toute réduction faite :

$$-2x^2 + 8x = -192$$

Effaçant le multiplicateur de $2x^2$, puis rendant le premier terme positif, on a :

$$x^2 - 4x = 96$$

Et cette équation, traitée comme il a été dit, donne :

$$x^2 - 4x + 4 = 96 + 4 = 100$$

de laquelle on tire $x - 2 = 10$ et $x = 12$; la racine positive étant la seule qui réponde au sens du problème.

Ainsi, les deux nombres cherchés sont 12 et 324/12 ou 27.

CHAPITRE V.

NOMBRES COMPLEXES.

607. Le calcul des nombres complexes a perdu de son importance depuis l'établissement du système métrique ; toutefois, il n'est pas inutile de le connaître, ainsi que les unités anciennes et leurs subdivisions. Cette connaissance fera mieux apprécier les avantages du nouveau système ; elle est très-propre à donner une grande habitude du calcul ; d'ailleurs, on peut avoir besoin de comparer les anciennes mesures aux nouvelles, et surtout d'opérer sur les mesures du temps et des arcs qu'il n'a pas été possible de changer.

608. Voici le tableau des principales mesures anciennes comparées aux nouvelles :

LONGUEURS.

Mesures anciennes.	Valeurs en mesures nouvelles.
Ligne (12 points).	$0^m,002256$.
Pouce (12 lignes).	$0^m,02707$.
Pied (12 pouces).	$0^m,324839$.
Pied de Bourgogne.	$0,3306$.
Toise (6 pieds).	$1^m,949037$.
Aune (3 pieds 7 pouces 10 lignes 10/12).	$1^m,188446$.
Perche de Bourgogne (9 pieds 1/2).	$3^m,1407$.
Perche de Paris (18 pieds).	$5^m,8471$.
Perche des eaux et forêts (22 pieds).	$7^m,1404$.
Mille (1000 toises).	$1949^m,04$.
Lieue de poste (2000 toises).	$3898^m,08$.
Lieue marine de 20 au degré (2850 toises 411 millièmes).	$5555^m,55$.
Lieue commune de 25 au degré (2280 toises 329 millièmes).	$4444^m,44$.

SURFACES.

Ligne carrée.	$0^{m2},00000508$.
Pouce carré.	$0^{m2},00073278$.
Pied carré.	$0^{m2},105521$.
Toise carrée (carré de 6 pieds = 36 pieds carrés).	$3^{m2},798744$.

242 NOMBRES COMPLEXES.

Mesures anciennes.	Valeurs en nouvelles.
Perche de Bourgogne (carré de 9 pieds et 1/2 de côté).	$9^{m^2},8640$.
Perche de Paris (carré de 18 pieds de côté).	$34^{m^2},1887$.
Perche carré des eaux et forêts (carré de 22 pieds de côté).	$51^{m^2},0720$.
Arpent ou journal de Franche-Comté (360 perches de 9 pieds 1/2).	$3551^{m^2},038$.
Arpent de Paris 32400 pieds carrés (100 perches de 18 pieds).	$3418^{m^2},87$.
Arpent des eaux et forêts (100 perches de 22 pieds).	$5107^{m^2},20$.

VOLUMES.

Ligne cube	$0^{m^3},0000000115$
Pouce cube (1728 lignes cubes)	$0^{m^3},000019836$.
Pied cube (1728 pouces cubes)	$0^{m^3},0342773$.
Toise cube (216 pieds cubes)	$7^{m^3},403887$.
Solive (3 pieds cubes)	$0^{m^3},10283$.
Voie de Paris pour la mesure des bois (56 pieds cubes)	$1^{m^c},9195288$.
Corde des eaux et forêts (2 voies)	$3^{m^3},8390576$.

CAPACITÉS POUR LES GRAINS.

Litron	$0^l,813$.
Boisseau de Paris (16 litrons)	$13^l,008$.
Setier de Paris (12 boisseaux)	$156^l,1$.

CAPACITÉS POUR LES LIQUIDES.

Chopine	$0^l,4656$.
Pinte de Paris (2 chopines)	$0^l,9313$.
Velte (8 pintes)	$7^l,4505$.
Quartaut (9 veltes)	$67^l,0545$.
Feuillette de Paris (2 quartauts)	$134^l,109$.
Pièce de Lyon	210^l.
Muid de Paris (2 feuillettes)	$268^l,218$.

POIDS.

Grain	$0^g,053$.
Denier ou scrupule (24 grains)	$1^g,275$.
Gros (3 deniers)	$3^g,824$.
Once (8 gros)	$30^g,59$.
Marc (8 onces)	$244^g,75$.
Livre (16 onces ou 2 marcs)	$489^g,51$.
Quintal (100 livres)	48951^g.
Tonneau (2000 livres)	979020^g.

MONNAIES.

Anciennes.	Valeurs en nouvelles.
Denier	0f, 004115.
Sou (4 liards ou 12 deniers)	0f, 049383.
Livre (20 sous)	0f, 987654.
Ecu (3 livres)	2f, 55.
Louis en or de 24 livres	23f, 55.

MESURES DE TEMPS.

Les mesures de temps, étant fondées sur le cours des astres, ne pouvaient être facilement modifiées. C'est pourquoi les anciennes dénominations ont été conservées.

On appelle *siècle* un espace de 100 années.

L'*année* commune ou civile est de 365 jours, et de 366 jours dans les années bissextiles, qui ont lieu de 4 ans en 4 ans.

L'année se divise en 12 mois, savoir :

Janvier, 31 jours.	Juillet, 31 jours.
Février, 28 jours, et 29 dans les années bissextiles.	Août, 31 jours.
Mars, 31 jours.	Septembre, 30 jours.
Avril, 30 jours.	Octobre, 31 jours.
Mai, 31 jours.	Novembre, 30 jours.
Juin, 30 jours.	Décembre, 31 jours.

L'année se divise encore en 52 *semaines*. La semaine se divise en 7 jours, savoir : Lundi, mardi, mercredi, jeudi, vendredi, samedi et Dimanche.

Le jour se divise en 24 *heures* ; l'heure en 60 *minutes* ; la minute en 60 *secondes* ; la seconde en 60 *tierces*.

DIVISION DE LA CIRCONFÉRENCE.

La circonférence se divise en 360 parties égales appelées *degrés* ; le degré, en 60 parties égales qu'on appelle *minutes* ; et la minute, en 60 parties égales auxquelles on a donné le nom de *secondes*, etc.

Un *arc* est une partie de la circonférence.

609. On appelle nombres *complexes* ceux qui représentent des unités dont la subdivision n'est pas décimale, comme 4 jours 5 heures 20 minutes 35 secondes (4j 5h 20' 35"), 15 livres 12 sous 9 deniers (15ll 12s 9d); 13 toises 5 pieds 11

pouces 8 lignes (13ᵗ 5ᵖⁱ 11ᵖᵒ 8ˡ), 26 livres 4 onces 5 gros 19 grains (26℔ 4° 5ᵍʳᵒˢ 19ᵍʳᵃⁱⁿˢ), 36 degrés 15 minutes 45 secondes (36°15′45″).

Si le nombre n'est pas accompagné de subdivisions, on l'appelle *incomplexe* ; tels sont les nombres 4 jours, 8 degrés.

§ I.

Opérations préliminaires.

610. 1ʳᵉ Opération. *Réduire un nombre complexe en l'une de ses subdivisions. Par exemple, réduire en secondes 8 heures 25 minutes 12 secondes.*

Opération. 8ʰ 25′ 12″
            60
           ─────
           480′
            25′
           ─────
           505′
            60
           ─────
           30300
             12″
           ─────
           30312″

Une heure valant 60 minutes, les 8 heures vaudront 8 fois plus ; on multiplie 8 par 60, ce qui donne 480 minutes, auxquelles on ajoute les 25′ du nombre donné, et l'on a 505 minutes.

Une minute valant 60 secondes, on aura encore 505′ × 60 + 12 = 30312 secondes. Donc 8ʰ 25′ 12″ = 30312 secondes.

611. 2ᵉ Opération. *Réduire un nombre complexe en nombre fractionnaire de l'unité. Par exemple, réduire le nombre ci-dessus, 30312″, en nombre fractionnaire de l'heure.*

Une heure valant 60 minutes et la minute 60 secondes, on a 1ʰ = 60 × 60 = 3600 secondes. Donc le nombre obtenu par la 1ʳᵉ opération égale $\frac{30312}{3600}$ d'heure.

612. 3ᵉ Opération. *Retrouver le nombre complexe représenté par un nombre donné de ses subdivisions. Par exemple, trouver le nombre de jours, d'heures et de minutes contenu dans 541.240 secondes.*

Opération.

541.240″ | 60
1.24 | 9020′ | 60
  40″ | 302 | 150ʰ | 24
         | 20′ | 6ʰ | 6ʲ

Puisqu'il faut 60 secondes pour faire une minute, autant de fois 60 sera contenu dans 541240, autant il y aura de minutes dans le nombre proposé. Donc, il faut d'abord diviser ce nombre par 60, ce qui donne 9020 minutes, plus un reste 40 secondes.

De même, 9020 minutes donneront 60 fois moins d'heures ou

150 heures plus 20 minutes de reste. Enfin, 150 heures donneront 24 fois moins de jours, c'est-à-dire, 6 jours plus 6 heures de reste. Donc, 541.240″ = 6j 6ʰ 20′ 40″.

613. 4ᵉ Opération. *Retrouver le nombre complexe représenté par un nombre fractionnaire de l'unité, par exemple,* $\frac{698}{68}$ *de jours.*

Opération.

```
698 | 68
 18  |10j 6ʰ 21′ 10″ 10/68
 24  
 ‾‾‾
 72
 36
 ‾‾‾
432ʰ
 24
 60
 ‾‾‾‾
1440′
 080
  12
  60
 ‾‾‾‾
 720″
 040
```

En extrayant l'entier de cette fraction, on trouve d'abord 10 jours et un reste 18, d'où l'on conclut que $\frac{698}{68}$ de jours égalent 10 jours plus $\frac{18}{68}$. Le jour valant 24 heures, cette dernière fraction vaut les $\frac{18}{68}$ de 24 heures ou $\frac{18 \times 24}{68}$. On multiplie donc le premier reste 18 par 24, et le produit, divisé par 68, donne au quotient 6 heures et un reste 24.

En raisonnant sur ce reste comme sur le précédent, on est amené à le multiplier par 60 pour avoir les minutes, puis le nouveau reste 12 encore par 60 pour avoir les secondes, et l'on trouve enfin que $\frac{698}{68}$ de jours = 10j 6ʰ 21′ 10″ $\frac{40}{68}$ ou $\frac{10}{17}$.

§ II.

Opérations sur les nombres complexes.

614. Au moyen des transformations précédentes, on pourrait effectuer les quatre opérations fondamentales sur les nombres complexes. En effet, après avoir réduit ces nombres à la plus petite subdivision ou en nombre fractionnaire de l'unité principale, il suffirait de faire, sur les nouveaux nombres, l'opération proposée, d'après les règles ordinaires du calcul. Le résultat serait un nombre fractionnaire ou un nombre incomplexe qu'il serait facile de réduire en nombre complexe de l'espèce indiquée par la question. Mais l'opération directe étant quelquefois moins compliquée, et présentant d'ailleurs des applications utiles, nous allons l'exposer le plus brièvement possible.

ADDITION DES NOMBRES COMPLEXES.

615. Faire la somme des nombres suivants : 42 toises 5 pieds 4 pouces 11 lignes ; 11 toises 3 pieds 8 pouces 7 lignes ; 120 toises 8 pieds 6 pouces 9 lignes.

Opération.

	42 toises	5 pieds	4 pouces	11 lignes
	11	3	8	7
	120	8	6	9
	175^t	5^{pi}	8^{po}	3^{li}

Après avoir écrit les nombres donnés selon la règle, on additionne d'abord les lignes, et l'on a : $11 + 7 + 9 = 27$ lig. = 2 pouces + 3 lignes. On écrit 3 sous la colonne des lignes et l'on retient 2 pouces que l'on ajoute aux pouces de la colonne à gauche. L'addition de cette seconde colonne donne $4 + 8 + 6 + 2$ de retenue = 20 pouces = 1 pied + 8 pouces. On écrit 8 sous la seconde colonne, et l'on ajoute 1 pied à la colonne à gauche. $1 + 5 + 3 + 8 = 17$ pieds ou 2 toises et 5 pieds. On écrit 5 sous la colonne, et l'on retient 2 toises que l'on ajoute aux autres. L'on a ainsi : 175 toises 5 pieds 8 pouces 3 lignes pour la somme demandée.

SOUSTRACTION DES NOMBRES COMPLEXES.

616. Retrancher 4 livres 10 onces 7 gros 12 grains de 13 livres 15 onces 6 gros 19 grains.

13 ℔	15°	6 gros	19 grain
4	10	7	12
9 ℔	4°	7 gros	7 grains

Dans cet exemple, on retranche d'abord, comme à l'ordinaire, 12 de 19, ce qui donne pour reste 7, que l'on écrit sous la colonne des grains. Ensuite, comme on ne peut retrancher 7 de 6, on ajoute à ce dernier 8 gros, valeur d'une once, et l'on dit : 7 ôté de 14, reste 7, qu'on écrit au-dessous.

On ajoute 1 once à celles du nombre inférieur qui suit à gauche, et l'on dit : 11 ôté de 15 reste 4 ; enfin, 4 ôté de 13 reste 9. L'on trouve ainsi 9 livres 4 onces 7 gros 7 grains pour différence des nombres proposés.

MULTIPLICATION DES NOMBRES COMPLEXES.

617. Il y a trois cas à considérer dans la multiplication des nombres complexes.

MULTIPLICATION DES NOMBRES COMPLEXES.

618. Premier cas. *Le multiplicande seul est complexe.*
Un ouvrier a fait la 5ᵉ partie d'un ouvrage en 4 jours 13 heures 10 minutes. Combien lui faudra-t-il de temps pour faire tout l'ouvrage ?

```
 4ʲ  13ʰ  10′
 5
─────────────
22ʲ  17ʰ  50′
```

Il est clair que l'ouvrier emploiera 5 fois plus de temps et qu'il faut prendre 5 fois toutes les parties du nombre complexe.

On prend d'abord les unités les plus faibles, et l'on dit : 5 fois 10′ font 50′, que l'on écrit, parce que 50′ ne donnent pas d'heures à retenir ; ensuite 5 fois 13ʰ font 65ʰ, ou 2 jours et 17 heures ; on écrit 17 et l'on retient 2 jours ; enfin, 5 fois 4 j. font 20 jours, et 2 de retenue font 22 jours que l'on écrit, et l'on a pour réponse : 22 jours 17 heures 50 minutes.

619. Il est souvent plus facile d'opérer de la manière suivante, surtout quand le multiplicateur est un nombre considérable.

On décompose les subdivisions du multiplicande en parties aliquotes de l'unité supérieure, et l'on prend des parties correspondantes du multiplicateur considéré comme exprimant des unités de même nature que le multiplicande. Dans l'exemple ci-dessus, on dirait d'abord : 4 fois 5 font 20, que l'on écrit comme on le voit ci-dessous.

Opération.

		4ʲ	13ʰ	10′
		5		
		20ʲ		
Pour 12ʰ, la 1/2 du produit d'un jour,		2ʲ	12ʰ	
Pour 1ʰ, le 1/12 du précédent		0	5	
Pour 10′, le 1/6 du précédent		0	0	50′
Total		22ʲ	17ʰ	50′

On décompose 13ʰ en 12 + 1, et l'on dit : pour 12ʰ ou la moitié d'un jour, on aura la moitié du multiplicateur ou 2ʲ et 12ʰ, que l'on écrit sous les précédents. Pour 1 heure, on aura le 1/12 du produit de 12 heures ou 5 heures. Pour 10′, on aura le 1/6 du produit d'une heure ou 50′, et, en additionnant ces produits partiels, on trouve, comme ci-dessus : 22ʲ 17ʰ 50′.

620. Deuxième cas. *Le multiplicateur seul est complexe.*
La toise d'un certain ouvrage se paie 38ᶠ, que faut-il payer pour 12ᵗ 4ᵖⁱ 0ᵖᵒ 7ˡ ?

NOMBRES COMPLEXES.

Opération.

	38ᵗᵗ			
	12ᵗ	4ᵖⁱ	0ᵖᵒ	7¹
	76			
	38			
pour 3ᵖⁱ, la 1/2 d'une toise ou de 38ᵗᵗ	19			
pour 1ᵖⁱ, le 1/3 du précédent	6	6ˢ	8ᵈ	
produit auxiliaire de 1ᵖᵒ, le 1/12 du précédent	0	10	0	2/3
pour 6¹, la 1/2 d'un pouce	0	5	3	1/3
pour 1¹, le 1/6 du précédent	0	0	10	10/18
	481ᵗᵗ	12ˢ	9ᵈ	16/18

On multiplie d'abord 38ᵗᵗ par 12ᵗ dont on écrit les produits partiels sans les additionner. Pour les subdivisions du multiplicateur on prend des parties aliquotes du multiplicande comme on l'a fait ci-dessus; mais, comme il n'y a pas de pouce, on fait le produit auxiliaire d'un pouce qui sert à obtenir les autres produits, sans entrer en ligne de compte.

On trouve ainsi que 12ᵗ 4ᵖⁱ 0ᵖᵒ 7¹ coûteront 481ᵗᵗ 12ˢ 9ᵈ 16/18.

621. Troisième cas. *Les deux facteurs sont complexes.*

Quel serait le prix de 25ᵗ 5ᵖⁱ 9ᵖᵒ 6¹ à raison de 45ᵗᵗ 9ˢ 3ᵈ la toise?

Ce cas étant comme la réunion des deux précédents, nous nous bornerons à donner le tableau des calculs.

	45ᵗᵗ	9ˢ	6ᵈ	
	24ᵗ	5ᵖⁱ	9ᵖᵒ	6
	180ᵗᵗ			
	90			
pour 5ˢ le 1/4 de 24, considéré comme tt	6			
pour 4ˢ, le 1/5 de 24	4	8ˢ		
produit auxiliaire d'un sou	4	2ˢ		
pour 6ᵈ, la 1/2 d'un sou	0	11		
pour 3ᵖⁱ, la 1/2 du prix de la toise	22	14	9ᵈ	
pour 2ᵖⁱ, le 1/3 d'une toise	15	3	2	
pour 6ᵖᵒ, le 1/4 de 2ᵖⁱ	3	15	9	2/4
pour 3ᵖᵒ, le 1/2 de 6ᵖᵒ	1	17	10	3/4
pour 6¹, le 1/6 de 3ᵖᵒ	0	6	3	19/24
Total.	1134ᵗᵗ	16ˢ	11ᵈ	1/24

On multiplie d'abord tout le multiplicande par 24, comme dans le premier cas, puis on prend des parties aliquotes, comme l'indique le tableau des calculs.

622. Dans la multiplication des nombres complexes, le produit total et les produits partiels sont de même nature que le multiplicande, et il importe de ne pas confondre les facteurs; car, d'après la nature du procédé et des réductions d'unités sur lesquelles on opère, il est aisé de comprendre que le résultat ne serait pas le même.

Le multiplicateur doit être considéré comme un nombre abstrait, indiquant seulement de quelle manière il faut prendre le multiplicande considéré comme nombre concret. Ce n'est que fictivement et dans le cours d'une opération (619), que l'on peut considérer le multiplicateur comme exprimant des unités de même nature que le multiplicande.

DIVISION DES NOMBRES COMPLEXES.

623. Il y a trois cas à considérer dans la division des nombres complexes.

624. Premier cas. *Le dividende seul est complexe.*

On a payé 125^{tt} 12^s 6^d pour 15 aunes de drap. Quel est le prix de l'aune ?

Opération.

On divise d'abord 125^{tt} par 15, ce qui donne 8^{tt} au quotient et 5^{tt} de reste. On convertit ces livres en sous et l'on y joint les 12 sous du dividende, ce qui donne 112^s que l'on divise par 15, et ainsi de suite.

$$\begin{array}{r|l} 125^{tt}\ 12^s\ 6^d & 15 \\ 5 & \overline{8^{tt}\ 7^s\ 6^d} \\ 20^s & \\ \hline 100^s & \\ +\ 12^s & \\ \hline 112^s & \\ 7 & \\ 12^d & \\ \hline 84 & \\ +\ 6 & \\ \hline 90^d & \\ 00 & \end{array}$$

Autre exemple. La toise d'un certain ouvrage coûte 15^{tt}. Combien en aura-t-on pour 125^{tt} 12^s 6^d ?

250   NOMBRES COMPLEXES.

On réduit d'abord le dividende en nombre fractionnaire de la livre, ce qui donne $\frac{30150}{240}$. On réduit ensuite le diviseur en 240me et l'on a à diviser $\frac{30150}{240}$ par $\frac{3600}{240}$ ou 30150 par 3600. Ces deux nombres sont alors pris abstractivement, et il ne s'agit plus que de prendre la 3600e partie de 30150 unités d'une espèce quelconque. Comme on demande des toises au quotient, on doit considérer l'expression $\frac{30150}{3600}$ (qui se réduit à $\frac{201}{24}$) comme un nombre fractionnaire de toise et l'on termine l'opération comme au n° 613. On doit avoir pour réponse 8^t 2^{pi} 3^{po}.

```
125ʰ 12ˢ 6ᵈ | 15
   20       | 240
  2500      | 600
  + 12ˢ     |  30
  2512ˢ     | 3600
    12      |  240
  5024
  2512
  +  6
  30150
   240
```

625. DEUXIÈME CAS. *Le diviseur seul est complexe.*
Ce cas est l'inverse du précédent : nous donnerons seulement les opérations des deux problèmes suivants :

On a payé 126ʰ pour 8^t 2^{pi} 3^{po} d'un certain ouvrage. Quel est le prix de la toise?

La toise d'un certain ouvrage coûte 6ʰ 15ˢ 9ᵈ. Combien aura-t-on de toises pour 123ʰ ?

1re *Opération.*

```
126ʰ   | 8ᵗ 2ᵖⁱ 3ᵖᵒ      9072  | 603
 72    |   6            3042  | 15ʰ 0ˢ 10ᵈ 50/67
 252   |  48              27
 882   |  + 2             20
9072   |  50             540ˢ
 72    |  12              12
       | 100             1080
       |  50              540
       | 600             6480ᵈ
       |  + 3             450
       | 603ᵖᵒ
       |  72
```

DIVISION DES NOMBRES COMPLEXES. 251

2ᵉ Opération.

```
 123ᵗᵗ       6ᵗᵗ 15ˢ 9ᵈ      29520  | 1629
 240          20              13230  | 18ˡ 0ᵖⁱ 8ᵖᵒ 9ˡⁱ 8/184
 ─────       ─────             198
 4920         120                6
  246         + 15            ──────
 ─────       ─────             1188 ᵖⁱ
 29520        135ˢ              12
  240         12               ──────
             ─────             2376
              270              1188
              135              ──────
             ─────             14256 ᵖᵒ
              1620             1224
              + 9               12
             ─────             ──────
              1629ᵈ            2448
              240              1224
                               ──────
                               14688 ˡⁱ
                                27
```

626. Troisième cas. *Le dividende et le diviseur sont complexes.*

On réduit d'abord le diviseur en nombre fractionnaire de l'unité principale, ensuite on multiplie le dividende par le dénominateur du diviseur ainsi préparé, comme dans le second exemple du premier cas de la multiplication, et l'opération se trouve ramenée au premier cas de la division.

On a payé 629ᵗᵗ 15ˢ pour 234 aunes $\frac{5}{6}$ de drap. Quel est le prix de l'aune?

```
 629ᵗᵗ 15ˢ    234ᵃ 5/6      3778ᵗᵗ 10ˢ | 1409
   6            6              960     | 2ᵗᵗ 13ˢ 7ᵈ 853/1409
 ──────       ─────             20
 3774ᵗᵗ       1404           ──────
   3ᵗᵗ        + 5             19200 ˢ
   1ᵗᵗ 10ˢ   ─────           + 10 ˢ
 ──────       1409           ──────
 3778ᵗᵗ 10ˢ     6             19210 ˢ
    6                          5120
                                893
                                12ᵈ
                              ──────
                               1786
                                893
                              ──────
                               10716 ᵈ
                                853
```

§ III.

Conversion des anciennes mesures en nouvelles et réciproquement.

627. Pour trouver le rapport entre les mesures de deux systèmes, il faut chercher combien les mesures qui se correspondent contiennent de fois une même unité que l'on choisit aussi petite que possible.

Le quotient de l'un de ces nombres divisé par l'autre donnera le rapport demandé.

Soit, par exemple, à trouver le rapport de la toise au mètre.

La toise vaut $(6 \times 12)\ 12 = 864$ lignes; en comparant le mètre à la toise, on trouve qu'il vaut 443 lignes 296 millièmes. Donc, une toise vaut $\frac{864}{443,296} = \frac{864.000}{443.299} = 1^m,949036$; et, réciproquement, un mètre vaut $\frac{443.296}{864.000}$ ou $0^t,513074$.

628. En multipliant par lui-même le rapport de deux mesures de longueur, on obtient celui de leurs carrés ou unités de surface; en élevant ce même rapport à la 3ᵉ puissance, on a le rapport des cubes ou unités de volume.

Par exemple, 1 toise carrée $= 1^m,949 \times 1^m,949 = 3^{mq},798744$, et 1 toise cube $= 1^m,949 \times 1^m,949 \times 1^{m3},949 = 7^{m3},40389$.

C'est ainsi qu'on a déterminé les valeurs du tableau n° 608, au moyen desquelles on trouvera facilement la valeur d'un nombre quelconque d'unités de l'un des deux systèmes en unités correspondantes de l'autre.

Par exemple, sachant que la livre vaut $0^f,987654$, il est clair que 10, 20, 30 livres vaudront 10, 20, 30 fois plus; de même, le franc valant $\frac{1}{0,987654}$ de livre ou $1^{tt},0125$, 10, 20, 30 francs vaudront 10, 20, 30 fois plus.

De même encore, puisqu'une livre poids vaut $0^{kg},48951$, un nombre x de livres vaudra $0,48951 \times x$ kilogrammes, et le kilogramme valant $\frac{1}{0,48951}$ ou 2 livres 04285 cent-millièmes, un nombre x de kilogrammes vaudra $2,04285 \times x$ livres, et de même pour les autres mesures.

629. COMPARAISON DE QUELQUES MESURES ÉTRANGÈRES AVEC LES MESURES FRANÇAISES.

ANGLETERRE ET ÉTATS-UNIS.		PRUSSE.	
Lieue marine (3 milles marins)	5555m,55	Mille	7532m,49
Mille	1609m,315	Aune	0m,6669
Yard impérial	0m,914383	Toise (6 pieds)	1m,8831
Foot ou pied (1/3 du yard)	0m,304794	Pied du Rhin	0m,3138
Quarter (1/4 du yard)	0m,228595	Eimer	68lit,7
Gallon	3lit,543458	Metze	3lit,445
Bushel (8 gallons)	36lit,34766	Livre de Cologne (2 marcs)	467gr,66
Livre troy	373gr,2383	HOLLANDE	
Pound ou livre avoir du poids	453gr,558	Pied d'Amsterdam	0m,233
AUTRICHE.		Elle	1m
Mille (4000 toises)	7586m	Poids de Troyes	245gr,868
Aune de Vienne	0m,7792	Livre d'Amsterdam	491gr,40
Toise (6 pieds)	1m,8966	DANEMARCK.	
Pied de Vienne	0m,3161	Pied	0m,3136
Eimer (pour les liquides)	56lit,6	Aune	0m,627
Metze (pour les solides)	61lit,5	Livre, ou 2 marcs	498gr
Livre de Vienne (8 onces)	560gr	RUSSIE.	
Loth (1/4 d'once)	17gr,5	Verst, ou mille russe	1067m
ESPAGNE.		Aune	0m,71
Vara de Castille (3 pieds)	0m,836	Pied	0m,304
Cantaro de Castille	15lit,986	Livre	409gr
Livre de Castille (2 marcs)	459gr,76	SUISSE.	
ÉTATS ECCLÉSIASTIQUES.		Pied de Genève	0m,4879
		Aune	1m,144
Pied romain	0m,298	Marc	245gr,23
Palme (3/4 de pied)	0m,223	Livre, poids lourd	550gr,83
Aune	2m	Livre, petit poids	459gr,04
Livre (12 onces)	339gr,07	PORTUGAL.	
NAPLES.		Mille	6173m
		Grand pied	0m,339
		Petit pied	0m,329
La Canne	2m,109	La Canada	139lit,516
Livre (12 onces)	320gr	Livre, ou 2 marcs	459gr,04

630. COMPARAISON DES PRINCIPALES MONNAIES ÉTRANGÈRES AVEC LES MONNAIES FRANÇAISES.

La Belgique et les États-Sardes ont adopté le système métrique.

DÉNOMINATION DES PIÈCES.		POIDS légal.	TITRE légal.	VALEUR
ANGLETERRE.		gram.		francs.
OR.	Guinée de 21 shillings anciens	8,380	0,917	26,47c
	Souverain de 20 shillings (1818). C'est à très-peu près la livre sterling, qui n'est qu'une *monnaie de compte*.	7,981	0,917	25,21
ARG.	Crown ou couronne de 5 shillings depuis 1818	25,251	0,925	5,81
	Shilling (12 pences) 1818	5,650	0,925	1,16
	Shilling ancien	6,015	0,925	1,24
ÉTATS-UNIS D'AMÉRIQUE.				
OR.	Aigle, pièce de 10 dollars (1837)	16,717	0,900	51,82
	Dollard	1,6717	0,900	5,18
ARG.	Dollard, *monnaie de compte*	26,729	0,900	5,34
	One dime (1 dime)	2,672	0,900	0,53
AUTRICHE.				
OR.	Ducat de l'empereur	3,490	0,986	11,85
	Ducat de Hongrie	3,491	0,984	11,91
	Souverain	5,567	0,917	17,58
ARG.	Ecu ou risdal de convention depuis 1753	28,064	0,833	5,19
	Demi-risdal ou florin, *monnaie de compte*	14,032	0,833	2,60
ESPAGNE.				
OR.	Pistole ou doublon de 8 écus	27,045	0,875	81,51
	Demi-pistole ou écu	3,3806	0,775	10,87
ARG.	Piastre, depuis 1772, *monnaie de compte*.	27,045	0,903	5,43
	Réal de 2, ou piécette, ou 1/5 de piastre	5,971	0,813	1,08
	Réal de 1, 1/10 de piastre, ou 34 maravédis, *mon. de compt.*	2,985	0,813	0,54
	Réalillo, ou 1/20 de piastre	1,493	0,813	0,27

MONNAIES ÉTRANGÈRES. 255

DÉNOMINATION DES PIÈCES.		POIDS légal.	TITRE légal.	VALEUR
ÉTATS ECCLÉSIASTIQUES.		gram.		francs.
OR.	Pistoles de Pie VI et de Pie VII	5,471	0,916	17,275
	Sequin	3,426	1,000	11, 80
ARG.	Écu de 100 baïoques, *monnaie de compte*	26,42	0,916	5,385
	Teston de 30 baïoques	7,932	0,916	1,62
	Papeto de 20 baïoques	5,287	0,916	1,08
	Paul de 10 baïoques	2,644	0,916	0,54
NAPLES.				
OR.	Ducat	1,262	0,996	4,33
ARG.	Carlin	2,2495	0,833	0,425
	Ducat de 10 carlins, *monnaie de compte*	22,943	0,833	4,25
PRUSSE.				
OR.	Ducat fin	3,490	0,986	11,85
	Frédéric	6,682	0,903	20,78
ARG.	Risdal ou thaler de 24 bons gros; ou 39 silbergros, *monnaie de compte*	22,272	0,750	3,711
	Silbergros (*valeur intrinsèq.*)	2,192	0,208	0,12
HOLLANDE.				
OR.	10 florins.	6,729	0,900	20,86
ARG.	Florin, ou gulden, 40 deniers de gros, *monn. de compte*	10,766	0,898	2,136
	Sou commun, ou 1/10 de flor.	1,692	0,569	0,2136
DANEMARCK.				
OR.	Ducat courant (depuis 1767)	3,143	0,875	9,47
	Ducat spécies, 1791 à 1802	3,519	0,979	11,86
	Christien, 1773	6,735	0,903	20,95
ARG.	Risdale d'espèce, ou double écu de 96 schillings danois	29,126	0,875	5,66
	Risdale courante de 1749, *mon. de compte*	26,800	0,833	4,96
	Marck danois de 16 schillings		0,688	0,94
RUSSIE.				
OR.	Ducat de 1763.	3,473	0,969	11,59
	Impérial de 10 roubles, 1763	13,073	0,917	41,29
ARG.	Rouble de 100 copecks, *monnaie de compte*	24,011	0,750	4 »
	Copeck, ou sou.	0,24	0,750	0,04

MONNAIES ÉTRANGÈRES.

DÉNOMINATION DES PIÈCES.	POIDS légal.	TITRE légal.	VALEUR
HAMBOURG.	gram.		francs.
OR. Ducat de la ville	3,488	0,979	11,76
ARG. Marc banco, *monnaie imagin.*	....	....	1,88
Marc lub, ou 16 schellings, *monnaie de compte*	9,164	0,750	1,53
Risdal ou écu d'espèce	29,233	0,889	5,78
SUISSE.			
OR. Pièce de 32 franken	15,297	0,904	47,63
Ducat de Zurich	3,491	0,979	11,77
Pistole de Berne	7,648	0,902	23,76
ARG. Ecu de Bâle ou 2 florins	23,386	0,878	4,56
Franken de Suisse	7,5123	0,900	1,50
PORTUGAL.			
OR. Moeda douro de 4.800 reis	10,752	0,917	33,96
Meia dobra de 6.400 reis	14,334	0,917	45,27
Cruzade de 480 reis	1,045	0,917	3,39
ARG. Cruzade neuve de 400 reis	14,633	0,903	2,83
1,000 reis, *monn. de compte*	....	....	7,07
TURQUIE.			
OR. Pièce de 100 piastres, loi de 1845 (à 22 karats de fin)	7,191	0,916	22,68
ARG. Altmichlec de 60 paras	28,882	0,550	3,53
Piastre de Constantinople	1,203	0,830	0,22
Pièce de 20 piastres (1845)	24,008	0,830	4,45
— de 10 —	12,034	0,830	2,22

PERSE (par approximation).

OR.	Roupie	36,75
ARG.	Double roupie de 5 abassis	4,90
	Abassi	0,97
	Mamoude	0,485
	Larin	1,13

CHINE.

OR.	Taël, 10 maces	7,50
ARG.	Maces, 10 candarins	0,75

MOGOL (par approximation).

OR.	Roupie du Mogol	38,72
	Pagode	9,46
	Ducat de la Cie hollandaise	11,62
ARG.	Roupie du Mogol	2,42
	Fanon	0,315
	Pièce de la Cie hollandaise	2,40

631. QUELQUES MESURES DES PEUPLES ANCIENS.

ÉGYPTIENS ET HÉBREUX.

Coudée sacrée.	0m,525
Coudée naturelle . . .	0m,450
Empan (1/2 coudée).	
Palme (4 doigts). . . .	0m,075
Bath et Epha	18lit,088

Le Bath, pour les liquides, se divisait en 6 *hin* et 72 *log* ; l'Epha pour les grains, en 2 *séphel*, 3 *sat*, 10 *gomor*, 18 *cab* et 72 *log*. Le *nebel*, le *létech* et le *cor* valaient respectivement 3, 5 et 10 Epha.

Bethséa.	3 ares,24

Le *bethcabum* valait 1/6 et le *bethroba* 1/24 de Bethséa ; le *bethlétech* en valait 15, et le *bethcoron* 30.

Talent (un bath d'eau).	18088gr

Il se divisait en 3000 sicles et le sicle en 20 oboles.

Talent d'argent. . . .	3794f
Sicle (20 oboles). . . .	1f,26

L'or valait 12 fois plus.

Après la CAPTIVITÉ, les Juifs eurent un bath, valant 35 litres, subdivisé comme le précédent ; le talent fut de 35000 grammes, subdivisé en 50 mines et 5000 drachmes. Plus tard, le talent valut 46650 gr. et fut divisé en 50 mines, 125 livres, 1500 onces, 3000 sicles de 4 drachmes et 20 oboles.

Le talent d'argent fut de 9935 fr., le sicle de 3 fr. 31 c., la drachme de 0 fr. 83 c., et l'obole de 0 f. 16 5.

GRECS.

Pied (2/3 de coud. nat).	0m,3

La *coudée* avait 1 pied et 1/2 ; le *pas*, 2 et 1/2 ; la *brasse*, 6 ; la *perche*, 10 ; la *petite chaine*, 60 ; la *grande chaîne*, 100, et le *stade*, 600 ou 180 mètres.

Pléthre (carré de 100 pieds de côté). . . .	9 ares
Métrétès ou pied cube (100 cotyles). . . .	27dm3
Amphore (72 cotyles) .	19lit,44

Le *conge* valait 12 cotyles ; le *setier*, 2 ; l'*oxybaphe*, 1/4 et la *cyathe*, 1/6. Pour les grains, le *médimne* valait 192 cotyles ou 51 litres 84 ; le *trite*, 64 cotyles ; l'*hecte*, 32 ; l'*hémiecte*, 16, et la *chénice*, 4.

Talent (amphore d'eau)	19440gr

La *mine*, 60e partie du talent, valait 100 *drachmes*, la drachme, 6 *oboles*, 48 *chalques*, et 72 *sitaires*.

Talent d'argent	4140f
Drachme (6 oboles). .	0f,69

L'or valait 12 fois et 1/2 plus.

SOLON établit le grand talent attique, poids d'un pied cube d'eau, qu'il subdivisa comme le premier. De là, les grands et les petits poids. Le rapport de l'or à l'argent fut de 10 à 1.

ROMAINS.

Pied (12 pouces) . . .	0m,2945

La *coudée* avait 1 pied et 1/2 ; le *pas*, 5 pieds ; la *perche*, 10 ; la *chaîne* 120, et le *mille* valait 1000 pas ou 1472 mètres 5.

Jugère (1/2 hérédie). .	25 ares

La *centurie* valait 2 hérédies et le *saltus*, 4 centuries.

Amphore (72 hémines).	19lit,44

Le *congius* valait 12 hémines ; le *sextarius*, 2 ; l'*acetabulum*, 1/4, et le *cyathus*, 1/6. Pour les grains, le *semodius* et le *modius* valaient respectivement 16 et 32 hémines. — Plus tard, il y eut l'*urne* de 4 conges ou 12 litres 96 ; l'*amphore* de 2 urnes et le *culeus* de 20 amphores.

Livre (1/10 de congius d'eau).	324gr

La livre valait 12 onces et 288 scrupules.

Denier (84e de liv. d'arg.)	0f,82

Ce denier valait 4 *sesterces* et 16 *as*.

Aureus (1 scrupule d'or).	3f,29

INTÉRÊTS COMPOSÉS.

632. TABLE indiquant la valeur de 1 fr. à intérêts composés.

Années	3 p. 0/0.	4 p. 0/0.	4,50 p. 0/0.	5. p. 0/0.	5,50 p. 0/0.	6 p. 0/0.
1	1,0300000	1,0400000	1,0450000	1,0500000	1,0550000	1,0600000
2	1,0609000	1,0816000	1,0920250	1,1025000	1,1130250	1,1236000
3	1,0927270	1,1248640	1,1411661	1,1576250	1,1742414	1,1910160
4	1,1255088	1,1698586	1,1925186	1,2155063	1,2388247	1,2624770
5	1,1592741	1,2166529	1,2461819	1,2762816	1,3069600	1,3382256
6	1,1940523	1,2653190	1,3022601	1,3400956	1,3788428	1,4185191
7	1,2298739	1,3159318	1,3608618	1,4071004	1,4546792	1,5036303
8	1,2667701	1,3685691	1,4221006	1,4774554	1,5346865	1,5938481
9	1,3047732	1,4233118	1,4860951	1,5513282	1,6190943	1,6894790
10	1,3439164	1,4802443	1,5529694	1,6288946	1,7081445	1,7908477
11	1,3842339	1,5394541	1,6228530	1,7103394	1,8020924	1,8982986
12	1,4257609	1,6010322	1,6958814	1,7958563	1,9012075	2,0121965
13	1,4685337	1,6650735	1,7721961	1,8856491	2,0057739	2,1329283
14	1,5125807	1,7316764	1,8519449	1,9799316	2,4160915	2,2609040
15	1,5579674	1,8009435	1,9352624	2,0789282	2,2324765	2,3965582
16	1,6047064	1,8729813	2,0223701	2,1628746	2,3552627	2,5403517
17	1,6528476	1,9479005	2,1133768	2,2920183	2,4848022	2,6927728
18	1,7024331	2,0258165	2,2084788	2,4066192	2,6214663	2,8543392
19	1,7535061	2,1068192	2,3078803	2,5269502	2,7656469	3,0255905
20	1,8061112	2,1911231	2,4117140	2,6532977	2,9177575	3,2071355
21	1,8602946	2,2787681	2,5202412	2,7859626	3,0782341	3,3995636
22	1,9161034	2,3699188	2,6336520	2,9252607	3,2475370	3,6035374
23	1,9735865	2,4647155	2,7521663	3,0715238	3,4261516	3,8197497
24	2,0327941	2,5633042	2,8760138	3,2250999	3,6145899	4,0489346
25	2,0937779	2,6658363	3,0054345	3,3863549	3,8133923	4,2918707
26	2,1565913	2,7724098	3,1406790	3,5556727	4,0231289	4,5493830
27	2,2212890	2,8833686	3,2820096	3,7334563	4,2144010	4,8223459
28	2,2879277	2,9987033	3,4297000	3,9201291	4,4778431	5,1116867
29	2,3565655	3,1186515	3,5840365	4,1161356	4,7241244	5,4183879
30	2,4272625	3,2433975	3,7453181	4,3219424	4,9839513	5,7434912
31	2,5000801	3,3731334	3,9138571	4,5380395	5,2580686	6,0881006
32	2,5750826	3,5080588	4,0899810	4,7649415	5,5472624	6,4533867
33	2,6523352	3,6483811	4,2740302	5,0031885	5,8523618	6,8405899
34	2,7319053	3,7943163	4,4663615	5,2533480	6,1742417	7,2510253
35	2,8138625	3,9460890	4,6673478	5,5160154	6,5138250	7,6860868
36	2,8982763	4,1039325	4,8773785	5,7918161	6,8720854	8,1472520
37	2,9852267	4,2680899	5,0968605	6,0814069	7,2500501	8,6360871
38	3,0747835	4,4388135	5,3262192	6,3854773	7,6488028	9,1542523
39	3,1670270	4,6163660	5,5658991	6,7047511	8,0694870	9,7035075
40	3,2620378	4,8010206	5,8163645	7,0399887	8,5133088	10,2857179
41	3,3598989	4,9930615	6,0781040	7,3919852	8,9815408	10,9028610
42	3,4606959	5,1927839	6,3516155	7,7615876	9,4755255	11,5570327
43	3,5645168	5,4001953	6,6374382	8,1496669	9,9966794	12,2504546
44	3,6714523	5,6165151	6,9361229	8,5571503	10,5464968	12,9854819
45	3,7815958	5,8411757	7,2482484	8,9850078	11,1265541	13,7646108
46	3,8950437	6,0748227	7,5744196	9,4342582	11,7385146	14,5904875
47	4,0118950	6,3178156	7,9152685	9,9059711	12,3841329	15,4659167
48	4,1322519	6,5705282	8,2714556	10,4012697	13,0652602	16,3938717
49	4,2562194	6,8333491	8,6436711	10,9213331	13,7838495	17,3775040
50	4,3839060	7,1066834	9,0326363	11,4673998	14,5419012	18,4201543

INTÉRÊTS COMPOSÉS.

641. TABLE indiquant le capital acquis à la fin de chaque année par un versement annuel de 1 franc.

Années	3 p. 0/0.	4 p. 0/0.	4,50 p. 0/0.	5 p. 0/0.	6 p. 0/0.
1	1,0300000	1,0400000	1,0450000	1,0500000	1,0600000
2	2,0909000	2,1216000	2,1370250	2,1525000	2,1836000
3	3,1836270	3,2464640	3,2781911	3,3101250	3,3746160
4	4,3091358	4,4163226	4,4707097	4,5256313	4,6370930
5	5,4684099	5,6329755	5,7168917	5,8019128	5,9753185
6	6,6624622	6,8982945	7,0191518	7,1420084	7,3938376
7	7,8923361	8,2142263	8,3800136	8,5491089	8,8974679
8	9,1591061	9,5827953	9,8021142	10,0265613	10,4913160
9	10,4638793	11,0061071	11,2882094	11,5778925	12,1807949
10	11,8077957	12,4863514	12,8411788	13,2067872	13,9716426
11	13,1920296	14,0258055	14,4640318	14,9171265	15,8699412
12	14,6177904	15,6263377	16,1599138	16,7129829	17,8821377
13	16,0863212	17,2919112	17,9321094	18,5986320	20,0150659
14	17,5989139	19,0235876	19,7840543	20,5785036	22,2759690
15	19,1568813	20,8245311	21,7193367	22,6574918	24,6725281
16	20,7615877	22,6975124	23,7417069	24,8403664	27,2128798
17	22,4144351	24,6454129	25,8550837	27,1323647	29,9056525
18	24,1168684	26,6712294	28,0635625	29,5390039	32,7599917
19	25,8703745	28,7780786	30,3714228	32,0659541	35,7855912
20	27,6764857	30,9692017	32,7831368	34,7192518	38,9927267
21	29,5367803	33,2479698	35,3033779	37,5052144	42,3922903
22	31,4528837	35,6178886	37,9370300	40,4304751	45,9958277
23	33,4264702	38,0826941	40,6891963	43,5019989	49,8155773
24	35,4592643	40,6459083	43,5652101	46,7270988	53,8645120
25	37,5530422	43,3117446	46,5706446	50,1134538	58,1563827
26	39,7096335	46,0842144	49,7113236	53,6691265	62,7057657
27	41,9309225	48,9675820	52,9933352	57,4025628	67,5281116
28	44,2188502	51,9662863	56,4230332	61,3227119	72,6397983
29	46,5754157	55,0849378	60,0070697	65,4388475	78,0581862
30	49,0026782	58,3283353	63,7523878	69,7607899	83,8016774
31	51,5027585	61,7014687	67,6662452	74,2988294	89,8897780
32	54,0778113	65,2095274	71,7562263	79,0637708	96,3431617
33	56,7301705	68,8579085	76,0302656	84,0669594	103,1837516
34	59,4620818	72,6522249	80,4986180	89,3203073	110,4347799
35	62,2759443	76,5983139	85,1639658	94,8363227	118,1208667
36	65,1742226	80,7022164	90,0413443	100,6281368	126,2681187
37	68,1594493	84,9703363	95,1382048	106,7095458	134,9042058
38	71,2342328	89,4091497	100,4614240	113,0950231	144,0583581
39	74,4012597	94,0255157	106,0303231	119,7997742	153,7619656
40	77,6632975	98,8265364	111,8466876	126,8397629	164,0476836
41	81,0231965	103,8195978	117,9247885	134,2317511	174,9505446
42	84,4838923	109,0123817	124,2761040	141,9933386	186,5075772
43	88,0481091	114,4128770	130,9138422	150,1430056	198,7580319
44	91,7198614	120,0293924	137,8499651	158,7001559	211,7435138
45	95,5014572	125,8705677	145,0982135	167,6851637	225,5081246
46	99,3965009	131,9153905	152,6726331	177,1194248	240,0986121
47	103,4083960	138,2632061	160,5879016	187,0253929	255,5645288
48	107,5406479	144,8337343	168,8593572	197,4266626	271,9584005
49	111,7968673	151,6670837	177,5030283	208,3479957	289,3359046
50	116,1807733	158,7737670	186,5356643	219,8153955	307,7560589

ANNUITÉS.

634. TABLE DE MORTALITÉ EN FRANCE
d'après DUVILLARD et DEPARCIEUX.

Ages.	Duvillard	Deparcieux	Ages.	Duvillard	Deparc.	Ages.	Duvill.	Depar.
			31	431.398	726	71	108.070	291
			32	424.583	718	72	98.637	271
	Sur	Sur	33	417.744	710	73	89.404	251
	1.000.000	1286	34	410.836	702	74	80.423	231
	de	têtes choisies	35	404.012	694	75	71.745	211
	naissances	il	36	397.123	686	76	63.424	192
	il en survit	en survit	37	390.219	678	77	55.511	173
	à chaque	à chaque	38	383.360	671	78	48.057	154
	âge :	âge :	39	376.363	664	79	41.107	136
			40	369.404	657	80	34.705	118
1	767.525	1.083	41	362.419	650	81	28.886	101
2	671.834	1.022	42	355.400	643	82	23.680	85
3	624.668	990	43	348.342	636	83	19.106	71
4	598.713	966	44	341.235	629	84	15.175	59
5	583.151	947	45	334.072	622	85	11.886	48
6	573.025	930	46	326.843	615	86	9.224	38
7	565.838	915	47	319.539	607	87	7.165	29
8	560.245	902	48	312.148	599	88	5.670	22
9	555.486	890	49	304.662	590	89	4.686	16
10	551.122	880	50	297.070	581	90	3.830	11
11	546.888	872	51	289.361	571	91	3.093	7
12	542.630	866	52	281.527	560	92	2.466	4
13	538.255	860	53	273.560	549	93	1.938	2
14	533.711	854	54	265.450	538	94	1.499	1
15	528.969	848	55	257.193	526	95	1.140	0
16	524.020	842	56	248.782	514	96	850	
17	518.863	835	57	240.214	502	97	621	
18	513.502	828	58	231.488	489	98	442	
19	507.949	821	59	222.605	476	99	307	
20	502.216	814	60	213.567	463	100	207	
21	496.317	806	61	204.380	450	101	135	
22	490.267	798	62	195.054	437	102	84	
23	484.083	790	63	185.600	423	103	51	
24	477.777	782	64	176.035	409	104	29	
25	471.366	774	65	166.377	395	105	16	
26	464.863	766	66	156.651	380	106	8	
27	458.282	758	67	146.882	364	107	4	
28	451.635	750	68	137.102	347	108	2	
29	444.932	742	69	127.347	329	109	1	
30	438.183	734	70	117.656	310	110	0	

USAGE DES TABLES QUI PRÉCÈDENT.

635. Les trois tables ci-dessus permettent de calculer plus facilement les intérêts composés et les annuités.

636. La table n° 632 contient les 20 premières puissances de 1 fr. augmenté de son intérêt d'un an, suivant les taux indiqués en tête. Chaque colonne peut être considérée comme une progression par quotient dont la raison serait le premier terme. D'après cela, il sera facile, au besoin, d'étendre la table au-delà de 50 ans. On comprend, d'ailleurs, sans peine, que pour trouver ce que devient un capital donné, il suffit de le multiplier par l'un des nombres de la table, suivant le taux et le temps. Pour trouver, par exemple, la valeur de 500 francs placés à intérêts composés pendant 15 ans et à 5 0/0, il suffit de multiplier 500 par 2,0789282 qui est dans la colonne 5 0/0, vis-à-vis de 15 ans. On trouve ainsi 1039 fr,4641. Réciproquement, en divisant 1939,4641 par 2,0789282, on aura la valeur actuelle de ce nouveau capital, ou quelle somme il faudrait placer dans les conditions ci-dessus pour l'obtenir. On trouverait aussi le temps ou le taux compris dans la table.

637. La table n° 633 est l'addition successive des nombres de la table n° 632 : les nombres de la 4e ligne, par exemple, sont la somme des 4 premières lignes de la table n° 632, et ainsi des autres. Chacun des nombres de cette table est donc la somme des termes d'une progression par quotient, ayant autant de termes que l'indique le nombre d'années auquel il correspond. Cette table est pour les annuités, et l'on s'en sert de la même manière que la table n° 632.

Pour les annuités servies à la fin de chaque année, on peut employer la même table, en prenant le nombre qui précède celui de l'année que l'on cherche, augmenté d'une unité. Pour 16 ans, par exemple, on aura 20,1568813, c'est-à-dire, 1 plus le nombre 19,1568813 qui correspond à 15 ans.

638. Les questions qui donnent lieu au calcul des intérêts composés et des annuités, sont principalement les dépôts à la caisse d'épargne, les emprunts au crédit foncier, les tontines, les assurances sur la vie, etc.

639. La *caisse d'épargne* est un établissement destiné à recevoir et à faire fructifier les économies qui lui sont confiées. On ne peut verser ni moins d'un franc ni plus de 300 francs, excepté les remplaçants de l'armée, qui peuvent déposer le montant de leur remplacement. Les dépôts confiés à la caisse

d'épargne portent intérêt à partir du dimanche suivant, et les intérêts sont capitalisés chaque année dans le cours du mois de décembre.

640. Le *crédit foncier* est une institution qui a pour but de prêter sur hypothèque aux propriétaires fonciers, les capitaux dont ils ont besoin. Les prêts se font pour un temps qui varie entre 10 et 60 ans; ils se remboursent au moyen d'annuités payables moitié au 30 juin et moitié au 31 décembre.

641. On appelle *tontine* une association d'individus du même âge qui mettent en commun chacun une somme égale, avec la condition que, chaque année, les survivants s'en partageront les revenus, et que le capital sera acquis au dernier survivant, ou partagé entre les survivants à un âge convenu.

642. Les *assurances sur la vie* sont des contrats par lesquels une compagnie s'engage à procurer certains avantages aux assurés ou à un tiers.

Les principales opérations de ce genre sont les suivantes :

1° Une personne cède sa fortune, ou un capital déterminé, à une compagnie qui lui sert en retour une rente ou annuité calculée sur le temps probable qu'elle a à vivre. C'est ce qu'on appelle placer son argent en *rente viagère* ou à *fonds perdu*.

2° Une personne sert elle-même une annuité à une compagnie, à condition qu'à sa mort il sera remis à ses héritiers une somme déterminée par la durée probable de sa vie.

3° On place une certaine somme *sur la tête* d'un enfant d'un âge donné, c'est-à-dire, qu'on remet cette somme à une compagnie d'assurance, qui s'engage à fournir telle somme à l'assuré, quand il aura atteint un âge déterminé, mais qui garde la somme déposée, s'il meurt avant cet âge.

643. Afin de connaître le capital qu'il faut placer pour avoir une rente connue, ou quelle rente on peut exiger d'un capital connu, il faut savoir pendant combien d'années on pourra probablement payer ou recevoir cette rente. C'est ce que l'on trouve au moyen des tables de mortalité n° 634.

Pour savoir, par exemple, combien une personne de 30 ans peut espérer de vivre encore, on prend, dans la table, le nombre des vivants de cet âge, c'est 438183 pour la table Duvillard; on divise ce nombre par 2, et comme le quotient 219091 est entre 222605 et 213567 qui répondent au nombre 59 et 60 ans, on en conclut que cette personne atteindra probablement l'âge de 59 ans, et qu'elle vivra encore 29 ans : car, la moitié des personnes de l'âge donné atteignant l'âge trouvé, il y a autant à parier pour la vie que pour la mort de la personne en question.

La différence des nombres consécutifs de la table donne la proportion de mortalité. Par exemple, sur 369404 individus de 40 ans il en meurt, dans l'année, 369404 — 362419 ou 6985 ; la proportion de mortalité, pour cet âge, est donc de $\frac{6985}{369404}$ ou 1 sur 52 environ.

644. La table de Duvillard donne une mortalité plus rapide que celle de Deparcieux ; mais pour toutes les deux on opère de même. Les compagnies d'assurance font usage de la première pour les rentes qu'elles reçoivent, et de la seconde pour celles qu'elles paient. Toutefois, elles ne s'en tiennent pas précisément à l'annuité que donne le calcul, parce qu'elles ne gagneraient rien ; elles rabattent encore tant pour cent sur cette annuité.

645. Pour les sommes placées *sur une tête*, elles emploient la table de Deparcieux et agissent comme si tous les individus de même âge, portés sur la table de mortalité, versaient la même somme pour former un capital à partager entre les survivants à l'âge convenu. Ainsi, 1000 fr. à 5 0/0 sur la tête d'un enfant de 6 ans, donneraient, à sa 20ᵉ année : $\frac{930 \times 1000 \,(1,05)^{14}}{814}$ moins le tant pour cent réservé pour les bénéfices des assureurs.

OPÉRATIONS ABRÉGÉES.

646. Dans la pratique, on ne calcule souvent que par approximation, c'est-à-dire, que l'on s'arrête à un certain ordre d'unités, et l'on néglige les unités des ordres inférieurs. Alors on peut omettre les chiffres inutiles au but qu'on se propose, et modifier les opérations de la manière suivante :

MULTIPLICATION ABRÉGÉE.

647. Il est évident que des millièmes, multipliés par des unités, donnent des millièmes au produit ; que des dizaines multipliées par des dix-millièmes, donnent des millièmes au produit, et, réciproquement, que des unités, multipliées par des millièmes donnent des millièmes, et ainsi de suite. Donc, pour calculer le produit de deux nombres entiers ou décimaux, à moins d'une unité près d'un ordre donné, il suffit d'observer la règle suivante :

RÈGLE. On écrit le chiffre des unités simples du multiplicateur au-dessous du chiffre du multiplicande qui exprime des unités *cent fois* plus petites que celles de l'approximation ; puis, on renverse en quelque sorte le multiplicateur, en écrivant les dizaines, les centaines, etc., à la droite du chiffre des unités ; et, à la gauche de ce même chiffre, les dixièmes, les centièmes, etc.

On multiplie le multiplicande par chacun des chiffres du multiplicateur ainsi renversé, en ne commençant chaque multiplication partielle qu'au chiffre du multiplicande placé au-dessus du chiffre multiplicateur ; on écrit les divers produits les uns sous les autres, de manière que le premier chiffre à droite de chacun soit dans une même colonne verticale, parce qu'ils expriment tous des unités de même ordre. Dans la somme des produits partiels, on supprime deux chiffres à droite, et l'on augmente d'une unité le dernier chiffre conservé.

Le produit ainsi obtenu doit exprimer des unités de l'ordre indiqué par l'approximation, et il faut avoir soin d'écrire une virgule ou des zéros qui donnent ce résultat.

Si le multiplicande n'a pas, à droite, autant de chiffres que le multiplicateur, on y supplée par des zéros ; et si, au contraire, le multiplicateur a, sur la gauche, plus de chiffres que le multiplicande, on laisse ces chiffres de côté. Il en est de même pour les chiffres du multiplicande qui peuvent dépasser le multiplicateur à droite.

1ᵉʳ Exemple.

Trouver, à un mille près, le produit de 3548672,9 par 7345,821.

Opération.

```
  354867290
    1285437
  ─────────
  2484071030
   106460187
    14194688
     1774337
      283888
        7096
         354
  ─────────
  2606791580
```

produit à 1 mille près :
26067916000

2ᵉ Exemple.

Trouver, à 0,01 près, le produit de 864,2956427 par 38,70921546.

Opération.

```
  8642956427
  6451290783
  ─────────
   259288692
    69143648
     6050065
       77778
        1728
          86
          40
  ─────────
   334562037
```

produit à 0,01 près :
33456,21

DIVISION ABRÉGÉE.

648. Dans le procédé ordinaire de la division, la détermination d'un chiffre du quotient ne dépend que des deux ou trois premiers chiffres à gauche du dividende et du diviseur. On profite de cette remarque pour abréger l'opération ainsi qu'il suit :

Règle. On supprime à droite du dividende autant de chiffres moins un qu'il y en a au diviseur, et l'on divise la partie qui reste à gauche comme à l'ordinaire. S'il n'y a pas de reste, on écrit à la droite du quotient autant de zéros que l'on a supprimé de chiffres au dividende. S'il y a un reste, on le divise par le diviseur, après en avoir supprimé le dernier chiffre à droite.

On divise le nouveau reste par le diviseur précédent dont on supprime encore le dernier chiffre, et l'on continue ainsi jusqu'à ce qu'il n'y ait plus qu'un chiffre au diviseur.

En multipliant chaque nouveau diviseur par le chiffre écrit au quotient, il faut avoir soin d'ajouter la retenue que donnerait le produit du chiffre supprimé; et même 1 de plus, si les unités de ce produit dépassent 5.

S'il arrive qu'après avoir supprimé les chiffres prescrits à droite du dividende la partie qui reste à gauche ne contienne pas le diviseur, on supprime, à droite de celui-ci, les chiffres nécessaires pour que la division puisse s'effectuer ; puis, on continue l'opération comme il vient d'être dit.

Exemples. Trouver, à une unité près, le quotient de 8973847528 par 53927, et de 978563214 par 8567432.

```
1re Opération.                      2e Opération.
897384 | 7528 | 53927         978 | 563214 | 856 | 7432
358114          166407        122               114
 34552                         36
  2196                          2
    39
     2
```

649. Si l'on veut obtenir le quotient de deux nombres entiers, à une unité près d'un ordre donné, on ajoute des zéros à droite du diviseur, quand cet ordre est multiple de 10, et à droite du dividende, quand il est sous-multiple ou décimal ; puis, on opère comme ci-dessus. Par exemple, pour avoir le quotient de 9387568421 par 462718 à 1000 ou à 0,001 près, il faut agir comme si l'on avait à diviser 9387568421 par 462718000, ou 9387568421000 par 462718, et placer au quotient des zéros ou une virgule, de manière à faire exprimer au premier chiffre à droite des unités de l'ordre demandé.

650. Enfin, si les termes de la division étaient des nombres décimaux, on préparerait l'opération par la suppression de la virgule, comme pour une division ordinaire ; puis, on opèrerait comme ci-dessus. Ainsi, 398,577462 : 83,7249 deviendra 398577462 : 83724900 ou 3985774,62 : 837249 ; et si l'on demandait le quotient à 0,001 près, on diviserait 3985774620 par 837249.

EXTRACTION ABRÉGÉE DE LA RACINE CARRÉE.

651. L'extraction de la racine carrée par approximation revient toujours à extraire la racine d'un nombre entier, à une unité près, sauf à réduire le résultat à sa juste valeur au moyen de la virgule. Or, après avoir déterminé, par le procédé ordinaire, plus de la moitié des chiffres d'une racine, on peut obtenir les autres par une simple division. Pour cela, on écrit, à la droite du reste, toutes les tranches non employées, et, à la droite du double de la racine trouvée, autant de zéros qu'il y a de tranches ; ou bien, on écrit, à la droite du reste, seulement la moitié des chiffres non employés ; et, ainsi modifié, on le divise par le double de la racine.

Soit à extraire la racine carrée de 596845732, 945.

Opération.

5.96.84.57.32.94.50	2443
1 96	44×4
20 84	484×4
1 48 57	4883×3
Division de 2 08 329 par	4886
12889	042 quotient.
3117	

La racine demandée est 24430,42, à moins de 0,01 près.

EXTRACTION ABRÉGÉE DE LA RACINE CUBIQUE.

652. Lorsqu'on a trouvé plus de la moitié des chiffres d'une racine cubique, on peut également trouver les autres en divisant le reste, suivi du tiers des chiffres non employés, par le triple carré de la racine obtenue.

ÉVALUATION
DES SURFACES ET DES CORPS.

DÉFINITIONS PRÉLIMINAIRES.

653. On appelle *corps*, en général, tout ce qui peut tomber sous nos sens.

654. Tout corps a une étendue, c'est-à-dire qu'il occupe une certaine portion de l'espace.

655. Le *volume* d'un corps est la partie de l'espace que ce corps occupe.

656. La *surface* d'un corps est la partie extérieure de ce corps.

657. La surface est *plane*, quand on peut y appliquer en tous sens une règle bien droite ; tel est le dessus d'une table, une glace polie, etc.

658. La surface est *courbe*, quand elle n'est ni plane ni composée de surfaces planes ; tel est l'extérieur d'une boule.

659. La *ligne* est ce qui termine la surface.

660. Il y a la *ligne droite*, dont tous les points sont dans la même direction, comme le bord d'une règle ; et la *ligne courbe*, qui n'est ni droite ni composée de lignes droites, comme le bord d'une pièce de monnaie.

661. Le *point* est l'extrémité d'une ligne.

662. Ainsi, le point termine la ligne, la ligne termine la surface, la surface termine le volume des corps, et chacune de ces choses peut être considérée isolément.

663. Deux lignes qui se rencontrent forment un ou plusieurs *angles*.

664. L'*angle* est l'ouverture ou l'écartement des deux lignes ; le point de rencontre est le *sommet* de l'angle.

665. Lorsqu'une ligne tombe sur une autre, de manière à former deux angles égaux, la première ligne est *perpendiculaire* sur la seconde, et les deux angles sont *droits*. Si la ligne penche d'un côté, elle est *oblique* et elle forme deux angles inégaux : le plus petit est un angle *aigu*, le plus grand est un angle *obtus*.

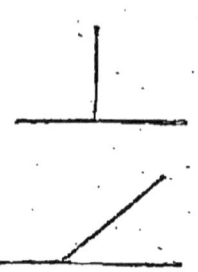

666. On appelle *verticale* la ligne droite qui suit la direction d'un fil à plomb, et *horizontale* celle qui suit le niveau de l'eau tranquille.

267. Deux lignes sont dites *parallèles*, quand elles conservent le même écartement dans toute leur étendue.

668. La *circonférence* est une ligne courbe dont tous les points sont à égale distance d'un point intérieur qu'on appelle *centre*.

669. L'*arc* est une partie de la circonférence.

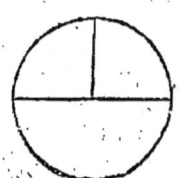

670. Le *rayon* est une ligne droite qui va du centre à la circonférence.

671. Le *diamètre* est une ligne droite qui passe par le centre et se termine à la circonférence.

672. La *corde* est la droite qui joint les extrémités de l'arc.

673. La *flèche* est une droite qui joint le milieu d'un arc au milieu de la corde qui le sous-tend.

674. Toute circonférence se divise en 360 parties égales qu'on appelle *degrés* ; le degré se divise en 60 *minutes* ; la minute, en 60 *secondes*, etc.

675. On appelle *polygone* une surface plane renfermée par des lignes droites qui se coupent deux à deux.

676. Les lignes qui terminent la surface en forment le *contour*, et s'appellent les *côtés* du polygone.

677. On appelle *diagonale* la droite qui joint les sommets de deux angles non adjacents d'un polygone.

678. Le polygone est *régulier*, quand tous les côtés sont

égaux entre eux, ainsi que les angles ; dans les autres cas, il est *irrégulier*.

679. On appelle *triangle, quadrilatère, pentagone, hexagone*, etc., la surface qui a *trois, quatre, cinq, six* côtés et autant d'angles.

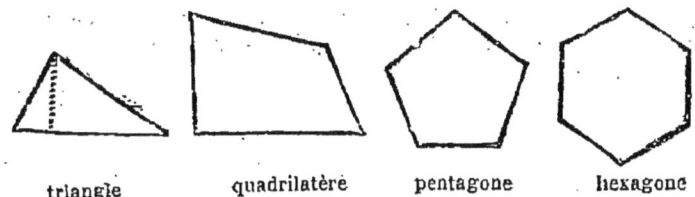

triangle — quadrilatère — pentagone — hexagone

680. Parmi les quadrilatères, on distingue :

1° Le *parallélogramme*, dont les côtés opposés sont parallèles.

2° Le *trapèze*, qui n'a que deux côtés parallèles.

681. Parmi les parallélogrammes, on distingue encore :

1° Le *carré*, dont les angles sont droits et les côtés égaux.

2° Le *rectangle*, dont les quatre angles sont droits et les côtés contigus inégaux.

3° Le *lozange*, dont les quatre côtés sont égaux et les angles inégaux.

682. Le *cercle* est la surface renfermée par la circonférence. On peut le regarder comme un polygone régulier d'un nombre infini de côtés.

683. La *couronne* est la surface comprise entre deux circonférences concentriques.

684. Les corps sont terminés par des surfaces planes ou courbes.

685. On appelle *arête* d'un corps la ligne formée par la rencontre commune de deux faces adjacentes.

686. Les principaux corps à surfaces planes sont les *prismes* et les *pyramides*.

687. Le *prisme* est un solide dont les faces latérales sont des parallélogrammes, et les bases deux polygones égaux et parallèles.

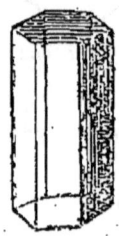 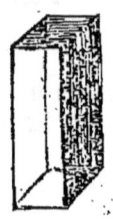 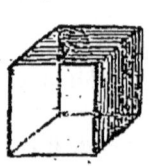

688. Un prisme est *triangulaire*, *quadrangulaire*, *pentagonal*, *hexagonal*, suivant que sa base est un triangle, un quadrilatère, un pentagone, un hexagone, etc.

689. Quand toutes les faces du prisme sont des parallélogrammes, il prend le nom de *parallélipipède*; alors les faces opposées sont égales et parallèles. Si les faces sont des rectangles, on a un *parallélipipède rectangle*; et quand les six faces sont des carrés égaux, le parallélipipède prend le nom de *cube*.

690. La *pyramide* est un solide qui a pour base un polygone, et pour côtés des triangles qui se réunissent tous en un point commun qu'on appelle *sommet* de la pyramide.

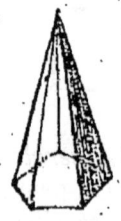

691. La pyramide est *triangulaire*, *quadrangulaire*, etc., suivant le polygone de sa base.

692. Une *pyramide tronquée* ou *tronc de pyramide* est ce qui reste d'une pyramide, quand on en retranche la partie supérieure.

DES SURFACES ET DES CORPS.   271

693. Les principaux corps à surfaces courbes sont le *cylindre*, le *cône* et la *sphère*.

 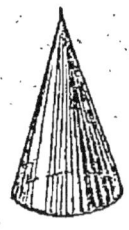 

694. Le *cylindre* est une espèce de prisme dont la base est un cercle.

695. Le *cône* est une espèce de pyramide dont la base est un cercle.

696. Un *cône tronqué* ou *tronc de cône* est ce qui reste d'un cône, quand on en retranche la partie supérieure.

697. La *sphère* est un solide terminé par une surface dont tous les points sont à égale distance d'un point intérieur appelé centre.

ÉVALUATION DES SURFACES.

698. On évalue les surfaces au moyen de certaines lignes qui en font partie, et on mesure les lignes elles-mêmes en les comparant à une longueur prise pour unité.

699. Le *contour* d'un polygone est la somme des longueurs de ses côtés.

Le contour du cercle est la longueur de la circonférence *rectifiée*, c'est-à-dire, déroulée en ligne droite.

700. On trouve la longueur d'une circonférence, en multipliant le diamètre par le nombre qui exprime le rapport de toute circonférence à son diamètre. Ce rapport est 22/7, ou, plus exactement, 3,1415926.

701. On obtient la surface d'un triangle, en prenant la moitié du produit de sa base par sa hauteur.

702. La *base* est le côté sur lequel le triangle semble posé, la *hauteur* est la perpendiculaire abaissée du sommet de l'angle opposé.

703. On peut encore obtenir la surface du triangle de la manière suivante : Du demi-contour du triangle on retranche, successivement, les trois côtés, ce qui donne trois restes; on multiplie entre eux ces restes et le demi-contour, et l'on extrait la racine carrée du produit.

704. Pour obtenir la surface d'un parallélogramme, il faut multiplier sa base par sa hauteur, c'est-à-dire, la perpendiculaire qui va de la base au côté parallèle.

705. On obtient la surface du trapèze, en multipliant la demi-somme des côtés parallèles par leur distance.

706. On obtient la surface du cercle, en multipliant sa circonférence par la moitié du rayon; ou bien encore, en multipliant le carré du rayon par le rapport $\frac{22}{7}$ ou 3,1416.

707. On a la surface d'une couronne, en prenant la différence des deux cercles qui lui servent de limites, ou, en multipliant le rapport 3,1416 par la différence entre les carrés des deux rayons.

708. On obtient la surface d'un polygone régulier, en multipliant son contour ou périmètre par la moitié de l'apothème, c'est-à-dire, la perpendiculaire abaissée du centre de la figure sur le milieu de l'un de ses côtés.

709. Pour obtenir la surface des polygones irréguliers, on les décompose en triangles que l'on évalue séparément et dont on fait la somme.

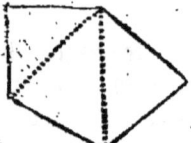

ÉVALUATION DES SOLIDES.

710. Pour avoir la surface des solides à surfaces planes, on évalue séparément chacune des faces, et on en fait la somme.

711. La surface courbe du cylindre s'obtient en multipliant la circonférence de la base par la longueur du cylindre.

712. On obtient la surface courbe du cône, en multipliant la circonférence de la base par la moitié du côté du cône, c'est-à-dire, de la ligne droite qui va du sommet à la circonférence de la base.

713. On obtient la surface de la sphère, en multipliant le carré de son diamètre par le rapport 3,1416.

714. On obtient le volume d'un prisme ou d'un cylindre, en multipliant la surface de sa base par sa hauteur.

Si la base supérieure d'un prisme droit n'est pas parallèle à la base inférieure, on peut prendre pour hauteur la moyenne des arêtes latérales.

715. On obtient le volume d'une pyramide ou d'un cône, en multipliant la surface de sa base par le tiers de sa hauteur.

716. On obtient le volume d'un tronc de pyramide ou d'un tronc de cône à bases parallèles, en multipliant le tiers de sa hauteur par la somme de ses bases et d'une moyenne proportionnelle entre ces mêmes bases (444).

Si l'on ne tient pas à une exactitude rigoureuse, on se contente de multiplier la moitié de la somme des bases par la hauteur du tronc.

717. On obtient le volume de la sphère, en multipliant sa surface par le tiers du rayon, ou, en multipliant le sixième du cube de son diamètre par 3,1416.

718. Pour avoir le volume d'un corps irrégulier, on le plonge dans un vase plein d'eau; on pèse ou l'on mesure l'eau déplacée, et l'on en déduit le volume de l'objet. On peut encore peser le corps et en déduire le volume par le poids spécifique (372).

719. Les bois *écarris* se mesurent comme les parallélipipèdes, s'ils sont partout de même grosseur; dans le cas contraire, on opère comme pour un tronc de pyramide. Il en est de même pour les autres corps de même forme.

Les bois en *grume* se mesurent comme le tronc de cône. Il en est de même des cuves, cuviers, baquets, etc.

720. Le tonneau peut être considéré comme deux troncs de cônes égaux réunis par leur plus grande base ; mais les règlements ministériels prescrivent de jauger un tonneau comme s'il s'agissait d'évaluer le volume d'un cylindre ayant pour hauteur la longueur intérieure du tonneau, et pour diamètre celui du bouge diminué du tiers de la différence qui existe entre ce diamètre et celui du jable.

721. Deux solides ou deux polygones sont *égaux*, quand ils ont la même forme et la même étendue ; ils sont *équiva-*

lents, quand ils ont la même étendue sans avoir la même forme ; ils sont *semblables*, quand ils ont la même forme sans avoir la même étendue.

722. Les *contours* des figures semblables sont entre eux dans le même rapport que leurs lignes homologues ou correspondantes ; les *surfaces*, dans le rapport des carrés, et les *volumes*, dans le rapport des cubes de ces mêmes lignes.

TABLE indiquant les carrés, les cubes et les racines carrées et cubiques des 100 premiers nombres, avec les circonférences et surfaces de cercle ayant ces mêmes nombres pour diamètres.

Nombres ou diamètres.	Carrés.	Racines carrées.	Cubes.	Racines cubiques.	Circonfér.	Surfaces.
1	1	1,00	1	1,00	3,14	0,7854
2	4	1,41	8	1,26	6,28	3,1416
3	9	1,73	27	1,44	9,42	7,06
4	16	2,00	64	1,58	12,56	12,56
5	25	2,23	125	1,71	15,71	19,63
6	36	2,45	216	1,81	18,85	28,27
7	49	2,64	243	1,91	33,00	38,48
8	64	2,82	512	2,00	25,13	50,26
9	81	3,00	729	2,08	28,27	63,61
10	100	3,16	1000	2,15	31,41	78,54
11	121	3,31	1331	2,22	34,55	95,03
12	144	3,46	1728	2,29	37,70	113,09
13	169	3,60	2197	2,35	40,84	132,73
14	196	3,74	2744	2,41	43,98	153,94
15	225	3,87	3375	2,44	47,12	176,71
16	256	4,00	4096	2,52	50,26	201,06
17	289	4,12	4943	2,57	53,40	226,98
18	324	4,24	5832	2,62	56,55	254,47
19	361	4,36	6859	2,67	59,69	283,53
20	400	4,47	8000	2,71	62,83	314,16
21	441	4,58	9261	2,76	65,97	346,36
22	484	4,69	10648	2,80	69,11	380,13
23	529	4,79	12167	2,84	72,25	415,47
24	576	4,90	13824	2,88	75,40	452,39
25	625	5,00	15625	2,92	78,54	490,87
26	676	5,10	17576	2,96	81,68	530,93
27	729	5,19	19683	3,00	84,82	572,55
28	784	5,29	21952	3,03	87,96	615,75
29	841	5,38	24389	3,07	91,10	660,52
30	900	5,48	27000	3,10	94,25	706,86

DES SURFACES ET DES CORPS.

Nombres ou diamètres	Carrés.	Racines carrées.	Cubes.	Racines cubiques.	Circonfér.	Surfaces.
31	961	5,57	29791	3,14	97,39	754,77
32	1024	5,65	32768	3,17	100,53	804,25
33	1089	5,74	35937	3,20	103,67	855,30
34	1156	5,83	39304	3,23	106,81	907,92
35	1225	5,91	42875	3,27	109,95	962,11
36	1296	6,00	46656	3,30	113,09	1017,87
37	1369	6,08	50653	3,33	116,24	1075,21
38	1444	6,14	54872	3,36	119,38	1134,11
39	1521	6,24	59319	3,39	122,52	1294,54
40	1600	6,32	64000	3,42	125,66	1256,64
41	1681	6,40	68921	3,44	128,80	1320,25
42	1764	6,48	74088	3,47	131,94	1385,44
43	1849	6,56	79507	3,50	135,09	1452,20
44	1936	6,63	85184	3,53	138,23	1520,53
45	2025	6,71	91125	3,55	141,37	1590,43
46	2116	6,78	97336	3,58	144,51	1661,90
47	2209	6,85	103823	3,61	147,65	1734,95
48	2304	6,93	110592	3,63	150,79	1809,53
49	2401	7,00	117649	3,66	153,93	1885,74
50	2500	7,07	125000	3,68	157,08	1963,50
51	2601	7,14	132651	3,70	160,22	2042,82
52	2704	7,21	140608	3,73	163,36	2123,72
53	2809	7,28	148877	3,75	166,50	2206,19
54	2916	7,34	157464	3,78	169,64	2290,22
55	3025	7,41	166375	3,80	172,78	2375,83
56	3136	7,48	175616	3,82	175,93	2463,01
57	3249	7,55	185193	3,84	179,07	2551,76
58	3364	7,61	195112	3,87	182,21	2642,08
59	3481	7,68	205379	3,89	185,35	2733,97
60	3600	7,74	216000	3,91	188,49	2827,44
61	3721	7,81	226981	3,93	191,63	2922,47
62	3844	7,87	238328	3,95	194,77	3019,07
63	3969	7,93	250047	3,98	197,92	3117,25
64	4096	8,00	262144	4,00	201,06	3216,99
65	4225	8,06	274625	4,02	204,20	3318,31
66	4356	8,12	287496	4,04	207,34	3421,20
67	4489	8,18	300763	4,06	210,48	3525,66
68	4624	8,24	314432	4,08	213,63	3631,69
69	4761	8,30	328509	4,10	216,77	3739,29
70	4900	8,36	343000	4,12	219,91	3848,46

ÉVALUATION DES SURFACES.

Nombres ou diamètres.	Carrés.	Racines carrées.	Cubes.	Racines cubiques.	Circonfér.	Surfaces.
71	5041	8,42	357911	4,14	223,05	3959,20
72	5184	8,48	373248	4,16	226,19	4071,51
73	5329	8,54	389017	4,18	229,33	4185,39
74	5476	8,60	405224	4,19	232,47	4300,85
75	5625	8,66	421875	4,21	235,62	4417,87
76	5776	8,72	438976	4,23	238,76	4536,47
77	5829	8,77	456533	4,25	241,90	4656,63
78	6084	8,83	474552	4,27	245,04	4778,37
79	6241	8,88	493039	4,29	248,18	4901,68
80	6400	8,94	512000	4,30	251,32	5026,56
81	6561	9,00	531441	4,32	254,47	5153,01
82	6724	9,05	551368	4,34	257,52	5281,03
83	6889	9,11	571781	4,36	260,75	5410,62
84	7056	9,16	592704	4,38	263,89	5541,78
85	7225	9,22	614125	4,39	267,03	5674,50
86	7396	9,27	636056	4,41	270,17	5808,81
87	7569	9,32	658503	4,43	273,32	5944,69
88	7744	9,38	681472	4,44	276,46	6082,13
89	7921	9,43	704969	4,46	279,60	6207,18
90	8100	9,48	729000	4,48	282,74	6361,74
91	8281	9,54	753571	4,49	285,88	6503,89
92	8464	9,59	778688	4,51	289,02	6647,62
93	8649	9,64	804357	4,53	292,17	6792,92
94	8836	9,69	830584	4,54	295,31	6939,79
95	9025	9,74	857375	4,56	298,45	7088,23
96	9216	9,79	884736	4,57	301,59	7238,24
97	9409	9,84	912673	4,59	304,73	7389,83
98	9604	9,89	941192	4,61	307,87	7542,98
99	9801	9,96	970295	4,62	311,02	7682,16
100	10000	10,00	1000000	4,64	314,16	7854,08

On comprend sans peine la relation qui existe entre les nombres de la table ci-dessus. Quelques exemples suffiront pour faire connaître la marche à suivre pour les nombres qui n'y sont pas compris.

Le carré de 2,5 égale celui de 25 divisé par 100, égale 20,25.

La racine de 42,25 égale celle de 4225, divisée par 10, ou 6,5.

Le nombre 6327 étant compris entre les carrés de 79 et 80, sa racine sera 79 plus une fraction.

Un cercle de 3,5 de diamètre a pour circonférence et surface celles de 35 divisées respectivement par 10 et par 100.

TABLE

PREMIÈRE PARTIE.

	Pages
PRÉLIMINAIRES.	1
CHAP. I. DE LA NUMÉRATION	3
Numération parlée.	3
Numération écrite.	7
Moyen de lire et d'écrire les nombres	9
Chiffres romains	11
CHAP. II. OPÉRATIONS DE L'ARITHMÉTIQUE	13
§ I. De l'Addition	15
Preuve et usage de l'Addition	17 et 18
§ II. De la Soustraction.	19
Preuve et usage de la Soustraction	22 et 23
§ III. De la Multiplication.	24
1er Cas. Multiplication par un seul chiffre.	28
2e Cas. Multiplier par 10, 100, 1000, etc.	29
3e Cas. Multiplication de deux nombres quelconques	29
Preuve et usage de la Multiplication	33
§ IV. De la Division	34
1er Cas. Diviseur d'un seul chiffre.	37
2e Cas. Quotient moindre que 10	38
3e Cas. Division de deux nombres quelconques.	39
Moyen d'abréger la Division	45
Preuve et usage de la Division.	48 et 49
CHAP. III. PROPRIÉTÉS DES NOMBRES.	51
Explication des signes. — Quantités négatives.	51 et 53
§ I. Principes sur les opérations.	55
— sur l'addition et les égalités.	56
— sur la soustraction et les inégalités.	58
— sur la multiplication	60
— sur la division	65

TABLE.

Pages.

§ II. Propriétés relatives aux nombres premiers. . 67
    Grand commun diviseur 68
    Recherche des diviseurs. 70
    Caractères de divisibilité 72
    Preuve par 9 74
    Diviseurs d'un nombre 75
    Facteurs correspondants. 78
    Le plus petit multiple. 79

CHAP. IV. DES FRACTIONS. 81

Ire SECTION. — FRACTIONS ORDINAIRES.

§ I. Réduction des fractions. 85
    —   des entiers en fractions 85
    —   des fractions en entiers 86
    Réduction des fractions à de moindres termes. . 86
    —   au même dénominateur. 87

§ II. Opérations sur les fractions. 90
    Addition des fractions 90
    Soustraction des fractions. 92
    Multiplication des fractions. 93
    Fractions de fractions. 94
    Division des fractions. 95

§ III. Evaluation approximative des fractions. . . 97
    Fractions continues. 97

IIe SECTION. — FRACTIONS DÉCIMALES.

§ I. Définition et numération. 100
    Manière d'écrire les fractions décimales. . . . 101
    Manière de lire les fractions décimales. . . . 103

§ II. Propriétés des nombres décimaux 104

§ III. Opérations sur les nombres décimaux . . . 106
    Addition et Soustraction. 106
    Multiplication. 107
    Division. 108

§ IV. Conversion des fractions. — Fractions pé-
    riodiques. 111
    Application des fractions. — Règle de l'unité . . . 114

	Pages.
CHAP. V. Système Métrique...............	119
§ I. Notions générales................	119
Tableau des mesures légales............	122
§ II. Calcul des unités métriques.........	124
Tableau des abréviations............	126
§ III. Mesures de longueur.............	127
§ IV. Mesures de surface..............	128
§ V. Mesures de volume..............	133
§ VI. Mesures de capacité.............	137
§ VII. Mesures de poids...............	141
§ VIII. Mesures monétaires.............	144
§ IX. Relations des mesures. — Poids spécifique.	146
CHAP. VI. Puissances et Racines..........	150
§ I. Formation des puissances...........	150
§ II. Extraction des racines............	153
Racine carrée. — Entiers. — Fractions.	154 et 158
— par approximation...........	159
Racine cubique. — Entiers. — Fractions.	161 et 165
— par approximation...........	166
Racines d'un degré supérieur............	167

DEUXIÈME PARTIE.

CHAP. I. Rapports et Proportions.........	169
§ I. Proportions par différence..........	170
§ II. Proportions par quotient...........	172
CHAP. II. Progressions et Logarithmes......	178
§ I. Progressions...................	178
Propriétés des progressions par différence....	179
— par quotient...............	182
§ II. Logarithmes...................	186
Usage des tables de logarithmes..........	190
Logarithmes des fractions..............	195

TABLE.

	Pages.
CHAP. III. Applications des Proportions.	199
§ I. Règle de Trois.	199
§ II. Règle d'Intérêt simple ou composé.	206
Fonds publics, Rentes, Obligations, etc.	212
Escompte. — Assurances	215 et 216
§ III. Règle de l'Echéance commune.	217
Amortissements et Annuités.	218
§ IV. Règle de Répartition et de Société.	220
§ V. Règle Conjointe ou de Change	222
§ VI. Règle des Moyennes.	225
§ VIII. Règle de Mélange ou d'Alliage.	225
CHAP. IV. Problèmes divers.	231
Problèmes à plusieurs inconnues	233
Problèmes indéterminés	236
Equations du second degré	238
CHAP. V. Nombres complexes.	241
Tableau des anciennes mesures	241
§ I. Opérations préliminaires	244
§ II. Opérations sur les nombres complexes	245
Addition et Soustraction.	246
Multiplication. — Division.	246 et 249
§ III. Conversion des mesures	252
Comparaison des mesures étrangères avec les mesures françaises.	253
Table d'intérêts composés	258
Table d'annuités.	259
Tables de mortalité	260
Usage des Tables. — Caisse d'épargne.	261
Crédit foncier, Tontines, Assurances sur la vie.	262
Opérations abrégées	263
Évaluation des surfaces et des corps.	267

FIN DE LA TABLE.

www.ingramcontent.com/pod-product-compliance
Lightning Source LLC
Chambersburg PA
CBHW070822170426
43200CB00007B/863